Klaus-Jürgen Götting
Ernst F. Kilian
Reinhard Schnetter

Einführung in die Meeresbiologie 2
Das Meer als Lebensraum
und seine Nutzung

vieweg studium
Grundkurs Biologie

Klaus-Jürgen Götting, Ernst F. Kilian, Reinhard Schnetter
Einführung in die Meeresbiologie
Bd. 1 Marine Organismen — Marine Biogeographie
Bd. 2 Das Meer als Lebensraum und seine Nutzung

Hans-Ulrich Koecke
Allgemeine Zoologie
Bd. 1 Bau und Funktionen tierischer Organismen

Günter Tembrock
Grundlagen der Tierpsychologie

Christiane Buchholtz
Grundlagen der Verhaltensphysiologie

Helmut Kindl
Biochemie — Ein Einstieg

Aufbaukurs Biologie

Georges Cohen
Die Zelle — Der Zellstoffwechsel
und seine Regulation, Bd. 1

Georges Cohen
Die Zelle — Der Zellstoffwechsel
und seine Regulation, Bd. 2

Günter Tembrock
Biokommunikation

Heinz Geiler
Ökologie der Land- und
Süßwassertiere

Klaus-Jürgen Götting
Ernst F. Kilian
Reinhard Schnetter

Einführung in die Meeresbiologie 2

Das Meer als Lebensraum
und seine Nutzung

Mit 120 Bildern und einer farbigen Karte

Friedr. Vieweg & Sohn   Braunschweig/Wiesbaden

CIP-Titelaufnahme der Deutschen Bibliothek

Götting, Klaus-Jürgen:
Einführung in die Meeresbiologie / Klaus-Jürgen Götting;
Ernst F. Kilian; Reinhard Schnetter. − Braunschweig;
Wiesbaden: Vieweg.
  (Vieweg-Studium; ...)

NE: Kilian, Ernst F.:; Schnetter, Reinhard:

  2. Götting, Klaus-Jürgen: Das Meer als Lebensraum
    und seine Nutzung. − 1988

Götting, Klaus-Jürgen:
Das Meer als Lebensraum und seine Nutzung / Klaus-Jürgen
Götting; Ernst F. Kilian; Reinhard Schnetter. − Braunschweig;
Wiesbaden: Vieweg, 1988
  (Einführung in die Meeresbiologie / Klaus-Jürgen Götting;
  Ernst F. Kilian; Reinhard Schnetter; 2)
  (Vieweg-Studium; 45: Grundkurs Biologie)
  ISBN 3-528-07245-8

NE: Kilian, Ernst F.:; Schnetter, Reinhard:; 2. GT

Die beiliegende Fischereikarte wurde mit Unterstützung des Fischwirtschaftlichen Marketing-Instituts, Bremerhaven, produziert.

Der Verlag Vieweg ist ein Unternehmen der Verlagsgruppe Bertelsmann.

Alle Rechte vorbehalten
© Friedr. Vieweg & Sohn Verlagsgesellschaft mbH, Braunschweig 1988

Das Werk einschließlich aller seiner Teile ist urheberrechtlich geschützt. Jede Verwertung außerhalb der engen Grenzen des Urheberrechtsgesetzes ist ohne Zustimmung des Verlags unzulässig und strafbar. Das gilt insbesondere für Vervielfältigungen, Übersetzungen, Mikroverfilmungen und die Einspeicherung und Verarbeitung in elektronischen Systemen.

Druck und buchbinderische Verarbeitung: Lengericher Handelsdruckerei, Lengerich
Printed in Germany

ISBN 3-528-07245-8 (Paperback)

Inhaltsverzeichnis

Vorwort IX

1 Geomorphologie des Meeresbodens 1

    1.1   Verteilung von Land und Wasser 1
           1.1.1 Horizontale Gliederung 1
           1.1.2 Vertikale Gliederung 2

    1.2   Zur Geschichte der Ozeane 4

    1.3   Ursachen der Kontinentalverschiebung – Sea Floor Spreading 5

    1.4   Großgliederung des Meeresbodens 12

    1.5   Sedimente am Meeresboden 15
           1.5.1 Natur der Sedimente 15
           1.5.2 Transport der Sedimente 17

2 Physikalische und chemische Parameter des Meerwassers 21

    2.1   Sonderstellung des reinen Wassers 21

    2.2   Zur Geschichte des Meerwassers 22

    2.3   Chemische Zusammensetzung des Meerwassers 22

    2.4   Gase 28

    2.5   Elektrische Leitfähigkeit 31

    2.6   Thermische Eigenschaften 31

    2.7   Dichte, Wärmeausdehnung und Kompressibilität 32

    2.8   Druck 33

    2.9   Zähigkeit und Oberflächenspannung 34

    2.10 Akustische Eigenschaften 35

    2.11 Optische Eigenschaften 35

3 Meerwasser in Bewegung 38

    3.1   Meeresströmungen 38
           3.1.1 Oberflächenströmungen 40
           3.1.2 Tiefenzirkulation 45

		3.1.3 Auftriebsgebiete	45
		3.1.4 Meeresströmungen und Klima	46
	3.2	Oberflächenwellen und interne Wellen	47
		3.2.1 Klassifizierung der Wellen	47
		3.2.2 Von den Wellen zum Seegang	48
		3.2.3 Brandung	50
		3.2.4 Lange Oberflächenwellen: Tsunamis und Sturmfluten	51
		3.2.5 Lange Wellen als Gezeitenwellen	54
		3.2.5.1 Begriffe und Erscheinungen der Gezeiten	54
		3.2.5.2 Gezeitenströme	60
	3.3	Biologische Aspekte der Wasserbewegung	60

4 Energie- und Wasserhaushalt des Meeres ... 63

	4.1	Temperaturverhältnisse der Ozeane	63
		4.1.1 Verteilung der Wassertemperatur in der Tiefe	65
		4.1.2 Wärmehaushalt des Weltmeeres	68
	4.2	Wasserhaushalt	71

5 Ausgewählte Lebensräume ... 74

	5.1	Gezeitenbereich der Felsküste	74
		5.1.1 Anpassungen an die wechselnden Milieubedingungen	76
		5.1.2 Aspekte der Gezeitenküsten	81
		5.1.3 Gezeitenlose Küsten	85
		5.1.4 Gezeitentümpel, Felstümpel	88
		5.1.5 Emigranten und Immigranten im Litoral	91
	5.2	Ästuare	91
		5.2.1 Salinitätsverhältnisse	92
		5.2.2 Sedimentation	93
		5.2.3 Ästuarbewohner und Produktivität	94
	5.3	Ostsee	96
		5.3.1 Geschichte	96
		5.3.2 Hydrographische Verhältnisse	97
		5.3.3 Sauerstoffgehalt des Tiefenwassers	97
		5.3.4 Einfluß der Salinität auf die regionale Verbreitung von Organismen	97
	5.4	Mangrove	102
	5.5	Korallenriffe	105
		5.5.1 Riffbewohner	108
		5.5.2 Primärproduktion von Riffen	114
		5.5.3 Weitere Riffbildner	118
	5.6	Tiefsee	120
		5.6.1 Raum der Tiefsee	120

Inhaltsverzeichnis   VII

    5.6.2 Umweltbedingungen für die Tiefseetiere und deren Anpassungen . . 123
    5.6.3 Ernährungsweisen und Nahrungsquellen der Tiefseetiere 124
    5.6.4 Tiefseeorganismen 129
    5.6.5 Warmwassergebiete der Magmareservoire 135

6 Nutzung des Meeres durch den Menschen 138

  6.1 Seefischerei 138
    6.1.1 Fischfang und Nahrungsversorgung aus dem Meer 138
    6.1.2 Heringsfischerei 144
    6.1.3 Fischereiwirtschaft der Bundesrepublik Deutschland 146
    6.1.4 Fischfang in den Auftriebsgebieten 147
    6.1.5 Fischereiregulierung 152
    6.1.6 Fischereimethoden 154
    6.1.7 Fischereifahrzeuge 155

  6.2 Wal- und Robbenfang 157

  6.3 Nutzung der Seeschildkröten 158

  6.4 Schwamm- und Perlfischerei 159

  6.5 Algenernte 160
    6.5.1 Algen als Nahrungsmittel 160
    6.5.2 Algen als Viehfutter 162
    6.5.3 Soda-, Pottasche- und Jodgewinnung aus Algen 162
    6.5.4 Algen als Dünger 163
    6.5.5 Phykokolloide 163
    6.5.6 Algen in Pharmazie und Medizin 164

  6.6 Aquakultur 165
    6.6.1 Algen 165
    6.6.2 Weichtiere 168
    6.6.3 Krebse 173
    6.6.4 Fische 174

  6.7 Das Meer als Rohstoff- und Energiequelle 175
    6.7.1 Rohstoffe vom Meeresboden 176
    6.7.2 Energiegewinnung aus dem Meer 181
    6.7.3 Offshore-Gewinnung von Erdöl und Erdgas 184
    6.7.4 Ökologische Probleme der Meerestechnologie 186

  6.8 Meeresverschmutzung 188
    6.8.1 Häusliche Abwässer, Klärschlamm 190
    6.8.2 Metalle 195
    6.8.3 Erdöl 204
    6.8.4 Chlorierte Kohlenwasserstoffe 207
    6.8.5 Kunststoffe 210
    6.8.6 Thermische Belastung 211
    6.8.7 Radioaktivität 212

Anhang

Die Bestimmungen der Internationalen Seerechtskonvention 213

Die absolute Dauer der Erdzeitalter 214

Literatur 215

Verzeichnis der wissenschaftlichen Namen 220

Verzeichnis der deutschen Namen 225

Sachwortverzeichnis 228

Vorwort

Während wir im ersten Band versucht haben, einen Einblick in die marine Pflanzen- und Tierwelt zu geben, wobei die Organismen der europäischen Meeresteile besonders berücksichtigt wurden, schienen uns für die Darstellung des Meeres als Lebensraum globale Aspekte vordringlich. Das Ökosystem Meer kann nicht von regionalen Gesichtspunkten aus verstanden werden. Wie sehr unser Leben von der Erhaltung des Gleichgewichtes im größten Wasserraum unseres Planeten abhängig ist, wollten wir auch über den Rahmen rein biologischer Gesichtspunkte hinaus aufzeichnen. Daß dem durch den Umfang des Buches enge Grenzen gesetzt sind, braucht nicht besonders betont zu werden. Aus der Fülle des Stoffes mußte eine Auswahl getroffen werden, die sicherlich subjektiv ist. Dies gilt insbesondere für die Darstellung einzelner Lebensräume. Von der anthropogenen Belastung der marinen Umwelt hören oder sehen wir fast täglich, sie zu vermindern erfordert genaue Analysen von Ursachen und Wirkungen. Entsprechende Kenntnisse sind trotz aller Bemühungen noch immer zu lückenhaft, um mögliche Veränderungen mit allen Folgen abschätzen zu können. Wir haben uns bemüht, einige Faktorenkomplexe darzustellen.

Für den ersten Band der „Meeresbiologie" haben wir zahlreiche Hinweise bekommen und auch sachliche Kritik erfahren. Wir erhoffen dies auch für den zweiten Band. Herrn A. A. Weis und dem Verlag haben wir für Geduld und das Eingehen auf unsere Wünsche zu danken, dem Fischereiwirtschaftlichen Marketing-Institut, Bremerhaven, für das Überlassen seiner Fischereikarte und einen großzügigen Druckkostenbeitrag. Zu den Abbildungen durften wir Fotos der Kollegen Dr. H. Erhardt, Institut für Zoologie und Vergleichende Anatomie der Gesamthochschule Kassel, und Dr. A. Figueras, Instituto de Investigaciones Pesqueras de Vigo, Spanien, verwenden. Eigene Zeichnungen wurden von unseren Mitarbeitern und Schülern, Frau N. Pohl und den Diplombiologen M. Kilian und M. Roth angefertigt. Frau G. Koch arbeitete bei der Herstellung des Registers mit, das Manuskript schrieben Frau B. Gelzenleichter, Frau E. Hochheiser und Frau U. Schäfer. Allen sind wir zu Dank verpflichtet.

Gießen, im Mai 1988   Die Verfasser

1 Geomorphologie des Meeresbodens

1.1 Verteilung von Land und Wasser
1.1.1 Horizontale Gliederung

— „und die Sammlung der Wasser nannte er Meer" (1. Mose 1.10)

Das Meer bedeckt heute als eine zusammenhängende Fläche $510{,}1 \times 10^6$ km², das sind 70,8 % der Erdoberfläche. Bei diesem riesigen Flächenanteil ist aber der Massenanteil an unserem Planeten sehr gering; mit $1{,}419 \times 10^{18}$ t beträgt er nur 0,24 %. Auf einen mannshohen Globus projiziert, würden die Ozeane (einschließlich der Nebenmeere) mit ihrer durchschnittlichen Tiefe von 3729 m nur eine dünne Haut von 0,5 mm Dicke darstellen. Andererseits ergibt sich durch die große Ausdehnung des Meeres eine enorme Reaktionsfläche, die die Bedingungen auf dem Festland entscheidend mitprägt.

Die Unebenheiten der Erdkruste bestimmen die Topographie im Bereich der Kontinente und des Meeres gleichermaßen. Der Höhenunterschied zwischen höchster terrestrischer Erhebung (Mount Everest, 8 848 m) und größter Meerestiefe (Vitiaztiefe des Marianengrabens, 11 022 m) beträgt rund 20 km. Die vorhandene Wassermenge füllt alle Einsenkungen der Erde bis zu einem einheitlichen Niveau (Bild 1) aus, das als Grenzlinie

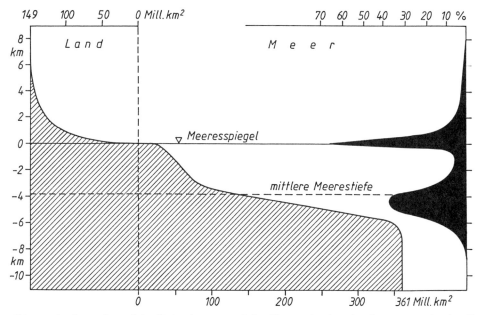

Bild 1 Höhenlagen der Erdoberfläche, bezogen auf den Meeresspiegel, rechts ihr prozentualer Anteil (nach *Seibold* 1974).

zwischen Meer und Land das Antlitz der Erde wesentlich mitbestimmt. Dabei ist von besonderer Bedeutung, daß der Anteil des Meeres von 70 °N bis 60 °S fast gleichmäßig zunimmt. Auf der Nordhemisphäre entfallen 60,7 % auf Meeresfläche; auf der Südhemisphäre sogar 80,9 %, das Wasser der südlichen Halbkugel wird also wesentlich weniger durch Kontinente „gestört" als das der nördlichen.

1.1.2 Vertikale Gliederung

Bestimmt man den Anteil der verschiedenen Höhen- und Tiefenstufen an der Gesamtoberfläche der Erde und trägt sie nach ihrer Häufigkeit auf (Bild 2), so zeigen sich zwei deutliche Maxima. Das obere Maximum bei rund 100 m über NN schließt den Großteil der Alten Schilde ein, und das untere Maximum liegt auf der durchschnittlichen mittleren Tiefe des Meeresbodens, also bei etwa 3 700 m. Diese Höhenverteilung spiegelt die stofflichen Unterschiede im Krustenaufbau der Kontinente und Ozeane wider.

Die vertikale Gliederung der Meere (Bild 3) lehnt sich an die hypsometrische Kurve an. Von 0 bis 200 m Wassertiefe reicht der Schelf (Shelf, Plateau continental) bis zum Schelfrand (Shelf edge, Bord du plateau continental). Diese für die Wirtschaft (Fischerei und Inshore-Technik) und für die Deutung der Geschichte des Meeres wichtige Region nimmt nur rund 7,5 % des Meeresbodens ein (etwa die Größe Afrikas). Von 200 bis rund 4 000 m schließt sich der Kontinentalabhang (Continental rise, Pente continentale) an;

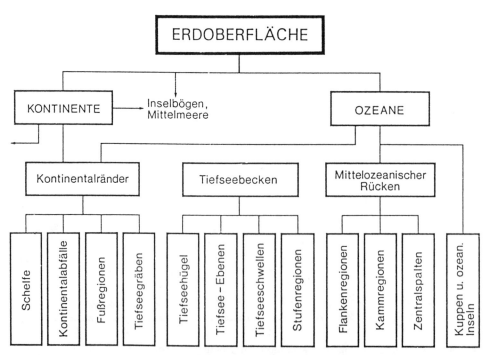

Bild 2 Klassifikation der topographischen Großformen des Weltmeeres (aus *Dietrich et al.* 1975)

1.1 Verteilung von Land und Wasser

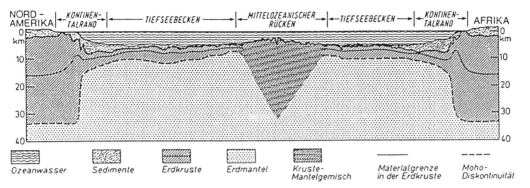

Bild 3 Schematischer Schnitt durch den Untergrund des Nordatlantischen Ozeans zwischen New York und der Sahara. Großformen am Meeresboden sind beschriftet. Die oberste Schicht am Ozeanboden stellt die Sedimentdecke dar. Die zweite Schicht sind verfestigte Sedimente oder vulkanische Decken. Die dritte Schicht gehört der unteren Erdkruste und die vierte unter der Mohorovičić-Diskontinuität dem Erdmantel an
(aus *Dietrich et al.* 1975)

Foto 1 Das Forschungsschiff „Polarstern" ist als Eisbrecher für den Einsatz in polaren Gewässern gebaut. Es wurde 1982 in Dienst gestellt (Aufn. *Institut für Meereskunde*, Kiel)

mit einem Gefälle von etwa 7 % macht er rund 5 % der Meeresfläche aus. Dann folgt, bis zu 5 500 m, die Tiefsee (Deep sea, Mer profonde) mit 77 % der Meeresfläche. In diesem Bereich liegen die Tiefseegräben (Trench, Fossé) mit rund 2 % Anteil am Meeresboden (S. 120).

Das Muster von horizontaler und vertikaler Verteilung der Meere ist nicht immer so gewesen wie heute und wird sich auch in Zukunft verändern.

1.2 Zur Geschichte der Ozeane

Die heutigen Ozeane (Tabelle 1-1) sind erdgeschichtlich junge Gebilde, deren Entwicklung vor rund 200 Millionen Jahren in der Trias anfing, als der große Gesamtkontinent „Pangaea" — ein von Alfred Wegener geprägter Begriff — auseinanderzutriften begann (Bild 4). Das Urmeer der älteren Epochen, auf das hier nicht eingegangen wird, wurde entscheidend

Tabelle 1-1: Fläche, Inhalt, mittlere und größte Tiefe der Ozeane und ihrer Nebenmeere (aus Dietrich et al. 1975). — Namen und Grenzen sind festgelegt durch das International Hydrographic Bureau, 1953.

Meere	Fläche Mill. km^2	Inhalt Mill. km^3	Tiefe in m Mittel	Maximum
Ozeane, ohne Nebenmeere				
Pazifischer	166,24	696,19	4 188	11 022[1]
Atlantischer	84,11	322,98	3 844	9 219[2]
Indischer	73,43	284,34	3 872	7 455[3]
Summe	323,78	1 303,51	4 026	–
Mittelmeere, interkontinental				
Arktisches[a]	12,26	13,70	1 117	5 449
Australasiatisches[b]	9,08	11,37	1 252	7 440
Amerikanisches	4,36	9,43	2 164	7 680
Europäisches[c]	3,02	4,38	1 450	5 092
Summe	28,72	38,88	1 354	–
Mittelmeere, intrakontinental				
Hudsonbai	1,23	0,16	128	218
Rotes Meer	0,45	0,24	538	2 604
Ostsee	0,39	0,02	55	459
Persischer Golf	0,24	0,01	25	170
Summe	2,31	0,43	184	–
Randmeere				
Beringmeer	2,26	3,37	1 491	4 096
Ochotskisches Meer	1,39	1,35	971	3 372
Ostchinesisches Meer	1,20	0,33	275	2 719
Japanisches Meer	1,01	1,69	1 673	4 225
Golf v. Kalifornien	0,15	0,11	733	3 127
Nordsee	0,58	0,05	93	725[4]
St. Lorenz-Golf	0,24	0,03	125	549
Irische See	0,10	0,01	60	272
Übrige	0,30	0,15	470	–
Summe	7,23	7,09	979	–
Ozeane, mit Nebenmeeren				
Pazifischer	181,34	714,41	3 940	11 022
Atlantischer	106,57	350,91	3 293	9 219
Indischer	74,12	284,61	3 840	7 455
Weltmeer	362,03	1 349,93	3 729	11 022

1 Vitiaztiefe im Marianengraben
2 Milwaukeetiefe im Puerto-Rico-Graben
3 Planettiefe im Sundagraben
4 Im Skagerrak gelegen
a) Bestehend aus Nordpolarmeer, Barentssee, Kanadischer Straßensee, Baffinmeer und Hudsonbai.
b) Einschließlich Andamanensee
c) Einschließlich Schwarzes Meer

1.3 Ursachen der Kontinentalverschiebung — Sea floor spreading 5

umgewandelt. Die Vorstellung einer Kontinentaltrift[1] vertrat Alfred Wegener ab 1912 („Schiffe aus Sial durchpflügen ein Meer aus Sima"). Die im Bereich der mittelozeanischen Rücken (S. 15) wirksamen Kräfte kannte er nicht. Wegener versuchte, seine Theorie mit Belegmaterial der Geo- und Biowissenschaften zu stützen: Polfluchtkräfte (einerseits die durch Erddrehung ausgelöste Zentrifugalkraft, andererseits die Anziehungskraft des Mondes), Fortsetzung geologischer Formationen zwischen Südamerika und Afrika, sowie gemeinsame Anteile an den Verbreitungsarealen vieler Pflanzen und Tiere auf beiden Kontinenten. Anstoß zu den Vorstellungen der Pangaea war das gute Zueinanderpassen der heutigen Kontinentalkonturen. Geophysiker und Geologen lehnten die Kontinentalverschiebungstheorie von Wegener fast ausnahmslos ab. Erst nach etwa 20 Jahren bahnte sich ein Umschwung der Meinungen an, als der Geophysiker Patrick M. S. Blackett mit Hilfe des Paläomagnetismus die geographische Position von Triasgesteinen in England bzw. des Dekkan-Trappes in Vorderindien verglich. Danach lag der das heutige England bildende Krustenanteil im Jura in der Tropenzone und Indien auf $40°$ südlicher Breite. Dafür gab es nur zwei Erklärungsmöglichkeiten: Polwanderungen oder Kontinentalverschiebung.

1.3 Ursachen der Kontinentalverschiebung — Sea Floor Spreading

Seit vor etwa 5 Milliarden Jahren die Geschichte des Planeten Erde begann, müssen nach unseren heutigen Vorstellungen, für die es noch keine direkten Beweise gibt, unterschiedliche „Schalenstrukturen" entstanden sein: ein flüssiger Kern im Inneren, umgeben vom äußeren Kern (ebenfalls flüssig, aber weniger dicht) und von einem Mantel, der fast 3 000 km dick ist. Dieser Mantel ist inhomogen, neben dem flüssigen oder plastischen Material zum Inneren hin gibt es ein dichtes, Peridotit genannt, das hauptsächlich aus den Silikatmineralen Olivin und Pyroxen besteht. Nach außen folgt eine Region, die wenig verfestigt erscheint, die Asthenosphäre (Bild 4). Sie liegt etwa 125 km unter der Erdoberfläche. Unter dem Einfluß von Druck und Temperatur treten in ihr Konvektionsströme auf, die dazu führen, daß zwischen den starren Platten der dünnen Krustenbedeckung der Lithosphäre Material aufquillt. Die Kruste selbst hat im Bereich der Kontinente eine Dicke von etwa 35 km, während sie unter der Tiefsee nur rund 6 km stark ist. Zwischen Krusten- und Mantelmaterial gibt es eine recht scharfe Grenzfläche, die Mohorovičić-Diskontinuität, die sich nur unter den Mittelozeanischen Rücken (S. 15) verwischt. Trotz unterschiedlicher Dicke befindet sich die Erdkruste weithin in einem isostatischen[2] Gleichgewicht. Das beruht zu einem wesentlichen Teil darauf, daß die ozeanische Kruste aus basaltischen Gesteinen (Dichte im Durchschnitt 3 g/cm^3) besteht, während die Kontinente aus magmatischen und Sedimentgesteinen aufgebaut sind, die eine Dichte von nur 2,7 g/cm^3 aufweisen. Wenn schwere Gesteine in den Mantel hinabsinken, so verursacht das einen kompensierenden Aufstieg leichterer Gesteine anderswo. Die Gesteine des Meeresbodens unterscheiden sich von denen des Festlandes nicht nur in Gesteinsart und Dichte, sondern auch im Alter, welches durch den Anteil des radioaktiven Zerfalls einiger Elemente hinreichend bestimmt werden kann. Die ältesten Gesteine des Festlandes sind mindestens 3,5 Milliarden Jahre alt; kein Teil des heutigen Meeresbodens scheint dagegen älter als 200 Millionen Jahre zu sein, und viele Gesteine der Mittelozeanischen Rücken sind jünger als 10 Millionen Jahre. Die Theorie der Plattentektonik liefert die glaubwürdige Annahme, daß die ozeanische Kruste im Bereich der Mittelozeanischen Rücken unablässig

---

1 Die Autoren schließen sich der in der Ozeanographie üblichen Schreibweise „Trift" an.
2 Das Gleichgewicht zwischen den großen Schollen der Erdkruste.

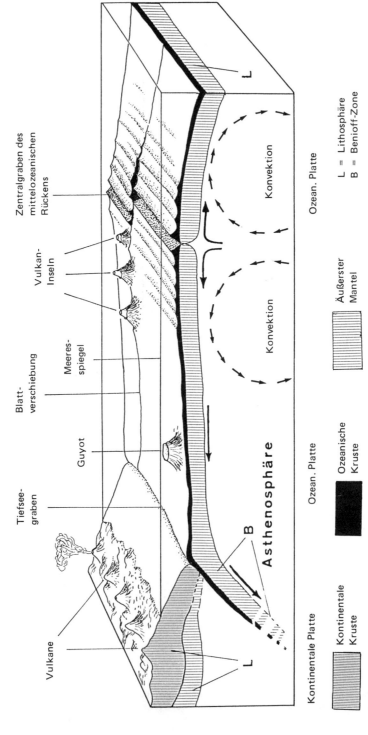

Bild 4 Sea floor spreading. A Ozeanboden mit einem mittelozeanischen Rücken, einem Guyot, Vulkaninseln sowie einer „Transform fault" (Blattverschiebung). Absinken der ozeanischen Platte unter eine kontinentale Platte an einer Benioff-Zone unter Bildung eines Tiefseegrabens (Schema n. *Thenius* 1977, veränd.).

1.3 Ursachen der Kontinentalverschiebung – Sea floor spreading

vom inneren Mantel der Erde her geformt wird. So entsteht ständig ein neuer, junger Ozeanboden, der in einem Subduktionsprozeß (s. u.) am Rande der Kontinentalplatten zurück in den inneren Mantel geschoben wird. An diesen Stellen entstehen die Tiefseegräben. Die Grenzen der Platten unserer Erdkruste sind heute relativ gut bekannt. Es gibt Zonen, in denen Platten zusammengepreßt werden, übereinandergleiten oder zerreißen. Diesen Bewegungen gehen Spannungen voraus, die sich unter Bildung von Rissen und Stufen entladen, wobei stets Erdbeben auftreten. Die Erdbebenzone wurde erstmals von Hugo Benioff beschrieben und heißt seitdem „Benioff-Zone".

Die ozeanische Kruste hat fast die gleiche Dichte wie der Erdmantel und tendiert dazu, an ihren Plattenrändern abzutauchen (Subduktion), meist unter einem Winkel von 30°. Dabei zerschmilzt die Oberfläche durch Reibung und Druck in einer Tiefe zwischen 100 und 300 km, also innerhalb der Lithosphäre. So entstehen Magmakammern. Die leichter schmelzenden Gesteine erzwingen sich einen Weg durch Spalten nach oben: Eine Kette von Vulkanen entsteht. Rund um den Pazifischen Ozean sind sie als „Feuerring" bekannt. Sie finden sich aber auch in der Karibischen See und der Ägäis.

Soweit nach den geschilderten theoretischen Vorstellungen des Erdaufbaues und der Plattenarchitektur unserer Erdkruste noch Zweifel an der Kontinentalverschiebung bestanden, konnten sie durch die Ergebnisse des seit 1968 durchgeführten Bohrprogramms JOIDES (= Joint Oceanographic Institutions for Deep Earth Sampling) mit dem US-Forschungsschiff „Glomar Challenger" beseitigt werden. Hinzu kommen weitere seismologische, gravimetrische und paläomagnetische Untersuchungen, deren Ergebnisse gut übereinstimmen. Zu den wichtigen heutigen Erkenntnissen gehört der Nachweis, daß die Mittelozeanischen Rücken in allen Weltmeeren eine zusammenhängende Kette von rund 60 000 km Länge (Bild 4B) bilden. Schon in den 20er Jahren hatte das deutsche Forschungsschiff „Meteor" den Mittelatlantischen Rücken entdeckt und vermessen. Schließlich erbrachte das Projekt FAMOUS (= French-American-Mid-Ocean Undersea Study) 1974 mit dem bemannten Tauchboot „Alvin" (44 Tauchfahrten) direkte Beobachtungen und Filmaufnahmen von den Hängen des Mittelatlantischen Rückens und bis zur Sohle des zentralen Grabens mit 2 500 m Tiefe. Im Untersuchungsgebiet war zwar kein akuter Vulkanismus beobachtet worden, man fand aber relativ junge Lava an den Hängen des Grabens. 1979 konnten bei Tauchfahrten der „Alvin" im Bereich der Galápagos-Rückenachse heiße Quellen direkt beobachtet und photographiert werden, einschließlich der dort überraschenderweise angetroffenen Biozönosen (S. 136).

Die heißen Quellen sind ein Teil des in der Basaltkruste zirkulierenden Meerwassers. Bohrungen im Bereich der Mittelozeanischen Rücken lieferten Hinweise dafür, daß das Wasser in Schrumpfklüften des aufsteigenden und erkaltenden Magmas bis in mindestens 1 000 m Tiefe unter den Meeresboden vordringt. Nach Berechnungen von Geochemikern dürfte das gesamte Wasser der Ozeane in 8 bis 10 Millionen Jahren einmal durch die Basaltkruste des Ozeanbodens wandern.

Die thermodynamischen Verhältnisse im Bereich der Mittelozeanischen Rücken, für die ein zwei- bis achtfach größerer Wärmefluß als im Bereich der Kontinente und des übrigen Meeresbodens (0,11 Ws/km^2) typisch ist, sind ein weiterer Hinweis für das aktive Zentrum des *Sea Floor Spreading*.

Die im Bereich der Mittelozeanischen Rücken wirksamen Kräfte bewegen die ozeanischen Platten (Bild 4B) in einer Größenordnung von 1 bis 8 cm/Jahr auseinander. Für geologische Verhältnisse ist das ein geradezu hektisches Geschehen. Zu Beginn des Mesozoikums standen die heutigen Kontinente Europa und Afrika noch in direkter Verbindung mit den amerikanischen Kontinentalplatten. Somit ist das nordatlantische Becken nicht älter als 180 Millionen Jahre, und es erweitert sich immer noch um durchschnittlich 2 cm/Jahr. Die Geschichte der einzelnen Ozeane verlief unterschiedlich, und die verschiedenen geologischen Prozesse hatten für die schon vorhandenen Pflanzen und Tiere teils dramatische Folgen.

1 Geomorphologie des Meeresbodens

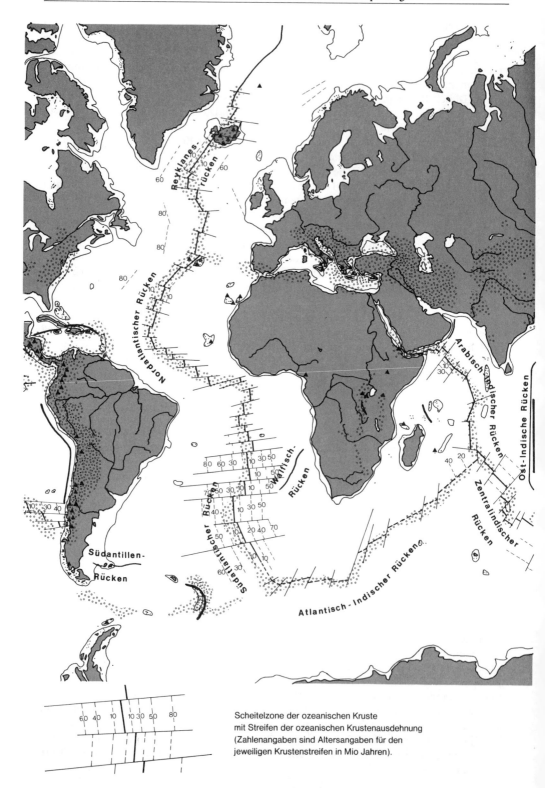

Scheitelzone der ozeanischen Kruste mit Streifen der ozeanischen Krustenausdehnung (Zahlenangaben sind Altersangaben für den jeweiligen Krustenstreifen in Mio Jahren).

1.3 Ursachen der Kontinentalverschiebung – Sea floor spreading

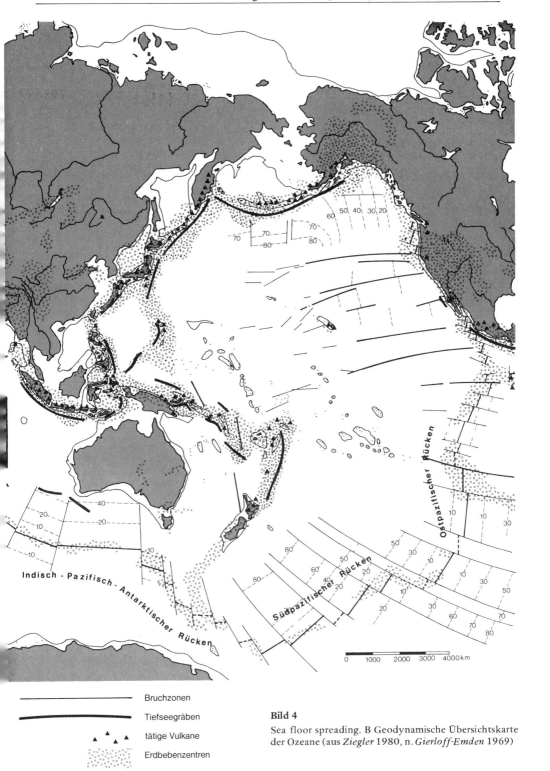

Bruchzonen
Tiefseegräben
tätige Vulkane
Erdbebenzentren

Bild 4
Sea floor spreading. B Geodynamische Übersichtskarte der Ozeane (aus *Ziegler* 1980, n. *Gierloff-Emden* 1969)

Tabelle 1-2: Die paläogeographischen Ereignisse des Weltmeeres und der Kontinente von Trias bis zum Quartär (Auszug aus Thenius 1977)

Zeitalter	Periode	Epoche	Jahrmillionen	Wichtige paläogeographische Ereignisse	
Känozoikum	Quartär	Holozän (Jetztzeit)		Abschmelzen der Eisschicht	
		Pleistozän (Eiszeit)	1,8	Inlandeisschicht auf Nord-Hemisphäre	
	Tertiär	Pliozän Miozän		Panamabrücke entsteht „Austrocknung" des Mittelmeeres Antarktisvereisung	
		Oligozän Eozän		Zirkumantarktische Strömung Trennung von Antarktis und Australien, Öffnung des Skandik, Alpidische Orogenese	TETHYS
		Paleozän	65	Regression	
Mesozoikum	Kreide	Ober- Unter-	135	Weltweite Transgression Öffnung des Südatlantik	
	Jura	Malm Dogger Lias	190	Öffnung des südlichen Nord-Atlantik Tethys trennt Laurasia von Gondwana	
	Trias	Keuper Muschelkalk Buntsandstein	225	Bildung alpidischer Geosynklinalen Pangaea	

Zwei Phasen des Zerfallsprozesses der Pangaea zur heutigen Meer-Land-Verteilung (Tabelle 1-2) und ihrer Plattenstruktur sind in Bild 5 dargestellt. Hier in groben Zügen der Verlauf:

– Der Urkontinent Pangaea beginnt vor etwa 200 Millionen Jahren (Trias) auseinanderzubrechen. Südamerika und Afrika bleiben vereinigt. Indien wird von Antarktika getrennt.
– Vor 135 Millionen Jahren (Kreide) beginnen Nordamerika, Eurasien, Afrika und Südamerika die heutigen Formen anzunehmen. Eine weltweite Transgression führt zur Öffnung des Südatlantik. Indien triftet auf Asien zu.
– Im Tertiär (vor 65 Millionen Jahren) beginnt Australien, sich von Antarktika abzulösen. Die Lücken zwischen Nord- und Südamerika sowie zwischen Indien und Asien werden geschlossen. Bruchstücke des nördlichen Afrika beginnen mit Zentraleuropa zu kollidieren.
– Die zirkumantarktische Strömung setzt im Oligozän ein; die bis heute anhaltende Vereisung der Antarktis beginnt.
– Im Pleistozän kommt es auf der Nord- und Süd-Hemisphäre zu mehreren Kaltzeitschüben mit entsprechender Inlandvereisung, die durch warme Zwischenintervalle unterbrochen werden. Eustatische[3] Änderungen des Meeresspiegels (Bild 6) begleiten diese Vorgänge.
– Vor etwa 20 000 Jahren, im Holozän, endet diese vorläufig letzte Phase der Kaltzeit, die mit ihrer Eisbindung dem Meer so viel Wasser entzogen hatte, daß der Meeresspiegel rund 110 m tiefer als heute lag und sich erst mit dem langsamen Abschmelzen des Eises auf sein jetziges Niveau einpendelte. Die Menschen der antiken Hochkulturen waren bis vor rund 5 000 Jahren Zeugen dieses Geschehens.

---

3 Änderungen des Meeresspiegels durch Wasserbindung in den Inlandeisgebieten oder durch deren Abschmelzen werden als „eustatisch" bezeichnet.

1.3 Ursachen der Kontinentalverschiebung — Sea floor spreading

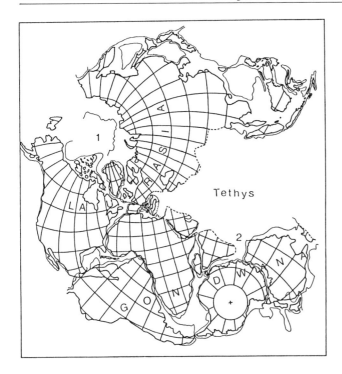

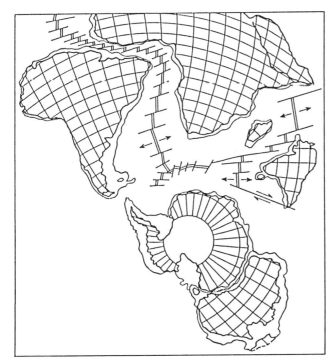

Bild 5

Zwei Phasen der Kontinentalverschiebung

Oben: Die Pangaea mit den Teilkontinenten Laurasia im Norden und Gondwana im Süden beginnt im jüngeren Mesozoikum auseinanderzubrechen. 1 Sinus Borealis, 2 Sinus Australis.

Unten: am Ende der Kreidezeit sind der Südatlantische und der Indische Ozean schon weitgehend offen. Australien und die Antarktis sind noch landfest sowie durch eine Inselkette mit Südamerika verbunden (aus *Thenius* 1977)

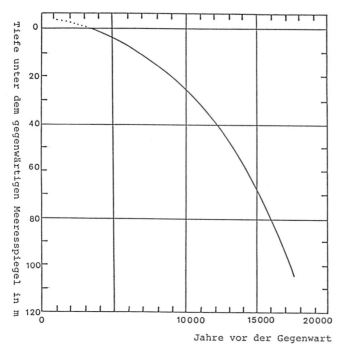

Bild 6 Eustatische Veränderungen des Meeresspiegels während der letzten 20 000 Jahre
(nach *Shepard* 1968, verändert)

1.4 Großgliederung des Meeresbodens

Die topographischen Großformen des heutigen Weltmeeres sind in Bild 7 zusammengestellt. In ihrer Charakterisierung folgen wir weitgehend Gierloff-Emden (1980) und Dietrich et al. (1975).

Kontinente und Ozeane sind die übergeordneten Formen der Erdkruste. Teile der Kontinentsockel sind wasserbedeckt und greifen als *Kontinentalränder* in das Weltmeer hinaus. Neben diesen sind die wichtigsten ozeanischen Bodenformen der *Mittelozeanische Rücken* (der Mittelatlantische Rücken ist ein Teil davon) und die *Tiefseebecken*. Jede der drei Großformen nimmt etwa 1/3 des gesamten Meeresbodens ein. Die Kontinentalränder bilden den Übergang von den festländischen Küsten zu den Tiefseebecken, sie umfassen Schelfe, Kontinentalabfälle, Fußregionen und Tiefseegräben.

Die *Schelfe* umgeben die Kontinente wie ein flaches Gesims (Gefälle weniger als 1 : 1 000) mit wechselnder Breite (bis 300 km). Wegen ihrer praktischen Bedeutung für Schiffahrt und Fischerei, für die Nutzung mineralischer Bodenschätze und auch aus meßtechnischen Gründen sind die Schelfe durch Lotungen allgemein gut erfaßt. Die *Schelfkante* — meist in 150 bis 200 m Tiefe, in hohen Breiten erst bei 500 m — ist deutlich ausgeprägt. *Kontinentalabfälle* finden sich an allen Kontinentalrändern, während die drei übrigen Regionen fehlen können. Die Neigung der Kontinentalabfälle beträgt mehr als 1 : 40; sie reichen von der Schelfkante in ca. 200 m bis etwa 2 000 m Tiefe, sind nur 20 bis 100 km breit und in Land-See-Richtung durch submarine Cañons (engl. Canyons) stark

1.4 Großgliederung des Meeresbodens

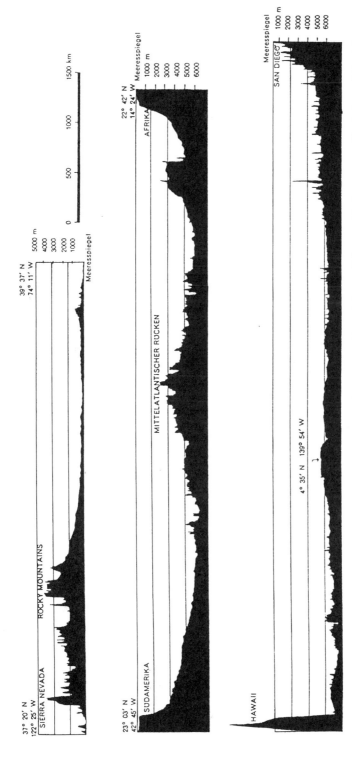

Bild 7 Bodenprofil durch die Vereinigten Staaten (a), den Atlantischen Ozean (b) und den östlichen Pazifischen Ozean. Überhöhung 100 : 1 (aus *Deacon* 1970)

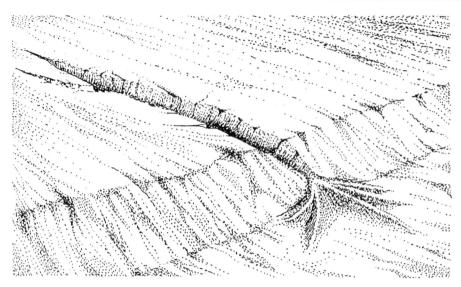

Bild 8 Untermeerischer Cañon und Sedimentalablagerung am Cañonausgang, halbschematisch und in der Vertikalen überhöht (nach *Deacon* 1970).

zerfurcht (Bild 8). Diese Cañons weisen verschiedene Merkmale auf: steile Flanken, geringe Breite (etwa 1 bis 15 km) und in der Achse ein gleichsinniges Gefälle, das unter 1 : 40 bleibt. Einzelne dieser Bodenformen, wie die des Hudson-Cañons, finden eine Fortsetzung in der Fußregion. Die Cañons, die erst seit 1934 durch das Echolot in Verbindung mit neuen Methoden genauer Ortsbestimmung auf See erkannt wurden, haben sich als eine weltweit verbreitete Bodenform der Kontinentalabfälle erwiesen. So zerfurchen allein zwischen der Georges Bank bis Norfolk 13 große Cañons den Kontinentalabhang vor der nordamerikanischen Atlantikküste. Einzelne Cañons finden Anschluß an festländische Täler, wie die von Kongo und Indus, andere aber nicht, wie die des atlantischen Kontinentalabfalls Nordamerikas; nur beim Hudson ist ein Zusammenhang schwach angedeutet.

Wegen ihrer Tiefenerstreckung, weit unter das Niveau aller eustatischen Schwankungen des Meeresspiegels (Bild 6), muß angenommen werden, daß Cañons nicht einfache Fortsetzungen von Flußtälern sein können. Mit hoher Wahrscheinlichkeit spielen für ihre Bildung oder Erhaltung Suspensionsströme (S. 18) eine wichtige Rolle.

Den Kontinentalabhängen schließt sich meist eine bis 300 km breite *Fußregion* an (Gefälle 1 : 700 bis 1 : 1 000), sofern sie nicht direkt in *randliche Tiefseegräben* übergehen (Bild 4). Diese sind langgestreckte Senken (300 bis 4 000 km lang) mit steilen Flanken (Gefälle etwa 1 : 40); sie unterschreiten 6 000 m Tiefe. Von den 26 randlichen Tiefseegräben befinden sich 22 im Pazifischen Ozean, darunter der Marianengraben mit der größten Tiefe des Weltmeeres von 11 022 m. Gegen die Tiefseebecken sind die Tiefseegräben durch eine Bodenschwelle abgegrenzt.

Die *Tiefseebecken* bestehen aus den Tiefsee-Ebenen, Tiefseeschwellen, Hügelregionen und Stufenregionen. Sie sind erst in den beiden letzten Jahrzehnten relativ gut erforscht worden. 1954 zählte man 57 Becken; inzwischen sind (nach dem Atlas von Dietrich & Ulrich 1968) für das Nordpolarmeer vier statt eines Beckens und im Indischen Ozean 16 statt neun Becken gefunden worden. Ihre Topographie hat entscheidenden Einfluß auf die Zirkulation des Tiefen- und Bodenwassers (S. 39).

Die *Tiefsee-Ebenen* sind mehr als alle kontinentalen Ebenen von außerordentlicher Gleichförmigkeit, was sie ihrer Sedimentauflage verdanken (S. 16), und über mehrere 1 000 km praktisch ohne Gefälle, wie es in einzelnen Regionen des Pazifischen Ozeans sehr ausgeprägt ist.

Tiefseeschwellen können die Ebenen bis 4 000 m überragen, sie sind bis 150 km breit und bis 4 000 km lang, zum Teil tragen sie Inseln, wie z. B. die Färöer auf der Grönland-Schottland-Schwelle. Im Gegensatz zu dem Mittelozeanischen Rücken sind sie erdbebenfrei.

Der *Mittelozeanische Rücken* (Bild 4) mit einer Länge von rund 60 000 km ist das längste zusammenhängende Gebirgssystem unserer Erde. Es hat stellenweise eine Breite von 4 000 km und eine Höhe zwischen 1 000 m und 3 000 m über die Tiefseebecken. In der Kammregion liegt eine *Zentralspalte,* die nur in wenigen Gebieten fehlt. Sie ist bei einer Breite von 20 bis 50 km etwa 1 000 m bis 3 000 m tief eingesenkt. Das ganze Rückensystem weist zahlreiche seitliche Versetzungen und (Bild 4a) Verwerfungsspalten auf, die die Topographie des Mittelozeanischen Rückens außerordentlich kompliziert machen.

Unterseeische *Kuppen* sind, wie die ozeanischen Inseln, kegelförmige Erhebungen am Meeresboden, die im Bereich der drei Großformen (Kontinentalränder, Mittelozeanischer Rücken, Tiefseebecken) bis zu 8 000 m (Inseln einbezogen) aufragen können und meist in Gruppen angetroffen werden. Sie sind zur Zeit Gegenstand intensiver Forschung. Man schätzt, daß ihre Zahl zwischen 10 000 und 20 000 liegt. Eine besondere Form der Kuppen sind die Guyots (Bild 4a) (nach dem schweizerisch-amerikanischen Geologen gleichen Namens benannt). Es sind Kegelstümpfe vulkanischen Ursprungs mit ebenem Gipfelplateau. Sie wurden 1946 entdeckt. Ihre Gesamtzahl im Weltmeer beträgt einige hundert.

1.5 Sedimente am Meeresboden

1.5.1 Natur der Sedimente

Der Meeresboden ist überwiegend von unkonsolidiertem Material (Sedimente) bedeckt. Unter dieser Sedimentdecke, die im allgemeinen eine Mächtigkeit bis zu einigen hundert Metern (maximal sogar bis 2 000 m) haben kann, liegen Basalt und Differenzierungsprodukte basaltischer Schmelzen (Trachybasalte, Trachyandesite, Trachyte u. a.). Ebenso kommen Gabbros und Serpentine als Tiefengestein vor. Die Teilchen der Bodensedimente sind verschiedener Herkunft:

Terrigene Sedimente stammen aus der mechanischen und chemischen Verwitterung der Gesteine des Festlandes oder sind vulkanischen Ursprungs. Sie werden von den Flüssen eingeschwemmt (12 km^3/Jahr) und gehen nur zum geringen Teil auf Staubstürme und Aschenregen zurück. Wenn sie sich gleichmäßig auf dem Boden der Tiefsee verteilten, ergäbe dies einen Zuwachs von 3 cm/1 000 Jahre. Tatsächlich beträgt der Sediment-Zuwachs im freien Meer jedoch nur 1 cm/1 000 Jahre, weil die Küstenzonen und Kontinentalränder den größten Anteil zurückhalten.

Die *biogenen* Sedimente bestehen aus Gehäuseresten und Skeletteilen benthischer und pelagischer Organismen; dabei überwiegen die von tierischem und pflanzlichem Plankton. Der größte Teil der Planktonreste geht bei den sehr langsamen Sinkgeschwindigkeiten (Tabelle 1-3) bereits im freien Wasser oder auf der Sedimentoberfläche in Lösung. Nur wenige schwerlösliche kalk- und kieselsäurehaltige Reste bleiben in den Tiefseesedimenten erhalten. Ihre Verteilung (Bild 9) hängt von den trophogenen Wasserschichten, den Transportverhältnissen und – was Kalkteile betrifft – auch von der Meerestiefe ab (in mehr als 5 000 m Tiefe ist Kalk gegenüber dem Lösungsdruck nicht

16　　1 Geomorphologie des Meeresbodens

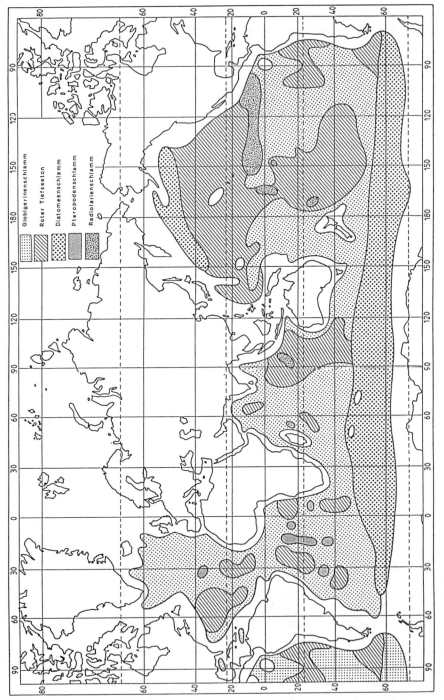

Bild 9 Sedimentbedeckung der Ozeanböden (nach *Tait* 1971 verändert)

1.5 Sedimente am Meeresboden

Tabelle 1-3: Sinkgeschwindigkeit w und Sinkdauer s im Ozean (0–4000 m) in Abhängigkeit vom Korndurchmesser D (w gilt für Quarzsphäroide mit einem Achsenverhältnis 1 : 4); aus Dietrich et al. (1975)

Korn- durchmesser (D) (mm)	Sinkgeschwindigkeit w (cm/sec)	Sinkdauer (s) von 0–4 000 m
0,001	0,0001	127 Jahre
0,01	0,0100	1,27 Jahre
0,1	0,90	4,2 Tage
1,0	20	5,5 Stunden
10	80	1,4 Stunden

mehr beständig). Aus Calcit bestehen die Gehäuse der planktischen Foraminifera (Leitform *Globigerina* – Bild Bd. I, 10 : 3), aus Aragonit sind die Schalen der planktischen Pteropoda (Mollusca). Die Coccolithophora (Bd. I Bild I, 4), zum Nannoplankton gehörende und nahe der Meeresoberfläche lebende Algen, sind mit kleinen und sehr charakteristischen Kalkplättchen bedeckt. Sie sind ebenfalls sedimentbildend. Die Skelette der Radiolaria und die Diatomeenschalen (Bild Bd. I, 3 : 5–11) bestehen meist aus Kieselsäure, ebenso wie die im Sediment häufigen Skelettnadeln der Kieselschwämme. Man unterscheidet nach dem jeweiligen Anteil am Sediment zwischen Globigerinen-, Pteropoden-, Coccolithen-, Radiolarien- und Diatomeenschlamm (Bild 9).

In den Schelfmeeren sind die Weichteile der Organismen noch nicht vollständig abgebaut, wenn die Planktonreste den Meeresboden erreichen.

Die *halmyrogenen* Sedimente sind mineralische Neubildungen, die bei Übersättigung des Wassers an gelösten Stoffen entstehen können. Trotz der häufigen Übersättigung mit $CaCO_3$ in den warmen tropischen Meeren kommt es wegen der komplizierten Gleichgewichtsverhältnisse der Karbonate mit CO_2 und Wasserstoffionen selten zu Kalkfällungen. Häufiger aber sind Konkretionen von Eisenmanganoxiden, die sogenannten Manganknollen (S. 178).

Die *kosmogenen* Sedimente entsprechen in ihrer chemischen Zusammensetzung weitgehend den Eisenmeteoriten und sind als kleine Kügelchen von 30 bis 60 μm Durchmesser im Sediment nachweisbar. Nach Untersuchungen der schwedischen „Albatros"-Expedition rechnet man für den gesamten Weltmeerboden mit einem Einfall von 2 500 bis 5 000 t/Jahr.

1.5.2 Transport der Sedimente

Die Mechanik der Sedimentation besteht aus sehr komplizierten Prozessen, deren quantitative Zusammenhänge erst in Ansätzen erfaßt sind. Erosion, Transport und Sedimentation sind dabei Sammelbegriffe für eine Vielzahl von Vorgängen. Hier soll nur kurz auf den Transport der Sedimente und ihre eigentliche Sedimentation eingegangen werden. Stromgeschwindigkeit und Korngröße spielen dabei die wichtigste Rolle, aber auch Stromscherung, Wassertiefe, Feststoffgehalt, spezifisches Gewicht und Turbulenz beeinflussen die Ablage im Wasser. Für den Transport des festen Materials bestimmen Bodenneigung, Korngrößenspektrum, Form und spezifisches Gewicht sowie die Kohäsion den quantitativen Ablauf der Prozesse.

Tabelle 1-4: Mittlere chemische Zusammensetzung der pelagischen Sedimente im Weltmeer in % (nach Revelle 1944).

Bestandteile	Roter Tiefseeton	Globig.-schlamm	Pterop.-schlamm	Diatom.-schlamm	Radiol.-schlamm
Kalk ($CaCO_3$) organisch	10,4	64,7	73,9	2,7	4,0
Kieselsäure (SiO_2) organisch	0,7	1,7	1,9	73,1	54,4
übrige anorganisch	88,9	33,6	24,2	24,2	41,6

Der ungestörte Transport eines Einzelkorns ist abhängig von der Stromgeschwindigkeit. Bei geringer Stromgeschwindigkeit wird es zunächst geschoben und gerollt, bei höherer hüpft es und verbleibt schließlich bei noch höherer Geschwindigkeit für einige Zeit suspendiert im Wasser, um dann durch sein eigenes Gewicht wieder auf den Boden hinabzusinken. Die Sinkgeschwindigkeit läßt sich nach der Formel von Stokes bestimmen.

Unregelmäßig gestaltete Skeletteile und Planktonorganismen haben wegen des stark erhöhten Reibungswiderstandes wesentlich geringere Sinkgeschwindigkeiten. Die Sinkdauer von 0 bis 4 000 m ist für Globigerinengehäuse mit einer durchschnittlichen Größe von 0,1 mm in der Größenordnung von Tagen und Wochen anzunehmen. In diesem Zeitraum werden die abgestorbenen Individuen der oberflächennah lebenden Globigerina-Populationen in entsprechendem Verteilungsmuster am Meeresboden abgelagert, also ohne wesentliche seitliche Vertriftung. Demgegenüber können die Partikeln des roten Tiefseetones (Teilchengröße 0,1 bis 70 μm, Sinkdauer: Jahrzehnte) durch Strömungen weit versetzt werden. Die roten Tiefseetone unterhalb 5 000 m nehmen in 1 000 Jahren nur 1 bis 2 mm zu, die cremeartigen kalkigen Foraminiferenschlämme in mittlerer Tiefe (2 000 bis 4 000 m) 1 bis 3 cm. Die grauen und grünen Silt- und Tonschichten des Kontinentalrandes wachsen im gleichen Zeitraum maximal 60 cm.

Für den Transport von sandigem und gröberem Material aus Küstennähe in große Tiefen spielen *Suspensionsströme* (Turbidity currents) eine große Rolle. Sie können Geschwindigkeiten bis zu 25 m/s erreichen. Noch besteht unser Wissen über diesen Transportmechanismus weitgehend aus Indizien, und es gibt lebhafte Diskussionen darüber. Suspensionsströme sind noch nie direkt gesehen worden, aber sie sind theoretisch hydraulisch möglich, durch Laborexperimente bestätigt und in ihren Auswirkungen am Meeresboden bekannt. Sie sind Schneestaublawinen und feinen Aschensuspensionen bei Vulkanausbrüchen physikalisch ähnlich und auch von gleicher Gewalt. Am 18. November 1929 wurden durch ein Erdbeben südlich von Neufundland Rutschungen und Suspensionsströme ausgelöst (Bild 10), die 13 Brüche an Tiefseekabeln verursachten und bei denen die zeitliche Abfolge der Brüche eine genaue Messung der Strömungsgeschwindigkeit erlaubten. Suspensionsströmungen werden durch horizontale Dichtedifferenzen im Wasser erzeugt, ähnlich wie die Tiefenzirkulation im Ozean. Nur sind es nicht Unterschiede von Temperatur und Salzgehalt, die die Dichteunterschiede bewirken, sondern der unterschiedliche Gehalt des Wassers an suspendiertem Material; auch Skeletteilchen von Planktonorganismen können hierbei eine Rolle spielen.

Ein eventueller Tiefseebergbau und Projekte für die Lagerung von radioaktiven Abfallprodukten am Meeresboden müssen mit den zerstörerischen Kräften der Suspensionsströmungen rechnen, für die inzwischen „Zonen der Unerreichbarkeit" kartiert wurden (Bild 11).

1.5 Sedimente am Meeresboden

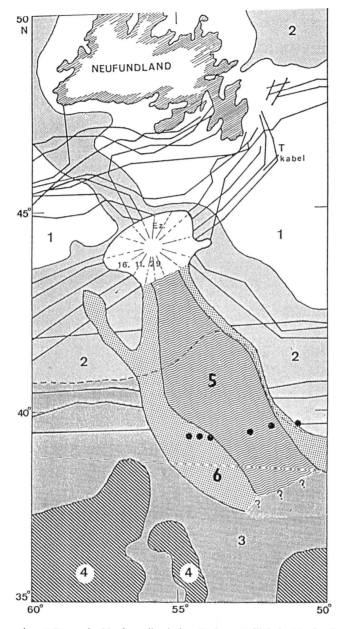

Bild 10 Suspensionsströmung im Nordamerikanischen Becken nördlich der Neufundlandbank im November 1929.
1 Schelf (0–200 m Tiefe);
2 Kontinentalabfall und Fußregion;
3 Tiefsee-Ebene;
4 Tiefseehügel;
5 zerstörender Suspensionsstrom, Kabelbrüche;
6 Sedimentverlagerung durch Suspensionsstrom, kein Kabelbruch;
E = Epizentrum des Bebens 18.11.1929
(nach *Heezen, Ericson & Ewing*, 1954)

1 Geomorphologie des Meeresbodens

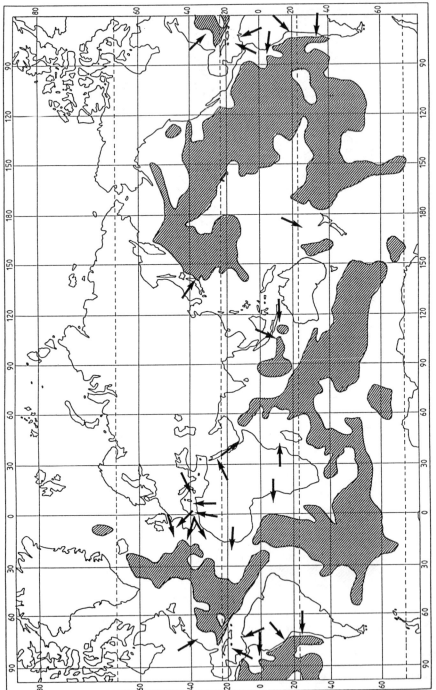

Bild 11 Für Suspensionsströme der Kontinentalabhänge unerreichbare Gebiete des Weltmeeres (schraffiert). Pfeile: Erwiesene Kabelbrüche durch Suspensionsströme zwischen 1880–1955 (nach *Elmendorf & Heezen*, 1957)

2 Physikalische und chemische Parameter des Meerwassers

2.1 Sonderstellung des reinen Wassers

Meerwasser besteht zum größten Teil (96,5 %) aus reinem Wasser, und so werden seine physikalischen Eigenschaften weitgehend von denen des reinen Wassers bestimmt. Dieses nimmt im Vergleich zu anderen Flüssigkeiten eine Sonderstellung ein, ohne die wahrscheinlich kein Leben auf der Erde möglich wäre. Das anomale Verhalten des Wassers ist letzten Endes durch die Eigenart seines Molekülbaus bedingt.

Die H-Atome stehen nicht symmetrisch zum zentralen O-Atom, sondern sind in einem Winkel von etwa 105° angeordnet. Das hat fünf Auswirkungen von weitreichender Bedeutung:

1. Das Wassermolekül bildet einen elektrischen Dipol, dessen Anziehungskräfte auf benachbarte Moleküle einwirken. So kommt es zur losen Vereinigung von im Mittel 6 Einzelmolekülen (ein sogenanntes Assoziat). Da diese wesentlich träger als Einzelmoleküle reagieren, hat Wasser den charakteristischen Gefrierpunkt 0 °C (statt etwa -110 °C, der für ein Einzelmolekül zu erwarten wäre) und einen Siedepunkt von $+100$ °C anstatt von etwa -80 °C.
2. Das sehr hohe Dipolmoment von $1,84 \times 10^{-18}$ elektrostatischen Einheiten (normal etwa $0,2 \times 10^{-18}$) bedingt die hohe Dielektrizitätskonstante von 80 (normal etwa 2), durch die die große Dissoziationskraft und damit das starke Lösungsvermögen erreicht werden. Typisch ist ferner, daß reines Wasser nur schwach ionisiert ist. Das Leitvermögen des Meerwassers hat einen Wert zwischen dem von reinem Wasser und dem von Kupfer.
3. Die erwähnten Valenzwinkel von rund 105° liegen in der Größenordnung von Tetraederwinkeln. Infolge dieser großen Ähnlichkeit besteht neben der Möglichkeit der „dichtesten Kugelpackung" eine zweite in tetraederförmiger Anordnung. Die zwei zum Sauerstoffatom gehörigen Wasserstoffatome haben dabei eine Entfernung von je 0,099 nm, während die beiden weiteren Wasserstoffatome, die anderen Wassermolekülen zugehören, eine 1,6- bis 1,8-fache Entfernung haben. Eine solche Bindungsart wird als „Wasserstoff-Brückenbindung" bezeichnet. Ihre Bindungskräfte sind 10 bis 100 mal geringer als die der normalen Bindung, aber bei normaler Temperatur noch fest genug, um differenzierte, höchst spezialisierte Molekülstrukturen zuzulassen. Solche Bindungen können in Bruchteilen von millionstel Sekunden entstehen und wieder verschwinden. Im Stoffwechselgeschehen spielen sie eine große Rolle.
4. Bei Gefrieren des Wassers tritt eine weitere Besonderheit auf: Sämtliche Wassermoleküle treten zu einem großen, gemeinsamen, tetraederförmigen Kristallgitterverband zusammen. Damit ist eine starke Volumenausdehnung bzw. eine Dichteabnahme von 0,9987 auf 0,9186 g/cm^3 verbunden. Eis, die feste Phase des Wassers, schwimmt also auf der flüssigen Phase, eine Eigenschaft, die nur bei sehr wenigen Stoffen auftritt.
5. Aus der Möglichkeit der Mischung von Kugelverbänden und tetraederförmigen Molekülen kann es zur Bildung sogenannter "Clusters" (Träubchen) kommen. So gibt es Dichteunterschiede im Wasser, deren intermediäres Dichtemaximum bei 4 °C liegt.

Damit konnt es bei Absinken der Temperatur unter 4 °C zum Umschichten in Seen und zum Ausschluß eines Durchfrierens des gesamten Wasservolumens. Für Seewasser vergleiche S. 32.

Am Aufbau von Wasser sind die Isotope ^1H, ^2H, ^{16}O, ^{17}O und ^{18}O beteiligt. Aus ihrer Kombination ergeben sich neun verschiedene Wasserarten mit unterschiedlichen Eigenschaften. Reines Wasser und ebenso das Meerwasser stellen also ein Isotop-Gemisch dar.

2.2 Zur Geschichte des Meerwassers

Die Kationen im Meerwasser dürften weitgehend aus der Verwitterung der Primärgesteine stammen, während z. B. Cl^-- und SO_4^{2-}-Ionen wie auch CO_2 zum Teil aus der Atmosphäre und durch Vulkane zugeführt worden sind. Im Laufe der Erdgeschichte müssen sich Menge und Zusammensetzung der Meersalze mehr oder weniger geändert haben. Zu den Schwankungen des Gesamtvolumens der Ozeane und der Intensität des Vulkanismus hat sich auch noch die Entwicklung der Organismen auf Verwitterung, Kalkfällung und Kieselausscheidung ausgewirkt. Allerdings ist das Meerwasser ein wirksames Puffersystem, und es ist vermutlich durch eine Säure-Basen-Titration eingestellt worden, die wahrscheinlich vor 3,5 Milliarden Jahren begann und sich über lange geologische Zeiträume hingezogen hat. Wie aus den Sedimentschichten geschlossen werden kann, ist die Zusammensetzung des Meerwassers seit dem Kambrium weitgehend unverändert geblieben. Da den Ozeanen aber durch Verwitterung ständig Salz zugeführt wird, kann ihr Gleichgewichtszustand nur von einer Balance der "Input"- und "Output"-Raten erhalten werden. Selbst während der Kaltzeiten des Pleistozäns wird durch die Meeresspiegelabsenkung der Salzgehalt um nur rund 1 ‰ höher gewesen sein.

Die Tatsache, daß seit dem Kambrium die im allgemeinen empfindlichen Riffkorallen gedeihen konnten, spricht ebenfalls für einen ziemlich gleichbleibenden Chemismus des Meerwassers seit jener Epoche. Deutliche Schwankungen der Oberflächentemperaturen in tropischen Meeren mit einer Amplitude von rund 8 °C ließen sich aber durch paläoklimatologische Methoden und mit Hilfe der Isotopenchemie quantitativ weitgehend nachweisen. Ob und wieweit sich das Gesamtvolumen des Weltmeeres in seiner Geschichte geändert hat, läßt sich vorerst nicht feststellen. Hauptsächlich durch die Bindung von Meerwasser in wechselnden Eisvolumina der polaren Gebiete hat die Lage des Meeresspiegels sich mehrfach eustatisch geändert (100 bis 120 m). Gegenwärtig leben wir mit einem Hochstand des Meeresspiegels, der in historischer Zeit, vor etwa 5 000 Jahren, erreicht wurde. Nach weltweiten Pegelbeobachtungen steigt der Meeresspiegel jährlich um 1 bis 2 mm an, und aus Berechnungen des säkularen Gangs der Erdbestrahlung ist anzunehmen, daß wir uns in einer Zwischeneiszeit befinden. Zu erwartende merkliche Änderungen, die sich in Zeiträumen von tausend bis zehntausend Jahren einstellen könnten, sind jedenfalls keine direkte Zukunftssorge der Menschheit.

2.3 Chemische Zusammensetzung des Meerwassers

Meerwasser enthält neben dem reinen Wasser Salze, organische Stoffe, ungelöste suspendierte Partikeln und gelöste Gase. Die zuvor skizzierten Anomalien des reinen Wassers treten im wesentlichen auch beim Meerwasser auf. Soweit Abweichungen davon zu beobachten sind, gehen sie zurück auf den Salzgehalt des Meerwassers. Das betrifft vor allem Änderungen von Dichte, Kompressibilität, Temperatur des Dichtemaximums und Gefrierpunkttemperatur. Erst im salzigen Wasser gewinnen Leitfähigkeit und osmotischer Wert an Bedeutung.

2.3 Chemische Zusammensetzung des Meerwassers

Tabelle 2-1: Zusammensetzung des Meerwassers in mg/Liter (bei einem Chlorgehalt von 19 000 mg/Liter, nach Goldberg, 1965 und Culkin, 1966). Die Hauptkomponenten sind mit einem Kreuz markiert. Ein Teil der Konzentrationsangaben bei den Spurenelementen sind nur Näherungswerte, die sich bei verbesserten Analysenmethoden noch ändern können (aus Dietrich et al. 1975)

Element	Symbol	mg/Liter
+Wasserstoff	H	108 000
Helium	He	0,000005
Lithium	Li	0,17
Beryllium	Be	0,0000006
+Bor	B	4,6
+Kohlenstoff	C	28
Stickstoff	N	0,5
+Sauerstoff	O	857 000
+Fluor	F	1,3
Neon	Ne	0,0001
+Natrium	Na	10 721
+Magnesium	Mg	1 350
Aluminium	Al	0,01
+Silicium	Si	3,0
Phosphor	P	0,07
+Schwefel	S	901
+Chlor	Cl	19 000
Argon	A	0,6
Kalium	K	398
Calcium	Ca	410
Scandium	Sc	0,00004
Titan	Ti	0,001
Vanadium	V	0,002
Chrom	Cr	0,00005
Mangan	Mn	0,002
Eisen	Fe	0,01
Kobalt	Co	0,0001
Nickel	Ni	0,002
Kupfer	Cu	0,003
Zink	Zn	0,01
Gallium	Ga	0,00003
Germanium	Ge	0,00006
Arsen	As	0,003
Selen	Se	0,0004
+Brom	Br	67
Krypton	Kr	0,0003
Rubidium	Rb	0,12
+Strontium	Sr	7,7
Yttrium	Y	0,0003
Zirkon	Zr	
Niobium	Nb	0,00001
Molybdän	Mo	0,01
Technetium	Te	
Ruthenium	Ru	
Rhodium	Rh	
Palladium	Pd	
Silber	Ag	0,00004
Cadmium	Cd	0,00011
Indium	In	0,02
Zinn	Sn	0,0008
Antimon	Sb	0,0005
Tellur	Te	
Jod	J	0,06
Xenon	Xe	0,0001
Cäsium	Cs	0,0005
Barium	Ba	0,03
Lanthan	La	$1,2 \times 10^{-5}$
Cer	Ce	$5,2 \times 10^{-6}$
Praseodym	Pr	$2,6 \times 10^{-6}$
Neodym	Nd	$9,2 \times 10^{-4}$
Promethium	Pm	
Samarium	Sm	$1,7 \times 10^{-6}$
Europium	Eu	$4,6 \times 10^{-7}$
Gadolinium	Gd	$2,4 \times 10^{-6}$
Terbium	Tb	
Dysprosium	Dy	$2,9 \times 10^{-6}$
Holmium	Ho	$8,8 \times 10^{-7}$
Erbium	Er	$2,4 \times 10^{-6}$
Thulium	Tm	$5,2 \times 10^{-7}$
Ytterbium	Yb	$2,0 \times 10^{-6}$
Cassiopeium	Cp	$4,8 \times 10^{-7}$
Hafnium	Hf	
Tantal	Ta	
Wolfram	W	0,0001
Rhenium	Re	
Osmium	Os	
Iridium	Ir	
Platin	Pt	
Gold	Au	0,000004
Quecksilber	Hg	0,00003
Thallium	Tl	< 0,00001
Blei	Pb	0,00003
Wismut	Bi	0,00002
Polonium	Po	
Astat	At	
Radon	Rn	$0,6 \times 10^{-15}$
Francium	Fr	
Radium	Ra	$1,0 \times 10^{-10}$
Actinium	Ac	
Thorium	Th	0,00005
Protactinium	Pa	$2,0 \times 10^{-9}$
Uran	U	0,003

Die quantitative und qualitative Zusammensetzung der Salze des offenen Ozeans (Tabelle 2-1) unterliegt nur geringen Schwankungen, was schon aus Probenanalysen der „Challenger"-Expedition (1873—76) festgestellt wurde und zur Aussage der „Konstanz der Zusammensetzung des Meerwassers" führte. So läßt sich weithin die Angabe des Chloridgehalts (engl. Chlorinity) stellvertretend für den Gesamtsalzgehalt verwenden. Man definiert den Salzgehalt S in Promille als die Gesamtmenge an gelösten Stoffen, die in 1 kg Meerwasser vorhanden ist, wenn alles Karbonat in Oxid und alles Bromid und Jodid in Chlorid überführt und die gesamte organische Substanz oxidiert ist.

Die großen Unterschiede in der Häufigkeit der Elemente in der Erdkruste und im Meer sind nur möglich, wenn Regulierungsmechanismen die Verteilung der Elemente beeinflussen. Bevorzugt ins Meer gelangen neben Wasserstoff und Sauerstoff die Elemente Chlor, Brom, Jod, Bor, Natrium und Schwefel, die man als „thalassophile Elemente" bezeichnet. Die „thalassoxenen Elemente", wie z. B. Silicium, Phosphor und die meisten Schwermetalle, treten nur in Spuren auf.

Zwei chemische Vorgänge regeln die Verteilung der Elemente im Meerwasser:

1. *Verhalten der Elemente aufgrund ihres Ionenpotentials* (= Verhältniszahl aus dem Ionisierungszustand Z und dem Ionenradius R).

Entsprechend dem Ionenpotential lassen sich die Elemente in drei Gruppen unterteilen:
a) Stoffe mit geringem Ionenpotential (< 3), dazu gehören Na, Ca, Mg, sie gehen bei der Verwitterung in wahre ionische Lösung.
b) Stoffe mit einem Ionenpotential von 3 bis 10 (z. B. Al, Ti, Ce), sie lagern in wässriger Lösung Hydroxidradikale an und werden aus wässrigen Lösungen infolge Hydrolyse in Form ihrer Hydroxide niedergeschlagen.
c) Stoffe mit hohem Ionenpotential (> 10), wie z. B. C, P, S, N, die unter Sauerstoff-Aufnahme zu Anionen (Säurebildner) werden und dann meist in Lösung bleiben.

2. *Selektive Adsorption*

Die selektive Adsorption der Eisen- und Manganhydroxide bindet im Meer eine große Anzahl lebensfeindlicher Schwermetalle und Metalloide und entgiftet damit das Wasser (Tabelle 2-2).

Die auffällige Erscheinung, daß *Natriumchlorid* 80 % des Salzgehalts im Meer ausmacht, bedarf der Erklärung, und es stellt sich auch die Frage, ob es sich dabei um einen Gleichgewichtszustand handelt. Im gelösten Zustand ist „Steinsalz" in das positiv geladene

Tabelle 2-2: Adsorption der Meersalz-Ionen an Eisen- und Manganhydroxiden (aus Dietrich et al. 1975)

Elemente	% Anteil im Meerwasser	geschätzte Konzentration ohne Absorptionsvorgang mg/m^3	tatsächliche Konzentration mg/m^3
Cu	0,0086	58 000	5
Pb	0,0042	12 000	5
Mo	0,0078	9 000	0,7
	adsorbiert außerdem auch an Eisensulfid		
As	0,52	2 900	15
Se	0,97	400	4
Hg	0,01	300	0,03
P	0,013	460 000	60

2.3 Chemische Zusammensetzung des Meerwassers

Natrium- und das negativ geladene Chlorion gespalten. Die Anreicherung im Meer ergibt sich aus der enormen Verbreitung dieser Elemente auf unserem Planeten, in dessen Uratmosphäre Chlor wahrscheinlich eine wesentlich höhere Konzentration hatte als heute, und vor allem aus der guten Löslichkeit. Ein Liter Meerwasser kann etwa 350 g NaCl in Lösung aufnehmen, das ist 10 mal mehr, als es tatsächlich heute enthält. Ein Teil des Natriums wird chemisch in Tonmineralien eingebaut und mit diesen ins Sediment überführt. Das ist aber höchstens 1/3 dessen, was über Flüsse dem Meer zugeführt wird. Bei Abschnürung von Meeresteilen führt Verdunstung zur weiteren Verringerung der Salzfracht, wenn durch Verdunstung und regionale Austrockungsvorgänge Salzstöcke entstehen, wie sie z. B. unter der Norddeutschen Tiefebene oder unter dem Roten Meer liegen. Zur Zeit befindet sich aber die Erde in einer Periode, in der es keine Hinweise auf Abschnürprozesse größerer Meeresteile gibt. Es ist also möglich, daß sich das Meer bezüglich des Natriumchlorids in einem Ungleichgewicht (non-steady state) befindet.

Man schätzt, daß durch den ständigen Gas- und Wasseraustausch zwischen Meer und Atmosphäre pro Jahr etwa 100 Millionen Tonnen Salz bewegt werden. Für die Bestimmung der Salinität des Meerwasers kann nach der Gleichung von Knudsen (1901) die Beziehung zwischen Salinität (S) und Chlorinität (Cl) genutzt werden: S [‰] = 0,03 + 1,805 Cl. Nach einer UNESCO-Empfehlung (1965) soll für die Beziehung von Salzgehalt und Chlorgehalt gelten: S = 1,80655 mal Chlorgehalt. Diese Formel ergibt bei niedrigem Salzgehalt genauere Werte. Meerwasseranalysen müssen mit großer Genauigkeit durchgeführt werden, und als Standard dient zum Vergleich das „Kopenhagener Normalwasser".

Kohlenstoff als Grundsubstanz aller Organismen ist ähnlich wie Wasser ein „Sonderling" unter den in der Natur vorkommenden Stoffen. Seine symmetrische Stellung im periodischen System ermöglicht ihm, sowohl elektropositive als auch elektronegative Verbindungen einzugehen.

Die große biologische Bedeutung des Kohlenstoffs besteht in seiner Beteiligung am Aufbau der Lebenssubstanz mit Hilfe der Energie der Sonnenstrahlung, was nur den chlorophyllhaltigen Pflanzen möglich ist. In der Ökologie werden Pflanzen daher als Produzenten und Tiere als Konsumenten bezeichnet. Der Kreislauf des Kohlenstoffs (Bild 12) erstreckt sich von der Atmosphäre über das Wasser der Kontinente und des Meeres bis zu dem Bereich der Sedimente und der Erdkruste.

Im zentralen nordpazifischen Ozean hat sich der Chlorophyllgehalt durch Planktonwachstum in den Wasserschichten bis 200 m Tiefe seit 1968 fast verdoppelt. Als Ursache werden Klimaveränderungen (eine stärkere Abkühlung im Winter und das Auftreten heftiger Stürme) angesehen, wodurch wahrscheinlich mehr nährstoffreiches Tiefenwasser an die Oberfläche gelangt. Da das betreffende Meeresgebiet etwa 15×10^6 km^2 groß ist, erscheinen Auswirkungen auf den globalen Kohlenstoffkreislauf möglich.

Obwohl der in der lebenden Substanz gebundene Kohlenstoff (etwa 54 mg/cm^3) gegenüber dem Anteil in der Erdkruste mit 5 540 g unter 1 cm^2 Oberfläche außerordentlich gering ist, müssen wir in ihm doch den eigentlichen Motor der geochemischen Kreisläufe sehen.

Silicium ist das zweithäufigste Element unserer Erdrinde, durch Verwitterung und Abtragung gelangt es über die Flüsse ungelöst in Form von Feldspat-, Ton- und Quarzpartikeln ins Meer, die relativ schnell sedimentieren (Tabelle 1-3). Nur etwa 20 % der ins Meer verfrachteten Siliciummenge befindet sich als Orthokieselsäure in Lösung (3 mg/l Meerwasser). Aber in den Skeletten von Diatomeen, Radiolarien und Schwämmen wird sie auch aus geringsten Konzentrationen noch akkumuliert, und in den Sedimenten biogenen Ursprungs liegt sie in Milliarden von Tonnen fixiert vor.

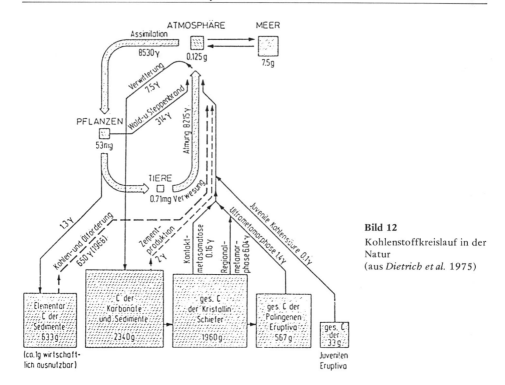

Bild 12
Kohlenstoffkreislauf in der Natur
(aus *Dietrich et al.* 1975)

Für die Bildung der Orthokieselsäure ist bei chemischer Verwitterung Kohlendioxid erforderlich, das weitgehend der Atmosphäre entnommen wird. Überschlagsrechnungen nennen dafür einen Verbrauch von 150 Millionen Tonnen im Jahr. Unter der Voraussetzung gleichbleibender Verwitterungsgeschwindigkeit wäre in 15 000 Jahren der gesamte CO_2-Gehalt unserer Atmosphäre verbraucht. Die wichtigste Nachschubquelle für Kohlendioxid ist wahrscheinlich im Sediment zu suchen, wo durch Reaktionen zwischen Silikat- und Karbonatverbindungen gasförmiges CO_2 frei wird und über die Wassersäule in die Atmosphäre zurückkehrt (Bild 12).

Die bisher im Meerwasser nachgewiesenen Elektrolyte stellen die Palette dessen dar, was analytisch bis jetzt erfaßbar ist; man muß aber damit rechnen, daß alle auf unserem Planeten vorhandenen Elemente auch im Meer vorkommen. Vom Anteil am Gesamtsalzgehalt lassen sich 14 Hauptkomponenten (einschließlich Sauerstoff und Wasserstoff) im Meerwasser mit jeweils wenigstens 1 mg/l und Spurenelemente unterscheiden. Erstere bestimmen weitgehend das physikalische Verhalten des Meerwassers und letztere, die zusammen noch nicht 0,02 ‰ des Gesamtgehaltes ausmachen, sind von besonderer geochemischer und biologischer Bedeutung.

Die Menge aller Kationen der Hauptbestandteile macht zusammen 605,10 Milliäquivalent/kg aus, die der Anionen 602,72. Durch den Überschuß von 2,38 Milliäquivalent wird die „Alkalinität" bedingt (im Durchschnitt ein pH von 8,2). Meerwasser hat ein starkes Pufferungsvermögen bei Säuren- und Basenzusatz, und die biologische Beeinflussung der Hauptkomponenten hält sich in engen Grenzen. Soweit abweichende pH-Verhältnisse vorkommen, beruhen sie meist auf Änderungen des Kohlendioxidgehalts oder einer Ausfällung bzw. Lösung von Calcium.

2.3 Chemische Zusammensetzung des Meerwassers

Stickstoff kommt im Meerwasser als gelöstes Gas (N_2) vor (S. 23), als Ammoniak (NH_3), als Nitrit (NO_2^-) und Nitrat (NO_3^-). Nitrate sind eine wichtige Stickstoffquelle für die Primärproduzenten und damit für die Synthese von Aminosäuren, die als solche auch im Meerwasser nachgewiesen sind (s. unten). Die Verfügbarkeit von Nitraten ist ein entscheidend limitierender Faktor für alle Prozesse der Primärproduktion im Wasser. Das gleiche gilt für *Phosphor,* einen essentiellen Bestandteil aller Organismen. Er kommt im Meer in den gleichen Verbindungen wie im Süßwasser vor, mit Konzentrationen bis zu 0,5 mg/l. Für Phosphat-Phosphor besteht ein ausgesprochener Jahresgang, der weitgehend durch den Phosphatbedarf des Phytoplanktons bedingt ist. In den Sedimenten können erhebliche Mengen Phosphor gebunden werden.

Von einer großen Anzahl mariner Organismen wissen wir, daß sie Spurenelemente in ihrem Körper speichern können, ohne daß wir deren Bedeutung kennen, z. B. Jod in Algen und Schwämmen; einige Schwämme und Bakterien reichern auch Gold an.

Eine geschichtliche Kuriosität ist, daß die erste „Meteor" bei ihren Untersuchungen im Atlantischen Ozean (1925–1927) nicht nur Anlagen zur Goldgewinnung an Bord hatte - zur Begleichung deutscher Reparationskosten gedacht – (Konzentration 0,000004 mg/l, was für das gesamte Meeresvolumen mehr ist als alles bergmännisch gewinnbare), sondern damit auch tatsächlich Gold gewann, aber zu Kosten eines Vielfachen des damaligen Goldpreises.

Kupfer (Tabelle 2-1), in Konzentrationen über etwa 10 g/l äußerst toxisch, ist bei vielen Invertebraten der metallische Bestandteil des respiratorischen Pigments (Hämocyanin).

Schwermetalle (z. B. Blei, Cadmium), teils aus dem natürlichen Elektrolytbestand des Wassers, überwiegend aber aus verschmutztem Meerwasser stammend – wohin sie zu etwa 50 % auf dem Luftweg geraten – werden vorwiegend von Filtrierer-Organismen wie Seepocken (Bd. I, Bild 48) und Muscheln akkumuliert; ihr Verzehr kann zu Intoxikationen führen.

Außer den in Tabelle 2-1 aufgeführten Elementen und ihren anorganischen Verbindungen enthält das Meerwasser auch organische Stoffe, die aus den Stoffwechselprodukten lebender und in noch stärkerem Maße aus den Zersetzungsprodukten toter Organismen stammen. Sie bleiben durch die „konservierende" Wirkung des Meerwassers (nur geringe Absorption bei wenig suspendierten Partikeln und damit wenig Substrat für Bakterienansatz) teilweise über längere Zeit erhalten.

Dies gilt auch für die *Gelbstoffe,* deren fluoreszierende Eigenschaften schon in den 30er Jahren nachgewiesen werden konnten. Es sind intensiv lichtabsorbierende Humusstoffe, die als organische Stoffwechselprodukte dem Meer überwiegend von festländischen Gewässern zugeführt werden, die aber auch aus der Zersetzung marinen Planktons stammen können.

In einer Zusammenstellung von Duursma (1965) sind bis dahin u. a. 5 Zucker, 21 verschiedene Proteine, 19 Aminosäuren (deren Konzentrationen insgesamt Massedichten zwischen 10^{-7} und 10^{-8} haben), 11 Fettsäuren (Tabelle 2-3) und Vitamine nachgewiesen worden. Der Gehalt an gelöstem organischem Kohlenstoff im offenen Meer beträgt 1 mg/l. Bild 13 zeigt seine vertikale Verteilung im Indischen Ozean.

Die Produktionsrate des Meeres wird im Mittel mit 8 mg C/cm^3 im Jahr angenommen, das ergibt etwa eine Gesamtproduktion von 380 mg C/cm^2 Meeresoberfläche. Der Gehalt an partikulärer Substanz liegt erheblich unter dem Wert der gelösten organischen Substanz: Gelöster organischer Kohlenstoff, gesamtpartikulärer organischer Kohlenstoff und Kohlenstoff lebender Organismen verhalten sich (grob vereinfacht) wie 100 : 10 : 1. Glucosekonzentrationen sind weitgehend von Planktonpopulationen abhängig und erreichen Werte zwischen 2 und 80 μg Glucose-C/l. In zunehmendem Maß wird heute die Bedeutung gelöster Stoffe für die Ernährung einer größeren Anzahl mariner Tiere erkannt.

Tabelle 2-3: Anteil der verschiedenen Fettsäuren (in %) in verschiedenen Tiefen im Golf von Mexiko (= bedeutet eine, = = bedeutet zwei Kohlenstoff-Doppelbindungen im Molekül) (n. Slowey, Jeffrey & Hood 1962)

Fettsäuren	Tiefe in m			
	10	300	900	1900
C.12	6,5	12	42	94
C.14	20	11	15	0
C.14 =	4	7	0	0
C.16	35,5	35	22	0
C.16 =	16	14	0	0
C.18	8,5	9	0	0
C.18 =	1,5	5	0	0
C.18 = =	2	0	0	0
C.?	6	5	8	0
Gesamt-Konzentration in mg/Liter	0,5	0,4	0,5	0,3

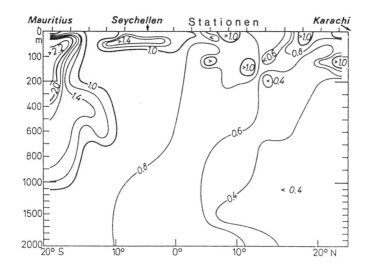

Bild 13

Gelöster organischer Kohlenstoff in mg C/l auf einem Profil durch den westlichen Indischen Ozean von Mauritius (20° S) bis Karachi (25° N). Untersucht mit F. S. „Anton Bruun" im Oktober–November 1963 auf der Internationalen Indischen Ozean Expedition (n. Menzel, 1964). Beachte die drei verschiedenen Tiefenmaßstäbe: 0–200, 200–1000 und 1000–2000 m (aus *Dietrich et al.* 1975)

Die technische Gewinnung interessanter organischer Stoffe aus dem Meerwasser dürfte vorerst ebenso an der Kostenfrage scheitern wie seinerzeit die von Gold.

2.4 Gase

Neben den Salzen spielen vor allem die atmosphärischen Gase eine wichtige Rolle für das physikalisch-chemische Verhalten des Meerwassers und für die Lebensmöglichkeiten der Organismen.

Auf Meeresniveau ist die Zusammensetzung der Atmosphäre: 77,0 Vol.-% Stickstoff; 20,6 Vol.-% Sauerstoff; 0,9 Vol.-% Argon; 1,47 Vol.-% Wasserstoff (im Mittel); 0,03 Vol.-% Kohlendioxid; 0,0024 Vol.-% Spurengase. Im Wasser lösen sie sich unterschiedlich (Tabel-

2.4 Gase

Tabelle 2-4: Sättigungswerte[1] der wichtigsten atmosphärischen Gase im Meerwasser (nach Fox 1907)

	Meerwasser 35 ‰ S					
	0 °C		10 °C		30 °C	
	cm³/l	Vol.-%	cm³/l	Vol.-%	cm³/l	Vol.-%
Stickstoff	14,04	61,2	11,72	62,6	9,08	65,1
Sauerstoff	8,04	35,1	6,41	34,2	4,50	32,2
Argon	0,41	1,8	0,31	1,6	0,18	1,2
Kohlendioxyd	0,44	1,9	0,31	1,6	0,18	1,2
	22,93	100,0	18,75	100,0	13,97	100,0

1 Die Gassättigung wird in der Meereskunde immer auf den an der Meeresoberfläche herrschenden mittleren atmosphärischen Druck bezogen, weil der Austausch nur dort vonstatten geht.

Tabelle 2-5: Gefrierpunkt und osmotischer Druck (osmot. Potential) von Meerwasser unterschiedlicher Salinität (nach Defant 1961, verändert)

Salinität (‰)	5	10	15	20	25	30	35	40
Gefrierpunkt (°C)	−0,267	−0,534	−0,802	−1,074	−1,349	−1,627	−1,910	−2,196
osmotischer Druck (h Pa)	3 272	6 525	9 818	13 152	16 537	19 931	23 427	26 943

le 2-4). Aus dem Anomalieverhalten des Wassers ergibt sich, daß mit steigender Temperatur und wachsendem Salzgehalt die Sättigungswerte abnehmen. Von besonderer Bedeutung ist, daß die biologisch aktiven Gase Sauerstoff und Kohlendioxid im Wasser eine höhere Konzentration haben als in der Luft.

Die für die Lebensprozesse erforderliche Energie wird, von den anaeroben Organismen abgesehen, durch die Oxidation organischer Stoffe gewonnen. So ist die Konzentration und Verteilung von *Sauerstoff* die Grundlage aller Atmungsprozesse. Die neuzeitliche Meeresforschung hat dem viel Aufmerksamkeit zugewendet, nachdem man ursprünglich annahm, in großen Tiefen müßte der Sauerstoff fehlen. Von Ausnahmen abgesehen (S. 98 und 99), ist dies nicht der Fall. Bis in die Bereiche der Tiefseegräben haben alle Ozeane einen ausreichenden Sauerstoffgehalt, der an der Meeresoberfläche im Austausch mit der Atmosphäre aufgenommen sowie vom Phytoplankton durch den Photosyntheseprozeß abgegeben wird und mit dem Austausch der Wassermassen über die Zirkulation in alle Meeresbereiche gelangt.

Der vertikale Transport durch Diffusion von der Oberfläche in die Tiefe erfolgt so langsam, daß er praktisch keine Rolle spielt. Die Temperatur-Salzgehalt-Beziehung des Sauerstoffs ist in Tabelle 2-5 dargestellt.

Ein Schnitt in der N–S-Erstreckung des Atlantischen Ozeans (Bild 14) zeigt ein charakteristisches Muster der Sauerstoffverteilung, wie es ähnlich auch für die übrigen Ozeane gilt. In den niederen Breiten, etwa zwischen nördlichem und südlichem Wendekreis, hat die Sauerstoffkurve in 400 bis 500 m Tiefe, also unterhalb der phototrophen Schicht, ein deutliches Minimum, dann steigt der O_2-Gehalt wieder an und geht im Tiefenwasser wieder leicht zurück.

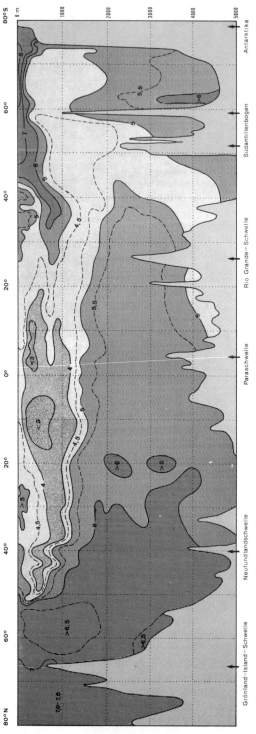

Bild 14 Sauerstoff-Verteilung (mg O$_2$/l) im Atlantischen Ozean

2.6 Thermische Eigenschaften   31

Biologisch wichtig ist, daß nach den vorliegenden physiologischen Untersuchungen die Atmung der meisten Meerestiere in weitem Umfang unabhängig vom partiellen O_2-Druck ist und erst unterhalb eines verhältnismäßig geringen O_2-Gehalts (bei Bakterien erst unterhalb 0,34 ml O_2/l) begrenzt wird. Die Vertikalwanderungen der Planktontiere scheinen im allgemeinen nicht durch Gradienten im Sauerstoffgehalt beeinflußt zu werden.

Der Gehalt des Wassers an Sauerstoff, der beteiligt ist an allen biologischen Oxidations- und Atmungsvorgängen, verringert sich immer mehr, je länger ein Austausch an der Meeresoberfläche ausgeschlossen und je intensiver der biologische Umsatz ist. Unter extremen Verhältnissen, wie beispielsweise im Schwarzen Meer, in den norwegischen Fjorden und in den tiefen Becken der Ostsee, kann es zum völligen Sauerstoffschwund kommen und im Gefolge davon zur Bildung von freiem und hochgiftigem Schwefelwasserstoff (S. 98).

Die Lösungsverhältnisse von *Kohlendioxid* sind eine Zusammenfassung vieler divergierender Prozesse (freies CO_2, gelöstes CO_2, Karbonat- und Bikarbonat-Ionen, Sediment- und biogene Bindung). Etwa die Hälfte des durch die Nutzung fossiler Brennstoffe freigesetzten Kohlendioxids (7,7 Mrd. t CO_2 pro Jahr) wird vom Meer aufgenommen, aber nur in den gemäßigten und subtropischen Zonen. Die tropischen Meere geben ständig CO_2, das aus Tiefenwasser stammt, an die Atmosphäre ab. Allein im Nordatlantischen Ozean, zwischen Norwegen, Grönland und Labrador werden jährlich 1,5 Mrd. t CO_2 aufgenommen, von dem ein großer Teil in die Tiefsee transportiert wird.

Stickstoff verändert seine Konzentration in den verschiedenen Meerestiefen praktisch nicht.

Die Ozeane stellen eine Reaktionskammer globalen Ausmaßes dar, bei der sich die einzelnen Stoffgemische zu einem stabilen Gleichgewicht eingependelt haben. Wie weit dieses Gleichgewicht durch menschlichen Einfluß gefährdet werden kann (S. 188 Meeresverschmutzung), ist vordringlich zu untersuchen und zwingt uns zu verantwortungsbewußtem Handeln bzw. zur Reduzierung störender Aktivitäten.

Aus den wenigen zuvor angeführten Beispielen wird deutlich, daß der Stoffkreislauf des Meeres offen ist; an ihm sind die Atmosphäre, die Biosphäre, Sedimente und selbst Bereiche der Gesteinsschichten beteiligt. Durch untereinander verknüpfte Rückkopplungsschleifen (z. B. CO_2/$-CO_3$) wird stets ein Fließgleichgewicht angestrebt. So ist die chemische Zusammensetzung des Meerwassers seit Ende der Eiszeit praktisch konstant geblieben und auch vorher nicht wesentlich verändert worden.

2.5 Elektrische Leitfähigkeit

Meerwasser hat mit seinem Salzgehalt und als weitgehend dissoziierter Elektrolyt eine hohe Leitfähigkeit, deren Größe außerdem abhängig ist von Druck und Temperatur. Bei 15 °C und einem Salzgehalt von 35 ‰ beträgt die Leitfähigkeit 42 902 mS/cm (in normalem Trinkwasser etwa 100 bis 200 mS/cm).

> Bei der hohen Empfindlichkeit heutiger physikalischer Meßmethoden wird für die Bestimmung des Gesamtsalzgehaltes des Meerwassers immer mehr die Chlortitration durch Leitfähigkeitsmessungen ersetzt.

2.6 Thermische Eigenschaften

Wasser ist ein thermisch träges Milieu und ein guter Wärmespeicher. Seine spezifische Wärme, definiert für eine Temperaturerhöhung um 1 °C für eine Ausgangstemperatur von 15 °C, beträgt 1,0. Durch die im Meerwasser vorhandenen Elektrolyte erfolgt eine leichte Erniedrigung der spezifischen Wärme (sie ist abhängig vom Salzgehalt), sie beträgt bei 15 °C und einer Dichte σ = 1,028 (s. 2.7) 3,89 J/g (= 0,93 cal/g).

Die *molekulare Wärmeleitfähigkeit* von Wasser ist gering und bei Meerwasser in Abhängigkeit vom Salzgehalt nur unwesentlich größer. Für großräumige Transporte von Wärme und Stoff in den Ozeanen spielen die molekularen Austauschvorgänge keine praktische Rolle. Wäre nur sie wirksam und wäre ein homogener Ozean von 0 °C an der Oberfläche einer Wärmequelle von 30 °C ausgesetzt, dann dauerte es 1 000 Jahre, bis in 300 m Tiefe eine Temperatur von 3 °C erreicht wäre.

2.7 Dichte, Wärmeausdehnung und Kompressibilität

Mit Dichte bezeichnet man in der Meereskunde nicht die tatsächliche Masse des Meerwassers pro Volumen, sondern eine Größe, die sich aus dem Verhältnis des spezifischen Gewichts des Meerwassers zu dem von reinem Wasser bei 4 °C ergibt. Diese Größe ist numerisch gleich der Dichte im Rahmen einer Genauigkeit von 3×10^{-5}. Durch die Dichte werden interne Bewegungen und turbulente Austauschvorgänge im Meerwasser wesentlich beeinflußt. Sie ist abhängig von Temperatur, Salzgehalt und Druck (Bild 15). Es ist in der Ozeanographie üblich, statt der Dichte abkürzend σ anzugeben:

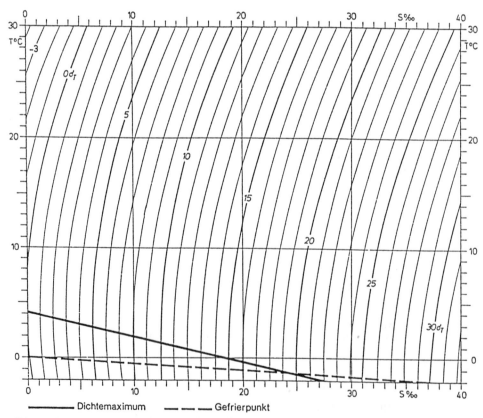

Bild 15 Die Beziehungen zwischen Dichte, Temperatur, Salzgehalt und Gefrierpunkt (aus *Dietrich et al.* 1975)

2.7 Dichte, Wärmeausdehnung und Kompressibilität

Der durchschnittlichen Dichte des Meerwassers von 1,02698 bei 15 °C entspricht ein sigma = 26,98. Unter dem Eigengewicht des Wassers nimmt z. B. in 4 000 m Tiefe die Dichte um fast 2 % zu. Von der Dichte des Wassers hängt die Schwimm- und Schwebfähigkeit der Organismen ab.

Praktische Bedeutung hat die Dichte des Meerwassers für die Ladebegrenzung der Schiffe. Sie ist auf der Bordwand durch eine Lademarkierung für tropische und Kaltwassergebiete angegeben. Die Beziehung Dichte/Temperatur wird aus den Knudsen-Tabellen entnommen.

Abnehmende Temperaturen bewirken ein Anwachsen der Dichte für Salzgehalte über 24,7 ‰. Bild 15 zeigt auch die Dichtemaxima für niedrigere Salzgehalte. Die Abhängigkeit der Wärmeausdehnung vom Salzgehalt ist von großer Bedeutung für die Erneuerung des Wassers in den Tiefen des Meeres und für die Klimabeeinflussung. Als Beispiel für die Konvektionsbedingungen sei hier nur Meerwasser mit mehr als 24,7 ‰ Salzgehalt betrachtet. Bei seiner Abkühlung wird die thermische Konvektion nicht oberhalb der Gefriertemperatur unterbrochen, und der Wärmeinhalt der gesamten Wassersäule kann ausgenutzt werden. Das bedeutet eine Verlangsamung der Abkühlung und damit einen zusätzlichen Schutz (durch den gegenüber Süßwasser tiefer liegenden Gefrierpunkt) vor dem Gefrieren. Solange in den höheren geographischen Breiten das Meer eisfrei bleibt, bedingt sein „Wärmereservoir" milden Winter.

Wenn Meerwasser zu Eis wird, dann friert das Salz praktisch aus, die Salzkonzentration unter dem Eis erhöht sich und der Gefrierpunkt sinkt. Aufgetautes Polareis ergibt brauchbares Trinkwasser, was schon zu Spekulationen über seine praktische Verwertbarkeit geführt hat.

80 % allen Süßwassers der Erde ist seit 15 bis 20 Millionen Jahren in der Eismasse der Antarktis (auf 27 bis 30 Millionen km^3 geschätzt) bzw. dem dortigen Schelfeisgürtel gebunden. Der Schelfeisgürtel zerbricht an seinem Rand meist in Form von Tafeleisbergen und unterliegt auf der Unterseite An- und Abschmelzprozessen. Das Inlandeis „fließt" in sieben großen Ausflußbecken zum freien Meer hin. Das vollständige Abschmelzen der antarktischen Eiskappe hätte ein Ansteigen des Weltmeeres um 55 m und eine eustatische Hebung des antarktischen Felssockels um 700 bis 1 000 m zur Folge. Solange aber die Gesamtstrahlungsbilanz der Antarktis negativ ist, was seit etwa 12 bis 15 Millionen Jahren der Fall ist, sind solche Konsequenzen vorerst nicht zu befürchten.

Die Kompressibilität von Wasser ist gering (Bild 16). Immerhin würde sich aber der Meeresspiegel um 27,5 m heben, wenn man die unter dem Eigengewicht des Wassers vorhandene Kompression des Meerwassers aufheben könnte. Für die Ausbreitung von Schallwellen spielt die Kompressibilität eine ausschlaggebende Rolle.

2.8 Druck

Der jeweils herrschende statische Druck im Meer ergibt sich aus der Multiplikation: mittlere Dichte mal Erdanziehung mal Tiefe in situ. Praktisch bedeutet das, daß der Wasserdruck je 10 m Tiefe um etwa den Druck der Atmosphäre (101 330 Pa = 1,013 bar) zunimmt. Direkte Druckmessungen sind aus methodischen Gründen bis jetzt relativ ungenau. Bei Angaben der biologischen Implikation des Druckes sind diese bisher meist noch in atm gemacht. Organismen, die an einen bestimmten Druck angepaßt sind, nehmen diesen nicht wahr, solange keine Druckänderungen auftreten. Der hohe Wassergehalt schützt die Meerestiere und besonders die der Tiefsee davor, zusammengedrückt zu werden.

Biologisch bedeutsam ist, daß die Dissoziationskonstante von CO_2 und damit das Löslichkeitsverhältnis von $CaCO_3$ durch Druck erhöht wird (S. 31). Die Viskosität des

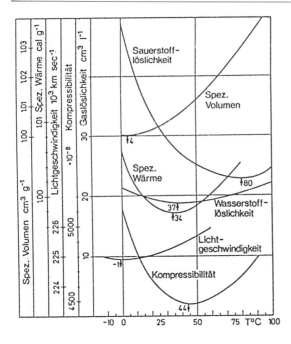

Bild 16
Thermische Abhängigkeit verschiedener physikalischer Zustandsgrößen des Wassers. Die zum Minimum der jeweiligen Kurve gehörigen Temperaturen in °C sind angegeben (aus *Dietrich et al.* 1975)

Wassers wird mit zunehmendem Druck geringer, demzufolge ist bei gleicher Temperatur und gleichem Salzgehalt das Wasser der Tiefsee leichtflüssiger als das Oberflächenwasser. Durch die Tiefe bedingte Druckänderungen stellen im allgemeinen Barrieren für vertikale Tierwanderungen dar. Auf die Bedeutung von Druck und Druckwechsel für tauchende Tiere, wie z. B. Pottwale, wird in Bd. I, S. 59 eingegangen.

2.9 Zähigkeit und Oberflächenspannung

In Flüssigkeiten bestehen zwischenmolekulare Kräfte, die als Kohäsionskraft innerhalb des Wasserkörpers und als Adhäsionskraft an Grenzflächen in Erscheinung treten. Erstere bestimmt die Zähigkeit, die zweite die Oberflächenspannung des Wassers. Neben ihrer physikalischen Bedeutung haben diese Phänomene auch großen Einfluß auf die Lebensgemeinschaften des Plankton und des Neuston.

Tabelle 2-6: Relationswerte der Zähigkeit (nach Dietrich & Kalle 1957)[1]

t° \ S‰	0	20	40
0	100,0	103,2	105,9
10	73,0	75,8	78,5
20	56,2	58,6	61,1
30	44,9	47,0	49,1

[1] Die hier angegebenen Temperatur-Salzgehalts-Beziehungen sind, wie bei den anderen physikalischen Parametern, Näherungswerte, die nicht für exakte wissenschaftliche Berechnungen benutzt werden können.

2.11 Optische Eigenschaften   35

Im Gegensatz zu früheren Auffassungen spielt die molekulare Zähigkeit (Tab. 2-6) des Wassers, die wesentlich kleiner als die turbulente Viskosität ist, für großräumige Impulstransporte keine Rolle: Meeresströmungen unter Windanfachung kommen so nicht zustande. Die Oberflächenspannung hat aber eine große Bedeutung für sehr kleine und kurze Oberflächenwellen; in diesen wird die rücktreibende Kraft bei Auslenkung der Wasserteilchen nicht durch die Schwere, sondern durch die Oberflächenspannung bestimmt. Solche Wellen werden als Kapillarwellen bezeichnet (S. 48). Die Oberflächenspannung spielt ferner eine wichtige Rolle bei der Entstehung von Wassertröpfchen in brechenden Wellen.

2.10 Akustische Eigenschaften

Die Schallausbreitung im Meer ermöglicht die akustischen Lot- und Peilverfahren, wie sie in der Schiffahrt, der Fischerei und der Meeresforschung angewendet werden. Die Abhängigkeit der Schallgeschwindigkeit von Druck und Temperatur zeigt Bild 17.

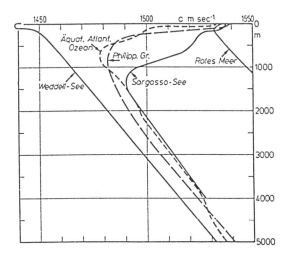

Bild 17
Schallgeschwindigkeit ($cm\ sec^{-1}$) in verschiedenen Meeresgebieten (aus *Dietrich et al.* 1975)

Bei der Echolotung wird die Schallausbreitung auf einer Geraden genutzt. Sehr komplizierte Ausbreitungsverhältnisse entstehen bei geneigten Schallstrahlen durch Refraktion und Reflexion. So können zwischen zwei Reflexionsschichten durch Totalreflexion auch sogenannte Schallschatten (Zone des Schweigens) entstehen. Diese Verhältnisse machen sich U-Boote zunutze, wenn sie sich der Verfolgung entziehen wollen.

Im SOFAR-Verfahren lassen sich durch Zünden von Sprengkörpern und Beobachtung der resultierenden Schallsignale an Küsten über große Entfernungen in Seenot geratene Schiffe oder Flugzeuge orten. In gleicher Weise läßt sich in der Meeresforschung die Lage von Triftbojen bestimmen.

2.11 Optische Eigenschaften

Die optischen Eigenschaften des Meerwassers beeinflussen die Intensität und die spektrale Zusammensetzung des einfallenden Lichts. Durch sie wird der Wärmehaushalt des Meeres und weitgehend auch der der Atmosphäre gesteuert (S. 46). Die räumliche Begrenzung der photosynthetischen Prozesse, von denen fast alles Leben im Meer abhängt, ist durch sie bedingt.

Der Kompensationspunkt der Photosynthese ist artabhängig. Dementsprechend dringen unterschiedliche Algenarten verschieden weit in die Tiefe vor. Die Untergrenze der Verbreitung von *Laminaria hyperborea* wird dort erreicht, wo im Jahresmittel etwa 1 % der Lichtintensität über Wasser zur Verfügung steht. Das ist bei Helgoland in etwa 8 m Tiefe der Fall. Rote Krustenalgen kommen noch bei 0,05 % der genannten Lichtintensität vor (bei Helgoland in 15 m Tiefe). Einige tropische Algen vermögen mit 0,001 % des über Wasser vorhandenen Lichts zu leben. Im Mittelmeer wird 1 %-Lichttiefe, die in der Planktonkunde als untere Grenze der euphotischen Zone gilt, bei etwa 100 m erreicht. Im klaren ozeanischen Wasser konnten aber noch in 200 m Tiefe bei 0,01 bis 0,05 % des Lichtes an der Oberfläche Planktonalgen mit positiver Photosynthesebilanz beobachtet werden.

Die spektralen Anteile des Lichts werden im Wasser unterschiedlich absorbiert und gestreut, was sich durch den Attenuationskoeffizienten ausdrücken läßt (früher als Extinktionskoeffizient bezeichnet). Für die meeresbiologischen Fragestellungen hat er besondere Bedeutung. Die Attenuation ist im natürlichen Seewasser völlig anders als im reinen Wasser (Bild 18). Dabei spielen suspendierte Teilchen und „Gelbstoffe" (S. 27) eine große Rolle. Das Maximum der Lichtdurchlässigkeit liegt in den klaren Gewässern bei 470 nm und verschiebt sich in den Küstengewässern auf 570 nm. Das heißt, von dem blauen bzw. blaugrünen Spektralteil geht das Licht allmählich in Dunkel über.

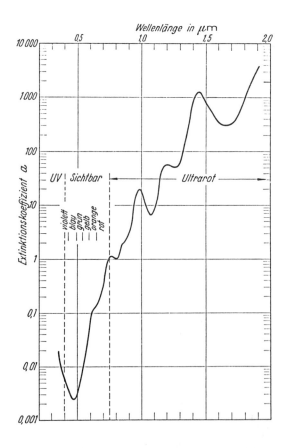

Bild 18

Extinktionskoeffizient a für einen Lichtstrahl in reinem Wasser (Schichtdicke 1 m) in Abhängigkeit von der Wellenlänge des Lichtes (aus *Dietrich* 1939)

2.11 Optische Eigenschaften

Die die Attenuation des Lichts beeinflussenden Faktoren sind in den verschiedenen Meeresgebieten sehr unterschiedlich, und es läßt sich keine allgemeingültige Aussage über den Beginn der absoluten Dunkelheit machen. Unterhalb von 500 bis 600 m fehlt auch jede Spur von Sonnenlicht, und die einzigen möglichen Lichtquellen sind dort biogener Natur.

Tabelle 2-7: Sichttiefe in m (Secchi-Tiefe)

Indischer Ozean	20–25	(im Maximum 50)
Rotes Meer	20–40	(im Maximum 51)
Mittelmeer	30–50	(im Maximum 60)
Nordsee	5–10	(im Maximum 17)

Die Farbe des Meerwassers, wenn man vom reflektierten Licht des Himmels absieht, wird vorwiegend durch das zurückgestreute Licht bestimmt. Sie wechselt vom tiefen Blau der tropischen und subtropischen Meere („Wüstenfarbe" des Meeres) zum Blaugrün in höheren Breiten. Die Auftriebs- und Schelfgewässer erscheinen meist grün. Vor allem bei hohem Gelbstoffgehalt wird die Färbung zum Grün hin verschoben. Bei einer Eigenfärbung größerer und in ausreichender Konzentration vorhandener Partikeln können auch andere Färbungen auftreten. Am bekanntesten ist dabei die Rotfärbung (Red tides) durch einige Arten der Dinoflagellaten (Bd. I, S. 14).

3 Meerwasser in Bewegung

„En tous sens agitée, elle gronde sans trêve, — Silence de la mer, étrange paradoxe!"
(Auf jedwede Art bewegt, braust es ohne Ruh und Rast, — Stille des Meeres, ein Paradoxon schon fast!)

So heißt es in einem alten französischen Gedicht von der Küste Aquitaniens. Wasser ist nie in Ruhe und seine Teilchen werden bewegt, sei es mit der Geschwindigkeit einer Seebebenwelle, die in 18 Stunden über den Pazifischen Ozean rast (S. 51), oder im trägen Strom der Tiefsee, der für die gleiche Strecke mehr als ein Jahrzehnt benötigen würde.

Wohl unvergeßlich bleibt der erste Blick über das Meer, wenn von draußen aufsteigend Welle um Welle an das Land rollt. Aber der Anschein trügt, fortbewegt wird dabei nur wenig, und das Wasser der Welle dreht sich im Kreise (Bild 22). Dagegen sind die wirklich weiträumigen Wasserbewegungen wesentlich schwieriger erkennbar.

3.1 Meeresströmungen

Sie sind komplizierte Zirkulationssysteme, auf die Fernkräfte (z. B. Gravitationskraft) und Nahkräfte einwirken (z. B. Windschub), für die es eingehende mathematische Modelle gibt und die in allen Oberflächen- und Tiefenbereichen der Ozeane auftreten.

Für die Erklärung der Meeresströmungen ist die Kenntnis der Kräfteverteilung im Meer eine notwendige Voraussetzung. Dabei haben wir es mit statischen und beweglichen Kräften zu tun. Zu ersteren gehören das Schwerefeld, das Massenfeld, das Druckfeld und die stabile Schichtung des Wassers. Die Dynamik der Meeresströmungen wird bestimmt durch innere und äußere Kräfte.

Die inneren Kräfte sind gegeben durch die Drücke, die der Anstau von Wasser durch winderzeugte Strömungen und das Massenfeld im Meer hervorrufen. Auch das Massenfeld ändert sich unter dem Einfluß von Temperatur und Salzgehalt, die beide von dem Wärmeumsatz mit der Atmosphäre (S. 68 ff.) und dem Wasserumsatz durch Verdunstung, Niederschlag, Eisbildung, Eisschmelze und Festlandszuflüsse bestimmt sind. Kompliziert werden diese Abhängigkeiten durch den Einfluß von Turbulenzen, die allen Meeresströmungen eigen sind.

Von den äußeren Kräften hat die tangentiale Schubkraft des Windes den stärksten Einfluß, während die Gezeitenkräfte (S. 54) und die Änderung des Luftdrucks von untergeordneter Bedeutung sind.

Sekundäre Kräfte sind solche, die selbst keine Bewegungen hervorrufen, sondern nur vorhandene modifizieren: Die Reibungskräfte setzen die Stromgeschwindigkeiten herab, und die ablenkende Kraft der Erdrotation (Corioliskraft) beeinflußt die Stromrichtung. Die Corioliskraft ist breitenabhängig und am Äquator am stärksten.

Der umfassendste Wassertransport erfolgt in horizontaler Richtung. Nicht nur der Wind erzeugt Wasserbewegung, sondern die horizontalen Temperatur- und Salzgehaltsunterschiede, die durch die klimatischen Gegebenheiten aufrechterhalten werden, bedingen Dichteunterschiede, die eine Zirkulation einleiten. Die realen Zirkulationsverhältnisse im Meer sind vorwiegend thermohaline Vorgänge und im einzelnen und regional von hoher Komplexität.

3.1 Meeresströmungen

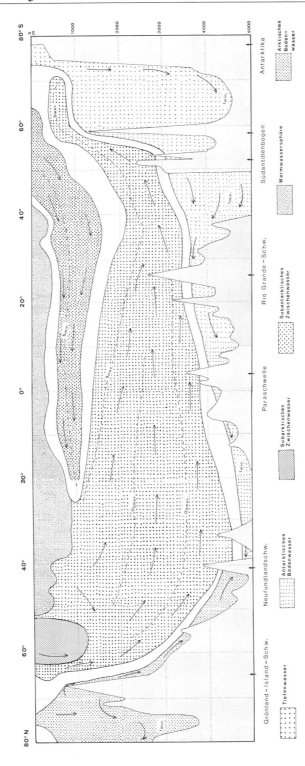

Bild 19 Tiefenzirkulation und Wasserkörper im Atlantischen Ozean auf der Westseite (nach *Dietrich et al.* 1975)

Ein globales Schema der thermischen, halinen und winderzeugten Zirkulation zeigt Bild 19. Die Tiefenzirkulation wird letztlich von der windbedingten Oberflächenzirkulation inganggesetzt. Die Konvergenzen und Divergenzen der großräumigen, windbedingten Strömungsfelder verursachen Vertikalbewegungen, sie machen sich aber an der Meeresoberfläche nicht bemerkbar. Die Tiefenzirkulation wird vom vertikalen Geschwindigkeitsfeld und der Dichteverteilung an der Untergrenze der Ekman-Schicht getrieben.

3.1.1 Oberflächenströmungen

Sie waren schon der antiken Schiffahrt bekannt, und sie wurden von ihr genutzt – oder gefürchtet wie die Strudel zwischen Scylla und Charybdis in der Straße von Messina.

Die Oberflächenströmungen des Atlantischen, des Pazifischen und des Indischen Ozeans lassen sich generalisierend jeweils zwei Strömungskreisen zuordnen: einen nördlich und einen südlich des Äquators. Beispielhaft soll der des nördlichen Atlantischen Ozeans bei der Darstellung des Golfstrom-Systems beschrieben werden (S. 44).

Die Kenntnis der großräumigen Strömungssysteme (Bild 20) ergab sich aus den Positionsbestimmungen der Schiffe. Wenn sie von der aus Zeit, Kurs und Geschwindigkeit errechneten Position abwichen (Besteckversetzung), konnten nur Meeresströmungen dies verursacht haben.

Ein grobes Schema der Meeresströmungen läßt sich aus den hydrographischen Regionen des Weltmeeres ableiten:

Die *Polarregion* des Nordens ist zeitweise oder ganzjährig mit Eis bedeckt, die der Antarktis besteht aus einem Kontinent mit einem mehr oder weniger weit überragenden, dicken (bis 3 000 m) Eisschild. Sie wird umflossen vom antarktischen Wasserring.

Im Bereich der *Westwindtrift* zwischen 40° und 50° Breite, mit durchschnittlicher Windstärke 6, bestehen das ganze Jahr über veränderliche, aber vorwiegend östliche Strömungen.

In der *Freistrahlregion* herrschen stark gebündelte Strömungen als Abfluß aus der Passatstromregion.

Die *Roßbreitenregion*, ein mehr oder weniger konstantes Hochdruckgebiet – daher in ihrem Bereich auch die Wüstengebiete der Erde –, mit ihren von der Segelschiffahrt früher gefürchteten Kalmenzonen, weist das ganze Jahr über nur schwache Strömungen von veränderlicher Richtung auf.

In der *Monsunstromregion* findet eine regelmäßige Umkehr des Stromsystems im Frühjahr und Herbst statt.

In der *Passatstromregion* besteht eine beständige Strömung, die mehr oder weniger westwärts gerichtet ist.

Bild 20 Oberflächenströmungen des Weltmeeres. Ganze Pfeile = warme Strömungen; unterbrochene Pfeillinien = kalte Strömungen.

Ac	Antarktischer Zirkumpolarstrom	Fa	Falklandstrom	Nm	Nordostmonsunstrom
Ag	Agulhasstrom	Gu	Guineastrom	Np	Nordpazifischer Strom
As	Alaskastrom	Go	Golfstrom	Nq	Nordäquatorialstrom
Bg	Benguelastrom	Hu	Humboldtstrom	Oa	Oyaschio
Br	Brasilstrom	Ir	Irminger Strom	Ps	Polarstrom
Kf	Kalifornischer Strom	Ks	Kuroschio	Po	Portugalstrom
Ka	Kanarenstrom	La	Labradorstrom	Sä	Südäquatorialstrom
Oa	Ostaustralstrom	Mo	Mozambiquestrom	Wa	Westaustralstrom
Og	Ostgrönlandstrom	Na	Nordatlantischer Strom	Ws	Weddellstrom
Äg	Äquatorialer Gegenstrom	No	Norwegischer Strom	Wg	Westgrönlandstrom

3.1 Meeresströmungen

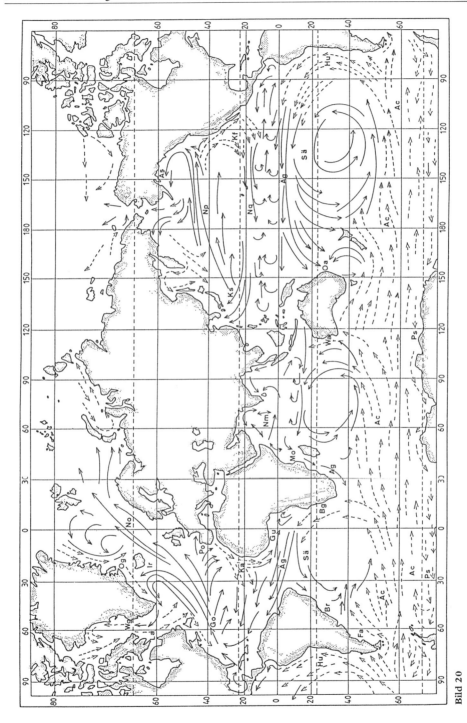

Bild 20

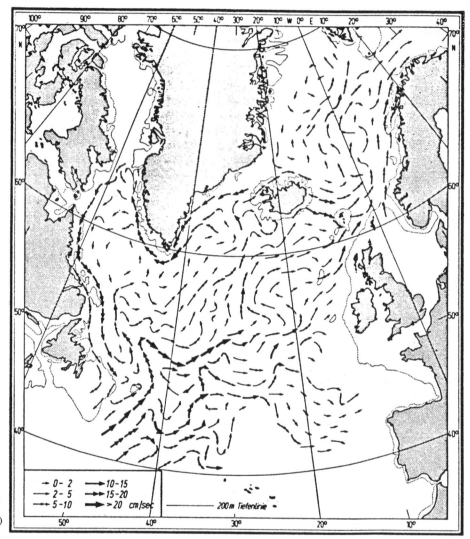

Bild 21 Oberflächenströmungen im Nordatlantischen Ozean, geostrophisch, bezogen auf 100 dbar. a) im Spätwinter 1958, b) im Spätsommer 1958. Der mäandernde Golfstrom zeichnet sich deutlich ab (aus *Wegner* 1972)

Die *Äquatorialstromregion*, ein System äquatorialer Gegenströme zu den Passatströmen, hat schmale, aber meist sehr kräftige Strömungen. Deren Geschwindigkeit kann mehr als 2 sm/h erreichen.

Die Oberflächenströmungen des Weltmeers sind nicht konstant und in ihrer Temperatur gegenüber den saisonbedingten Normalwerten für die Breitenkreise zum Teil zu warm, zum Teil zu kalt. Dies ist von entscheidender Bedeutung für die regionalen Klimabedingungen und für die Lebensverhältnisse im Meer. Von den 34 in Bild 20 angegebenen Oberflächenströmungen sind die der Auftriebsgebiete (S. 45) gegenüber der theoretischen

3.1 Meeresströmungen 43

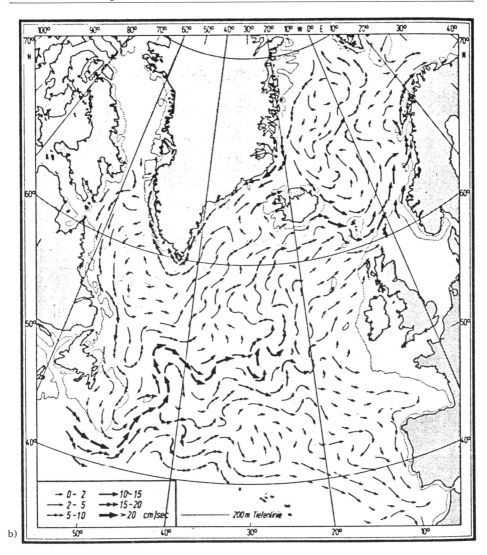

b)

Normalverteilung zum Teil um mehr als 5 °C zu kalt, während Teile des Alaskastroms, die Strömungen im nördlichen Bereich des Indischen Ozeans, des nördlichen Mittelmeeres und vor allen Dingen die des nördlichen Atlantischen Ozeans zu warm sind (Golfstrom mehr als 5 °C Differenz).

Wegen ihrer großen und vielseitigen Bedeutung sind die Meeresströmungen in den beiden letzten Jahrzehnten Gegenstand umfangreicher, teils internationaler Untersuchungsprogramme geworden. Dabei ergab sich, daß zwischen den Wassermassen der einzelnen Strömungsgebiete etwa senkrecht verlaufende Grenzen bestehen. Ursachen und Folgen solcher „Fronten" sind noch unbekannt. In fast allen Ozeanen bestehen bezüglich der Oberflächenströmungen erhebliche Unterschiede zwischen Sommer- und Winterhalbjahr (Bild 21).

Zwischen 500 m und 1 000 m Tiefe liegt eine Schicht, in der nahezu Stromlosigkeit herrscht. Als Beispiel für den Volumentransport zwischen 0 und 1 000 m Tiefe im Nordatlantischen Strom seien die Zahlen von 1958 für den Abschnitt südlich der Neufundlandbank angegeben: im Winter 26×10^6, im Sommer 36×10^6 m^3/s. Dabei lagen die Stromgeschwindigkeiten in einer Größenordnung von 15 bis 20 cm/s (etwa 1/2 sm und mehr).

Für das Klima Mittel- und Nordeuropas ist der *Golfstrom* besonders wichtig. Auf ihn soll hier noch etwas weiter eingegangen werden. Ursprünglich hielt man ihn für ein breites, kontinuierliches Band warmen Wassers. Die genauere Untersuchung des Golfstromes ergab aber, daß er als ein Glied des größeren „Golfstromsystems" anzusprechen ist, das seinerseits in den Strömungskreis des nördlichen Atlantischen Ozeans eingebettet ist.

Beginnen wir seine Beschreibung mit dem Yucatan- und Antillenstrom, die sich zum schmalen Stromprofil des Floridastroms vereinigen, dessen Fortsetzung parallel zum Kontinentalabfall der amerikanischen Ostküste jetzt als Golfstrom bezeichnet wird. Bei Maximalgeschwindigkeiten bis zu 4,8 sm/h (9 km/h) transportiert er nach Meinke (1980) – „50 Mill. m^3 Wasser pro Sekunde, dreißigmal mehr als alle Flüsse der Welt zusammen". Das Wasser des Golfstroms hat zunächst eine tiefblaue Farbe, es ist sehr klar, salzreich (S = 35 bis 36,5 ‰) und warm (27 °C). Nördlich von Kap Hatteras wendet er sich nach Osten, verbreitert sein Hauptstromband von einigen zehn auf mehrere hundert Kilometer. Schließlich zerteilt er sich über dem mittelatlantischen Rücken. Ein Teil strömt südwärts, ein anderer Teil setzt sich als Nordatlantischer Strom in Richtung Europa fort. Ein Zweig davon gelangt in die Norwegische See, während der größere Anteil, jetzt breit und träge, den Portugal- und anschließend den Kanarenstrom bildet. Dieser mündet auf der Breite der Kanarischen Inseln in den Nordäquatorstrom ein, der nach Westen schließlich in die Karibische See gelangt und so den Strömungskreis schließt.

Aus langjährigen Beobachtungen und vor allem durch synoptische Aufnahmen, wie „Gulf Stream 60", ist heute eine Fülle von Daten über das Golfstromsystem bekannt, aber noch nicht alle befriedigend erklärbar. Im folgenden sollen nur einige Charakteristika des Golfstroms erwähnt werden:

a) Der Golfstrom führt neben warmem Wasser (vorwiegend auf seiner rechten Flanke) auch kaltes Wasser auf seiner linken Seite.

b) Es gibt periodische Schwankungen der mittleren Oberflächenstromgeschwindigkeit (105 bis 140 cm/s). Sie stehen im Zusammenhang mit den Windgeschwindigkeiten in der Passatzone.

c) Neben den periodischen Schwankungen treten unperiodische Pulsationen auf.

d) Die Golfstromachse zeigt horizontale Schwingungen, aus denen sich *Strommäander* entwickeln, die eine Auslenkung bis 400 km haben können und ostwärts wandern.

e) Bei sehr weiter Auslenkung lösen sich von den Mäandern *Stromwirbel* ab. Diese bleiben als selbständige Ansammlung von kaltem Wasser inmitten von subtropischem Wasser bestehen. Solche Wirbel mit einem Durchmesser von etwa 100 km wandern mit rund 12 cm/s unregelmäßig in verschiedene Richtungen, und bei einer Lebensdauer von etwa 1 Jahr erreichen auch einige die europäischen Gewässer. Das heißt, der „Golfstrom" ist keine kontinuierliche Warmwasserheizung für Europa; damit ist er mitverantwortlich für die Wechselhaftigkeit unseres Wetters.

f) Schließlich treten in dem komplizierten Golfstromsystem auch Gegenströmungen und Querzirkulationen auf.

3.1.2 Tiefenzirkulation

Die großräumigen Wasserbewegungen an der Oberfläche der Ozeane sind zumindest generell ausreichend bekannt, während Daten für die Tiefenzirkulation erst seit der „Meteor"-Expedition 1927/28 für den Atlantischen Ozean vorliegen. Für die übrigen Meere sind unsere Kenntnisse darüber noch sehr lückenhaft.

Wie schon von Dietrich und Kalle 1957 beschrieben, bestehen zwei voneinander relativ unabhängige Systeme der Tiefenzirkulation (Bild 18). Das eine, nur wenige 100 m tief, zeigt sich in den Tropen und Subtropen als Warmwassersphäre; es wird im wesentlichen durch Winde verursacht. Das andere System füllt den restlichen Teil des Ozeans, die Kaltwassersphäre, in der hauptsächlich in der Tiefe thermohaline Unterschiede die Bewegung aufrechterhalten, deren Geschwindigkeit aber nur in der Größenordnung von 1/10 der Oberflächenströme liegt. Zum Teil bilden sich auch Kompensationsströme zu den Oberflächenströmen, sie sind also indirekt windinduziert, und es besteht insoweit doch eine Kopplung der beiden Strömungssysteme untereinander. Die Bedeutung der Kopplung beider Systeme liegt darin, daß Absinkbewegungen Oberflächenwasser mit charakteristischen Eigenschaften in die Tiefe bringen und umgekehrt Tiefenwasser mit seinen Eigenschaften an die Oberfläche transferieren.

Im stark schematisierten Vertikalprofil des Atlantischen Ozeans (Bild 19) wird ersichtlich, daß das auf hohen Breiten sich abkühlende und damit dichtere Wasser in die Tiefe verlagert wird und über Grund als Bodenwasser in Richtung Äquator fließt. Motor dafür ist das nachdrängende Wasser der Polgebiete und die Sogwirkung von Oberflächenströmungen. Diese Konvektion wird abgelenkt von der Corioliskraft und wird behindert von Bodenerhebungen. Letztere werden nur von Tiefenwasser überspült. Über dem Tiefenwasser bildet sich in 800 bis 1 200 m Tiefe das arktische bzw. antarktische Zwischenwasser aus, das eine Gegenströmung zum Tiefenwasser bildet.

Ein spezielles Zirkulationssystem herrscht in den Auftriebsgebieten. Wegen seiner großen biologischen und fischereiwirtschaftlichen Bedeutung soll nachstehend besonders darauf eingegangen werden.

3.1.3 Auftriebsgebiete

Auftrieb entsteht unter dem Einfluß von Wind — vor allem in der Passatwind- bzw. Monsunwindregion — und von Strömungen, die ihrerseits von der Corioliskraft beeinflußt werden (Nordhemisphäre: Ablenkung nach rechts, Südhemisphäre: Ablenkung nach links). Es gibt ozeanischen und Küstenauftrieb. Hier soll nur der Küstenauftrieb an der Westseite der Kontinente näher betrachtet werden (Tabelle 3-1). Küstenauftrieb wird teils durch ablandige Winde, mehr aber unter dem Einfluß küstenparalleler Winde erzeugt, bei dem der windinduzierte Oberflächenstrom (nach seinem Entdecker Ekman's Triftstrom genannt) gegenüber der Windrichtung um 90° versetzt wird. So kommt ein seewärts gerichteter Wasserstrom zustande, der als Ausgleich aufquellen läßt. Das Emporquellen des Tiefenwassers (Aufquellgeschwindigkeit 1 bis 5 m pro Tag) erfolgt diskontinuierlich und in Schüben. Man spricht von Auftriebsblasen. Eine wichtige Rolle spielen dabei Bodentopographie und Küstenmorphologie.

Das Auftriebswasser macht sich durch seine grünliche Färbung und niedrige Temperaturen kenntlich, die beim Humboldtstrom (jährliche Durchschnittstemperatur 10 °C im Süden auf der Höhe von Chiloe und maximal 22 °C vor der Nordküste von Peru in Äquatornähe) 5 bis 8° unter den Normalwerten für die jeweiligen Breitenkreise liegt.

Temperaturverhältnisse und geographische Situation im Bereich des Humboldt- und des Benguela-Stroms sind die Ursachen für die Ausbildung einer jeweils östlich angrenzenden Küstenwüste. Im Entstehungsgebiet eines Südostpassats und im Bereich der Roßbreiten

Tabelle 3-1: Die wichtigsten Küstenauftriebsgebiete (nach Cushing 1971)

Gebiet	Länge km	Breite km	Fläche 10^3 km²	Saison
Pazifischer Ozean				
Kalifornienstrom	2 240	190–290	505	Feb.–Okt.
Humboldtstrom	4 520	150–400	1 004	Jan.–Dez.
Atlantischer Ozean				
Kanarenstrom	4 120	50–300	691	Jan.–Dez.
Benguelastrom	2 900	50–300	629	Jan.–Dez.
Indischer Ozean				
Somalistrom	625	180	112	Mai – Okt.
Nordostmonsunstrom (Südarabien)	1 240	175	217	Mai – Okt.

Die Fläche von zusammen etwa 3 158 000 km² entspricht ca. 1 % der Gesamtfläche der drei Ozeane ohne Nebenmeere.

ist die Luftfeuchtigkeit gering. Es entstehen kaum Wolkenfelder, und soweit überhaupt vorhanden, hält der ablandige Lufttransport sie vom Kontinent fern. Auf der Höhe des Humboldtstroms verhindert der 5 000 bis 6 000 m erreichende Anden-Gebirgszug jeglichen Wolkenübertritt von Osten her aus dem südamerikanischen Tieflandgebiet. Die Folge ist die Ausbildung der trockensten Wüste der Erde, der Atacama (vgl. auch 3.1.4).

3.1.4 Meeresströmungen und Klima

Bei der Behandlung des Nordatlantischen Ozeans war schon (wie in Bild 21) auf die jahreszeitlichen Änderungen der Strömungsverhältnisse hingewiesen worden, die im Prinzip für alle Ozeane gelten, aber nicht überall gut untersucht sind. Strömungen im Meer und Bewegungen in der Atmosphäre stehen im Zusammenhang, wenn auch in komplizierter Weise und nicht in allen Einzelheiten geklärt. So ist z. B. auch die stärkste Windströmung räumlich keineswegs direkt mit der stärksten Wasserströmung verbunden. Die in den Ozeanen wirkenden Strömungen sind räumlich weniger ausgedehnt und laufen etwa 20mal langsamer ab als die Bewegungen in der Atmosphäre. Dadurch wird ihre Erfassung technisch und finanziell sehr aufwendig. Meeresströmungen verfrachten nicht nur große Wassermengen, sondern mit ihnen auch große Wärmemengen, die unmittelbar das Klima der Erde beeinflussen.

Die *Oberflächenströmungen* sorgen vor allem durch die intensiven westlichen Randströme dafür, daß ein Teil des Wärmeüberschusses der tropischen und subtropischen Breiten in die Wärmedefizitgebiete der subpolaren und polaren Regionen gelangt. Dabei muß man berücksichtigen, daß eine Wasserschicht von 3 m die gleiche Wärmekapazität wie die gesamte darüberliegende Atmosphäre hat. Ohne das bis Spitzbergen vordringende warme atlantische Wasser wären die Häfen von Norwegen nicht das ganze Jahr über eisfrei. Im Gebiet der Norwegischen See sind die Wasser- und Lufttemperaturen bis zu 8 °C höher, als ihrer Breitenlage bei strömungslosem Zustand entspräche.

Die klimatische Bedeutung der *Tiefenzirkulation* besteht darin, daß in subpolaren und polaren Gebieten abgekühltes Oberflächenwasser in das Innere der Ozeane transportiert (Bild 19) und das wärmere Tiefenwasser an die Oberfläche verfrachtet wird. So werden die Temperaturgegensätze auf der Erde gemildert. Zeitlich stellt dieses System einen wirksamen Puffer dar: es dauert etwa 500 bis 800 Jahre, bis Wasser aus den Polgebieten diesen Zirkulationskreislauf zurückgelegt hat.

3.2 Oberflächenwellen und interne Wellen

Wellen sind jedem Betrachter einer bewegten Wasserfläche vertraut, seien es „Katzenpfötchen" auf der sonst ruhigen See oder haushohe Wogen in einem Orkangebiet. Hier wird im wesentlichen nicht Wasser, sondern nur Energie transportiert. Auf Orbitalbahnen bewegen sich Wasserteilchen, die durch ihre jeweilige Position das Bild einer fortschreitenden Welle erscheinen lassen (Bild 22). Sie hat ihre größte Amplitude an der Wasseroberfläche und wird durch Reibung und Turbulenz nach der Tiefe hin alsbald ausgelöscht.

Die aus der Theorie abzuleitende reine Sinuswelle kommt an der Meeresoberfläche kaum vor. Die Gestalt der Wellen ist wesentlich komplizierter und kann nur durch eine unendliche Summe von Partialwellen beschrieben werden.

Wasserwellen beobachtet man nicht nur an der Meeresoberfläche, sondern sie treten auch als *interne Wellen* auf, wie z. B. dort, wo Wassermassen verschiedener Dichte aneinandergrenzen: es bilden sich Grenzflächenwellen. Ihre größte Amplitude liegt in einer Tiefe, die wesentlich von der Dichte und den erzeugenden Kräften abhängt. Interne Wellen können als kurze und als lange Wellen auftreten. Eine besonders weitreichende Form der langen Wellen sind die Gezeitenwellen (S. 54).

3.2.1 Klassifizierung der Wellen

Wellen werden generell durch Schwingungsgleichungen beschrieben; dabei halten sich erregende und rücktreibende Kräfte im Gleichgewicht. Die Teilchen oszillieren um eine Ruhelage. Rücktreibende Kräfte für Meereswellen entstehen aus:
1. Oberflächenspannung. Sie hat nur für ganz kurze Wellen Bedeutung.
2. Schwerkraft. Sie greift an allen Wasserteilchen an und wirkt ebnend auf die Meeresoberfläche.
3. Coriolisparameter.
4. Tiefenänderungen.

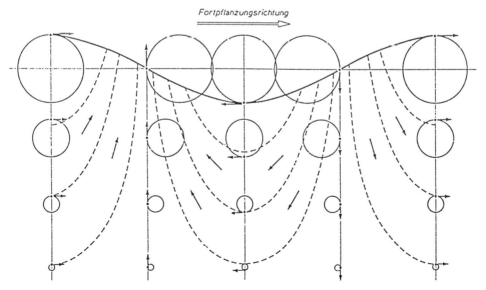

Bild 22 Orbitalbahnen, Stromlinien und Bewegungsrichtung der Teilchen in einer Tiefseewelle (aus *Dietrich et al.* 1975).

Bild 23 Grenzwerte der Oberflächenwellen

Zur Einteilung und Charakterisierung von Wellen ist die Definition einiger charakteristischer Größen erforderlich (Bild 23):

Die Wellenhöhe H ist der vertikale Abstand zwischen Wellental und Wellenberg. Die Wellenperiode T gibt das Zeitintervall zwischen dem Durchgang zweier Wellenkämme an einem festen Punkt an. Die Wellenlänge L ist der Abstand zweier Wellenkämme in Fortpflanzungsrichtung. Die Fortpflanzungsgeschwindigkeit der Einzelwelle ist dann c = L/T und die Wellensteilheit = H/L.

Bei den Wellensystemen unterscheidet man
a) Kapillarwellen. Sie haben nur eine sehr kurze Wellenlänge und die Oberflächenspannung wird zur beherrschenden Kraft; sie beträgt an der Grenzfläche Wasser — Luft $72 \cdot 10^{-5}$ N/cm. Kapillarwellen sind daher nur unterhalb von L = 1,72 cm möglich.
b) Schwerewellen. Bei ihnen greift die Schwerkraft an allen Wasserteilchen an. Corioliskräfte modifizieren sie häufig.
c) Topographische Wellen entstehen ausschließlich durch Tiefenänderungen der Wasserteilchen.

Von besonderer praktischer Bedeutung sind die *Oberflächen-Wellen* (s. 3.2.2 Seegang) und *lange Wellen* (s. Gezeiten).

Bei ersteren ist die Fortpflanzungsgeschwindigkeit abhängig von der Wellenlänge und unabhängig von der Wassertiefe; bei den langen Wellen ist dies umgekehrt. Die theoretischen Grenzwerte von Oberflächenwellen sind in Bild 23 angegeben.

3.2.2 Von den Wellen zum Seegang

Seit ungefähr 6000 Jahren — als die Hochseefahrt im östlichen Mittelmeer begann — wissen Seeleute, Fischer und Ozeanographen recht genau, wie der Seegang entsteht: nämlich durch den Wind. Aber erst vor etwa 50 Jahren erkannte man, daß wir nur sehr wenig über die Genese des Seegangs wissen. Seither gibt es einen Spezialzweig der Ozeanographie, die Seegangsforschung. Ihr Ziel ist es, eine Theorie zu finden, die das Vorhersagen des Seegangs ermöglicht — von eminentem Interesse nicht nur für die Optimierung von Seetransporten, sondern auch für den Küstenschutz.

Die kürzesten Wellen an der Meeresoberfläche sind die schon genannten Kapillarwellen. Sie stellen sich in Bruchteilen von Sekunden auf die Geschwindigkeit des einsetzenden Windes ein: der Wasserspiegel zittert. Größere Wellen, die Schwerewellen, steigen erst nach mehreren Sekunden aus der Kräuselung der Oberfläche empor. Wird der Wind stärker, so erreichen die Wellen schnell die kritische Steilheit (theoretisch 1 : 7, praktisch 1 : 8). Die Wellenkämme werden spitzer, und es kommt zur Schaumbildung. Bei weiter zunehmendem Wind wächst die Wellenlänge stärker als die Höhe an. Die Wellen gehen in den Seegang über. Er stellt sich in typischen Formen ein, die in der Seegangsskala (Tabelle 3-2) zusammengestellt sind. Sie wird zwar seit 1949 nicht mehr im internationalen Wettermeldedienst verwendet, wo eine quantitative Erfassung jetzt zugrundegelegt wird, aber sie stellt die Seegangsverhältnisse anschaulich dar.

3.2 Oberflächenwellen und interne Wellen

Tabelle 3-2: Seegang und Wind (nach der PETERSEN-Skala der Deutschen Seewarte, aus Dietrich et al. 1975)

Wind Bezeichnung	Beaufort-skala	ms^{-1}	Seegang Stärke	Bezeichnung	Zustand der Wasseroberfläche im ausgereiften Seegang
Stille	0	0 – 0,2	0	spiegelglatt	Spiegelglatte See
leichter Zug	1	0,3– 1,5	1	gekräuselt	Kleine, schuppenförmig aussehende Kräuselwellen ohne Schaumköpfe
leichte Brise	2	1,6– 3,3			Kleine Wellen, noch kurz, aber ausgeprägter. Kämme sehen glasig aus, brechen sich nicht
schwache Brise	3	3,4– 5,4	2	schwach bewegt	Kämme beginnen sich zu brechen. Schaum überwiegend glasig, ganz vereinzelt können kleine weiße Schaumköpfe auftreten
mäßige Brise	4	5,5– 7,9	3	leicht bewegt	Wellen noch klein, werden aber länger. Weiße Schaumköpfe treten schon ziemlich verbreitet auf
frische Brise	5	8,0–10,7	4	mäßig bewegt	Mäßige Wellen, die eine ausgeprägte lange Form annehmen. Überall weiße Schaumkämme. Ganz vereinzelt kann schon Gischt vorkommen
starke Brise	6	10,8–13,8	5	grob	Bildung großer Wellen beginnt. Kämme brechen sich und hinterlassen größere weiße Schaumflächen. Etwas Gischt
steife Brise	7	13,9–17,1	6	sehr grob	See türmt sich. Der beim Brechen entstehende weiße Schaum beginnt sich in Streifen in die Windrichtung zu legen
stürmisch	8	17,2–20,7	7	hoch	Mäßig hohe Wellenberge mit Kämmen von beträchtlicher Länge. Von den Kanten der Kämme beginnt Gischt abzuwehen. Schaum legt sich in gut ausgeprägten Streifen in die Windrichtung
Sturm	9	20,8–24,4			Hohe Wellenberge, dichte Schaumstreifen in Windrichtung. „Rollen" der See beginnt. Gischt kann die Sicht schon beeinträchtigen
schwerer Sturm	10	24,5–28,4	8	sehr hoch	Sehr hohe Wellenberge mit langen überbrechenden Kämmen. See weiß durch Schaum. Schweres, stoßartiges „Rollen" der See. Sichtbeeinträchtigung durch Gischt
orkanartiger Sturm	11	28,5–32,6	9	außergewöhnlich schwere See	Außergewöhnlich hohe Wellenberge. Kanten der Wellenkämme werden zu Schaum zerblasen. Durch Gischt herabgesetzte Sicht
Orkan	12	32,7–36,9			Luft mit Schaum und Gischt angefüllt. See vollständig weiß. Sicht sehr stark herabgesetzt. Jede Fernsicht hört auf

Wenn die Wellen den Initialzustand durchlaufen haben, machen sie verschiedene Entwicklungsstadien durch, wobei drei bevorzugte Wellentypen auftreten:
a) *Kurze, aber steile Wellen,* bei denen die Fortpflanzungsgeschwindigkeit (c) = 1/3 der Windgeschwindigkeit (W) ist. Für die Seefahrt spielen sie keine Rolle.
b) *Längere und flachere Wellen* als die ersteren, deren Steilheit mit dem Alter abnimmt. Sie sind die den Seemann besonders interessierenden „Seen", da sie die Fahrt des Schiffes beeinflussen. Sie bilden Brecher. Im Stadium der überbrechenden „Seen" bildet sich der dritte Typ:

c) *Lange, flache Wellen* von konstanter Steilheit, bei denen c = 1,37 W ist. Da ihre Fortpflanzungsgeschwindigkeit größer als die Windgeschwindigkeit ist, eilen sie dem Windgebiet, das sie erzeugt, voraus. Als sogenannte Dünungswellen können sie weite Seeräume durchlaufen und mehr oder weniger starke Brandung an entfernten Küsten verursachen. Für weite Bereiche des Pazifischen Ozeans ist das typisch.

Höhe und Periode der Wellen hängen nicht nur von der Geschwindigkeit des Windes ab, sondern auch von seiner Wirkdauer (T) und der Strecke, auf welcher der Wind wirkt (Wirklänge: F). Aus den charakteristischen Größen eines voll ausgereiften Seegangs seien nachstehend einige angeführt:

Bei einer Windstärke 7 (Windgeschwindigkeit 28—33 Knoten) ist der Seegang ausgereift, wenn der Wind bei gleichbleibender Richtung über 24 h und eine Seestrecke (Wirklänge F) von wenigstens 290 sm eingewirkt hat. Die mittlere Wellenperiode beträgt dann 8,7 s (4,8 bis 17,0 s). Die Wellenlängen liegen dabei zwischen 24 und 300 m (das Energiemaximum wird bei 240 m erreicht). Die mittlere Höhe der zehn höchsten unter 100 aufeinanderfolgenden Wellen ist 8,8 m.

Die höchsten bisher beobachteten Wellenhöhen, unter Berücksichtigung typischer Fehler, sind im Dezember 1922 auf dem englischen Schnelldampfer „Majestic" bei einem Orkan im Nordatlantischen Ozean mit 27 m festgestellt worden. Der Zerfall von Wellen erfolgt im wesentlichen durch Turbulenz. Im Kielwasser der Schiffe wird das deutlich.

3.2.3 Brandung

Erreicht die Dünung oder Windsee ein Gebiet, das flacher als die halbe Wellenlänge ist, dann werden die Wellen umgeformt. Durch den Reibungskontakt mit dem Untergrund werden die Wasserteilchen aus der Orbitalbahn in eine elliptische und schließlich, wenn die Wassertiefe auf etwa 1/20 der Wellenlänge abnimmt, in eine geradlinige Bahn gezwungen (Bild 24). Die Oberflächenwelle nimmt damit den Charakter einer „langen Welle" an, deren Fortpflanzungsgeschwindigkeit c = gH mit der Tiefe abnimmt. Dadurch rücken die Wellenkämme einander näher und die Wellenhöhe wächst. Wenn die Partikelgeschwindigkeit im Wellenkamm größer als die Fortpflanzungsgeschwindigkeit wird, brechen die

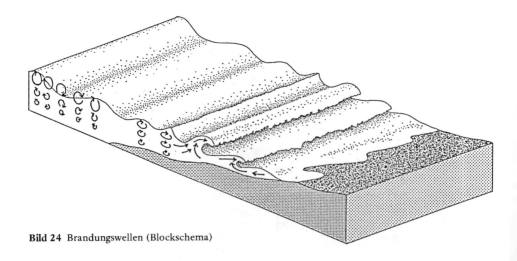

Bild 24 Brandungswellen (Blockschema)

3.2 Oberflächenwellen und interne Wellen

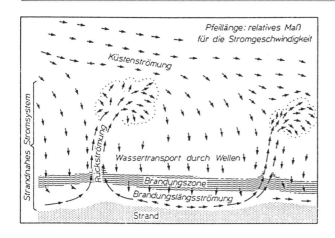

Bild 25
Schema der Oberflächenströmungen (Rippströmung) in Strandnähe bei Brandung (nach *Shepard & Inman*, a. *Dietrich* 1975)

Kämme über. Dies ist das häufigste Bild, das die Brandung uns bietet. Bei flach geneigtem Boden geschieht das in der Strandbrandung, wenn die Wellenhöhe h = 1,3 H wird. An der Felsküste wird die Klippenbrandung in ein kompliziertes Energiesystem von Staudruck und Reflexion umgeformt. 2026 hPa/cm^2 = 2 kg/cm^2 Druckbelastung sind dabei häufig erreichbar. Für die Organismen in der Brandungszone (s. S. 74) ist dies ein wesentlicher Faktor, der über die Besiedlungsmöglichkeiten entscheidet. Die erodierende Wirkung der Brandung wird deutlich sichtbar in der Ausbildung einer Brandungshohlkehle.

Die Verfrachtung von Wassermassen landwärts, die nicht mit der Welle seewärts zurückschwingen, führt zu Bodenströmen – der sogenannten Rippströmung –, die teils quer als Brandungslängsstrom oder seewärts als Rückströmung auftreten (Bild 25). An der Flachküste sind sie dem Badenden durch das „Wegziehen" des Bodens häufig nicht nur fühlbar, sondern auch vielen schon zum tödlichen Verhängnis geworden. Brandungslängsströmung transportiert an Sandküsten erhebliche Mengen Material und prägt damit deren Morphologie.

Besonders wirksame und eindrucksvolle Brandungswellen entstehen dort, wo die Dünung aus großen sturmreichen Seegebieten die Küste trifft. Das ist vor allem im Südwinter (Juni – September) an der afrikanischen Küste von Guinea ab südwärts und an der südchilenischen Küste der Fall, wenn die Dünung aus dem sturmreichen Gebiet der „brüllenden Vierziger" ("Roaring fourties") heranrollt. Die „Raz de marée" an der atlantischen Küste Marokkos in der sturmreichen Zeit von Dezember bis April ist die gleiche Erscheinung.

3.2.4 Lange Oberflächenwellen: Tsunamis und Sturmfluten

Die bisher betrachteten Schwerewellen waren kurze Wellen, bei denen das Verhältnis von Wellenlänge zu Wassertiefe sehr klein ($\ll 1$) ist. Ihre Phasengeschwindigkeit ist somit von der Wassertiefe unabhängig, und sehr kurze Wellen wandern langsamer als die längeren Wellen. Der andere Extremfall sind lange Wellen: die Wellenlänge λ soll groß sein gegenüber der Wassertiefe. Für sie gilt c = gH. Die Phasengeschwindigkeit langer Wellen hängt somit außer von der Schwerebeschleunigung nur von der Wassertiefe ab. Die Bedingung $H \ll \lambda$ ist bereits für $H < \lambda/10$ gut erfüllt. Wellen mit Wellenlängen von mehr als 10 km sind generell lange Wellen. Somit rechnen zu ihnen auch die Gezeitenwellen, die anschließend gesondert behandelt werden. Hier sollen zunächst die so verheerenden Tsunamis (jap. = Seebebenwellen) und Sturmfluten betrachtet werden.

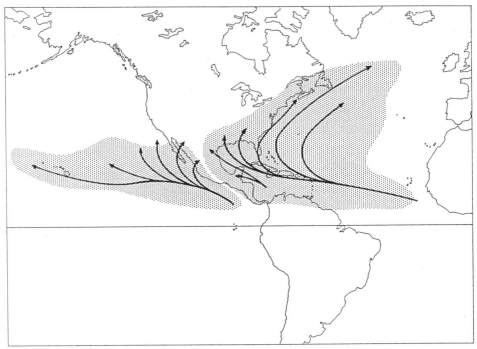

Bild 26 Hauptzugbahnen tropischer Wirbelstürme (n. *Naturw. Rd.* 1980, aus *Natur u. Museum* 1983)

Lange fortschreitende Wellen werden im Meer häufig beobachtet, wenn es in Orkangebieten, bei Taifunen und Hurrikanen (Bild 26) zu sehr schnellen Luftdruckänderungen (in wenigen Stunden über 100 hPa kommt). Die daraus resultierenden langen Wellen laufen dem Seegang und der daraus entstehenden Dünung voraus. Wegen der Ausdehnung der verursachenden Kräfte in Zeit und Raum sind solche langen Wellen rechnerisch schwer erfaßbar. Zeitlich genau lokalisierbar sind die ungestört fortschreitenden langen Wellen, die von unterseeischen Erdbeben und Vulkanausbrüchen ausgelöst werden und die sich ringförmig ausbreiten, die Tsunamis.

> Der Ablauf eines Seebebens, wie es von einem der Autoren 1960 an der chilenischen Küste auf der Breite von 40°S beobachtet wurde, sei hier kurz geschildert. Gegen 15 h am Nachmittag des 22. Mai erschütterte ein verheerendes Erdbeben mit einem Schüttergebiet zwischen der Insel Chiloé und der Stadt Concepción den gesamten sogenannten Kleinen Süden Chiles. Die Stärke wurde ursprünglich mit 8,3 der Richter-Skala angegeben, nach späteren Berechnungen lag sie wahrscheinlich höher (9,5). In einigen Städten, wie Valdivia, wurden bis zu 80 % der Gebäude zerstört. Etwa 5 000 Menschen fanden bei diesem Erdbeben den Tod, eine für das Ausmaß des seismischen Geschehens relativ niedrige Anzahl, die nur dem Umstand zu verdanken war, daß bei dem strahlenden Sonntagnachmittag viele Bewohner ihre Häuser verlassen hatten, daß alle Fabriken und Schulen geschlossen waren und die dort an Erdbeben gewöhnte Bevölkerung durch ein starkes Vorbeben gewarnt war. Tatsächlich entfiel der größte Anteil an Opfern auf die vom Seebeben betroffene Bevölkerung der Küstengebiete. Etwa 15 bis 20 Minuten nach dem Hauptstoß zog sich das Meer von der Küste um etwa 10 bis 20 m Tiefe, d. h. mehrere hundert Meter zurück. Dann drang es mit einer sich auf 10 m über die Hochwasserlinie türmenden Flutwelle über die Küstengebiete ein, sich teils kilometerweit die Flußtäler hoch-

3.2 Oberflächenwellen und interne Wellen

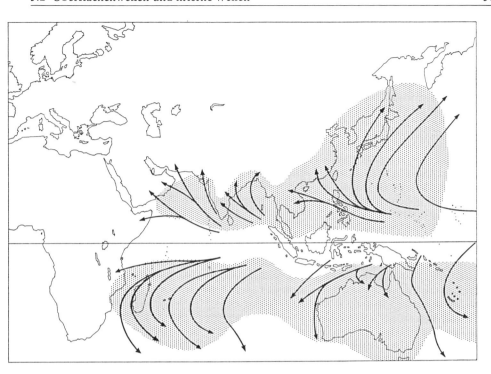

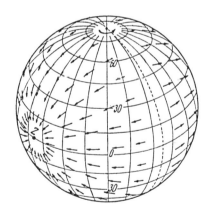

Bild 27
Verteilung der horizontalen Komponente der gezeitenerzeugenden Kraft über die Erde. (Stellung des gezeitenerzeugenden Gestirns im Äquator im Zenit von Z, Pfeil am Pol: Drehsinn der Erdrotation)
(aus *Dietrich et al.* 1975)

schiebend. Dies geschah in weniger als 20 Minuten. Weitere, allmählich abebbende Flutwellen folgten. Mehrere auf Reede oder an der Mole liegende Hochseeschiffe, vor allem im Hafen Corral, wurden zunächst mit dem ersten Rückstrom des Wassers von ihrer Verankerung losgerissen und dann beim auflaufenden Wasser zum Kentern oder Sinken gebracht. Alle von der Seebebenwelle erreichten Gebäude brachen zusammen (Bild 27), alle Bäume wurden entwurzelt und die Felsen der Küste von der wilden Brandung, die mehr als 2 Tage andauerte, wie von einem Sandstrahlgebläse kahl gefegt. Nichts vom Benthos war mehr übrig geblieben. Das Epizentrum des Bebens lag etwa 150 km entfernt und wurde ausgelöst durch einen Grabenbruch der sich immer weiter nach Süden vorschiebenden Atacama- oder auch Perugraben genannten Tiefseerinne.

Die Laufzeit der zuvor geschilderten Tsunamiwelle über den Pazifischen Ozean, die auch an den Küsten von Hawaii und Japan noch Opfer und Schäden verursachte, betrug 18 h. Die Fortpflanzungsgeschwindigkeit von Tsunamis erreicht 800 bis 1 000 km/h. Die unmittelbar einen Tsunami auslösenden Kräfte werden noch diskutiert. Die Vorstellung, daß dabei nur Wasser in einen sich erweiternden Bruchgraben stürzt, dürfte wahrscheinlich zu einfach sein. Außer Gravitationswellen werden am Entstehungsort der Tsunamis auch Kompressionswellen gebildet, die sich mit Schallgeschwindigkeit fortpflanzen.

Teile der japanischen Küste werden etwa alle 15 Jahre durch Seebebenwellen von 7 bis 8 m Höhe heimgesucht. In geschichtlicher Zeit hat es vier Tsunamis mit mehr als 30 m Wellenhöhe gegeben, darunter den vom Krakatau-Ausbruch (26. und 27. August 1883) ausgelösten mit 35 m Höhe, der 36 830 Menschen das Leben kostete. Nach den Schilderungen, wie sie vom Erdbeben von Lissabon 1755 vorliegen, müssen auch dabei die rund 30 000 Toten weitgehend einer Seebebenwelle zum Opfer gefallen sein. Am häufigsten kommen Tsunamis an den Küsten des Pazifischen Ozeans vor, für die es seit rund 30 Jahren ein Vorwarnsystem gibt. Tsunamis werden auf der freien See, wo die Wellenhöhe meist unter 1 m bleibt, kaum bemerkt. Alarm wird normalerweise ausgelöst, wenn eine Bebenstärke von 7,5 der Richter-Skala registriert wird und die Pegel eine Flutänderung anzeigen. Aber auch schwächere Beben lösen Tsunamis aus. An den europäischen Küsten ist die Gefahr von Tsunamis äußerst gering, aber meteorologisch bedingte lange Wellen mit verheerenden Zerstörungen sind umso häufiger.

Die in flache Meeresgebiete einlaufenden *Sturmfluten* erreichen häufig eine Höhe von mehreren Metern. Durch die „Große Mannstränke" kamen im 13. Jahrhundert Tausende von Menschen in Ost- und Westfriesland um; der Jadebusen entstand (1218) und der Dollart brach weit in das ehemalige Binnenland ein (1287 und Marcellusflut 1362).

> Beim Holland-Orkan in der Nacht vom 31. Januar zum 1. Februar 1953 traf die Wasserstandserhöhung mit 6 bis 7 m hohen Wellen im Seegang mit der Flutwelle zusammen. Es wurde die schwerste Sturmflutkatastrophe Hollands in historischer Zeit: mehr als 1 800 Tote, 25 000 km^2 überflutetes Land, 400 Deichbrüche, und rund 600 000 Menschen mußten ihre Häuser verlassen. In historischer Zeit wurden rund 500 Sturmfluten in der Nordsee registriert. Verheerende Sturmfluten treten auch häufig an der flachen Küste des Golfs von Bengalen auf. 1864 und 1876 kamen dort schätzungsweise 250 000 Menschen um.

Vergleichsweise harmlos sind dagegen die sogenannten „Seebären". Die Bezeichnung „Bär" kommt vom niederdeutschen boeren = heben. Sie treten selten auf und werden verursacht durch plötzliche Druckerniedrigung, wie sie gelegentlich mit Gewittern verbunden ist. Dem Charakter nach entsprechen die Seebären den Tsunamis. Ihre Wellenperiode beträgt etwa 15 Minuten und die größte bisher registrierte Hubhöhe war annähernd 1,5 m.

3.2.5 Lange Wellen als Gezeitenwellen

3.2.5.1 Begriffe und Erscheinungen der Gezeiten

Der rhythmische Wechsel von steigendem und fallendem Wasser an den meisten Küsten der Ozeane ist eine der eindrucksvollsten Erscheinungen, die uns das Meer bietet. Er ist eindrucksvoll vom Ausmaß her wie von seiner Regelmäßigkeit: die Gezeiten oder Tiden, die von großer Bedeutung für die Organismen in der Gezeitenzone (S. 78) und für die Schiffahrt sind. Ganz grob vereinfacht ist es eine Welle, die dem Lauf des Mondes folgt, die täglich mit ihm um den Erdball kreist, mit einem Flutberg da, wo er im Zenit steht, und einem Flutberg auf der Gegenseite (Bild 28, 29). Die Gezeiten sind ein System von langen Wellen, das sich in dieser einfachen Form überall ausbreiten würde, wenn es nicht durch Landmassen und Reflexion, durch Reibung und Corioliskraft beeinflußt würde.

3.2 Oberflächenwellen und interne Wellen

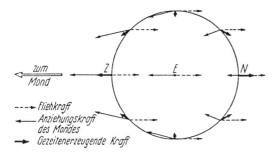

Bild 28
Die gezeitenerzeugende Kraft als Resultierende aus Anziehungskraft und Fliehkraft auf einem Meridionalschnitt durch die Erde. Z, N: Mond im Zenit bzw. Nadir. E = Erdmittelpunkt
(aus *Dietrich et al.* 1975)

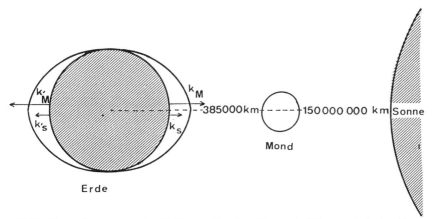

Bild 29 Die gezeitenerzeugenden Kräfte von Mond und Sonne, bei Neumond: Springtide. Die Kräfte der Massen (k_M und k_S) addieren sich. Das gleiche geschieht bei Vollmond, mit einer geringen Differenz zwischen k_M und K_S, die praktisch vernachlässigt werden kann (nach *Schilling* 1949)

Die Gezeitenwellen nehmen unter allen Wellen des Meeres eine Sonderstellung ein; sie entstehen infolge periodischer Störungen des Schwerefeldes der Erde durch Mond und Sonne. Unter der vorwiegend durch den Mond und in geringerem Maße durch die Sonne (Bild 30) aufgezwungenen Schwingungsperiode fällt und steigt das Wasser an allen Küsten des Weltmeeres in einem meist halb- oder stellenweise eintägigen Rhythmus. Das Steigen und Fallen wird Gezeit, das Hin- und Herströmen wird Gezeitenstrom (S. 60) genannt.

Pegel dienen der Messung der Gezeiten, die an einigen Küsten einen Gezeitenhub von mehr als 10 m haben können (im Bristol-Kanal 11,5 m, in der inneren Fundy-Bay im Golf von Maine, USA, rund 14 m). Im freien Meer sind es aber nur knapp 50 cm und im Golf von Mexiko sowie im europäischen Mittelmeer nur rund 30 cm.

So einfach die Grundphänomene des Gezeitensystems sind, so aufwendig ist die quantitative Darstellung der erzeugenden Kräfte, und die Grundlagen ihrer Vorausberechnung erfordern einen erheblichen mathematischen Aufwand, auf den hier nicht eingegangen werden kann.

Die Hauptmerkmale und Begriffe der Gezeiten sind in Bild 31 am Beispiel einer Wasserstandskurve über 24 Stunden dargestellt. Die Kurve umfaßt zwei Niedrigwasser

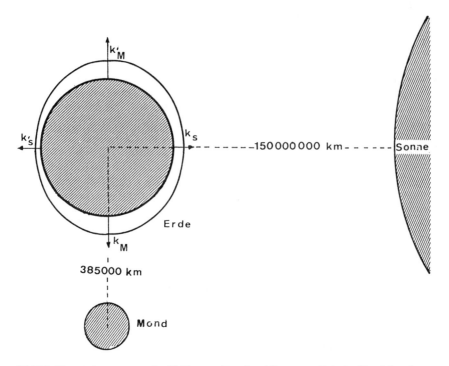

Bild 30 Die gezeitenerzeugenden Kräfte von Mond und Sonne zur Zeit der Mondviertel: Nipptide. Die Krafteinwirkungen von Sonne und Mond stehen senkrecht zueinander. Die Kräfte k_M und k_S müssen subtrahiert werden
(n. *Schilling*)

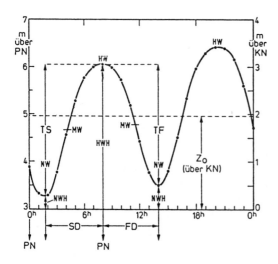

Bild 31
Einige wichtige Begriffe im Gezeitenverlauf. HW = Hochwasser, NW = Niedrigwasser, HWH = Hochwasserhöhe, NWH = Niedrigwasserhöhe, TS = Tidenstieg, TF = Tidenfall, SD = Steigdauer, FD = Falldauer, MW = Mittelwasser, Z = Höhe des mittleren Wasserstandes, KN = Seekartennull, PN = Pegelnull = NN − 5,00 m, NN = Normalnull
(aus *Dietrich et al.* 1975)

3.2 Oberflächenwellen und interne Wellen

(N.W.) und zwei Hochwasser (H.W.). Das Steigen des Wassers heißt Flut, das Fallen Ebbe. Sie zusammen bilden eine Tide[1]. Ihre Dauer setzt sich aus der Steigdauer (S.D.) und der Falldauer (F.D.) zusammen. S.D. und F.D. ändern sich innerhalb gewisser Grenzen von Tide zu Tide: „Ungleichheiten in Zeit". Deutlicher als diese Ungleichheiten in Zeit sind die „Ungleichheiten in Höhe" erkennbar. Weder die einzelnen Hochwasserhöhen (H.W.H.) noch die Niedrigwasserhöhen (N.W.H.) sind gleich. Daher besteht ein Unterschied zwischen Tidenstieg (T.S.) und Tidenfall (T.F.). Das Mittel aus T.S. und T.F. in einer Tide heißt Tidenhub (T.H.). Er ändert sich von Tide zu Tide. Deshalb ändert sich auch das Mittelwasser (M.W.), das vom Mittel aus H.W.H. und dem vorhergehenden oder nachfolgenden N.W.H. gebildet wird. Dieses Mittelwasser ist nicht identisch mit dem mittleren Wasserstand (Zo), der aus vielen Ablesungen des Wasserstandes aus einem Monat berechnet werden kann und im allgemeinen auf Kartennull (K.N.) bezogen wird. Dagegen wird Pegelnull unterschiedlich festgelegt. Die gezeitenerzeugende Kraft ist die Resultierende aus Anziehungskraft und Fliehkraft auf dem jeweiligen Punkt der Erde. Bild 30 zeigt dies auf einem Meridionalschnitt durch die Erde. Die gezeitenerzeugenden Kräfte sind sehr klein, verglichen mit der Schwerkraft, von der im Gezeitensystem nur die horizontale Komponente praktische Bedeutung hat.

Infolge der Schwankungen des Sonnen- und Mondabstandes von der Erde schwankt auch das System der gezeitenerzeugenden Kräfte. Dies drückt sich in den Ungleichheiten der Gezeiten aus, von denen hier nur die vier wichtigsten erwähnt werden sollen:

a) Halbmonatliche Ungleichheit: Der Tidenhub erreicht ein bis zwei Tage nach Voll- und Neumond einen Höchstwert: den Springtidenhub (Bild 30a). Die Verspätung gegen Voll- und Neumond wird als „Alter der Gezeit" bezeichnet. Mit der gleichen Verzögerung tritt die sogenannte Nipptide auf, die zwischen zwei Springtiden liegt, wenn der Mond das 1. Viertel bzw. das letzte Viertel erreicht hat und sich die gezeitenerzeugenden Kräfte von Mond und Sonne subtrahieren (Bild 30b). Die Periode der halbmonatlichen Ungleichzeit beträgt einen halben synodischen Monat, im Durchschnitt 14,76 Tage. Der Unterschied zwischen den Wasserständen von Spring- und Nipptide ist die deutlichste Differenz im Gezeitensystem und steht etwa im Verhältnis von 13 : 5.

b) Monatliche oder parallaktische Ungleichheit: Der Tidenhub wechselt mit der Entfernung des Mondes von der Erde. Mit einer bestimmten Verspätung nach der Erdnähe des Mondes (Perigäum) wird der Tidenhub besonders groß, nach der Erdferne (Apogäum) besonders klein. Die Dauer eines Mondumlaufs in seiner Bahnellipse von einem Perigäum bis zum nächsten beträgt im Mittel 27,55 Tage. Wenn die Erdnähe mit Voll- und Neumond zusammenfällt, wird der Springtidenhub besonders hoch.

c) Deklinationsungleichheit: Nach der größten nördlichen und südlichen Deklination des Mondes tritt ein verhältnismäßig kleiner Tidenhub auf und nach dem Äquatordurchgang ein verhältnismäßig großer. Die Zeit von der größten nördlichen bis zur größten südlichen Deklination beträgt einen halben tropischen Monat (13,66 Tage). Auch die Deklination der Sonne wirkt sich aus: Ihr zweimaliger Äquatordurchgang (zur Zeit der Frühjahrs- und Herbstgleiche) ergibt den besonders extremen Tidenhub der sogenannten Äquinoktialtiden.

d) Tägliche Ungleichheit: Aufeinanderfolgende Hoch- und Niedrigwasser haben unterschiedliche Hubhöhen. Die Unterschiede erreichen ihr Maximum mit einer bestimmten Verspätung nach Eintritt der größten nördlichen und südlichen Deklination des Mondes.

---

[1] Tide (niederdt. „Zeit") wird synonym für Gezeit gebraucht.

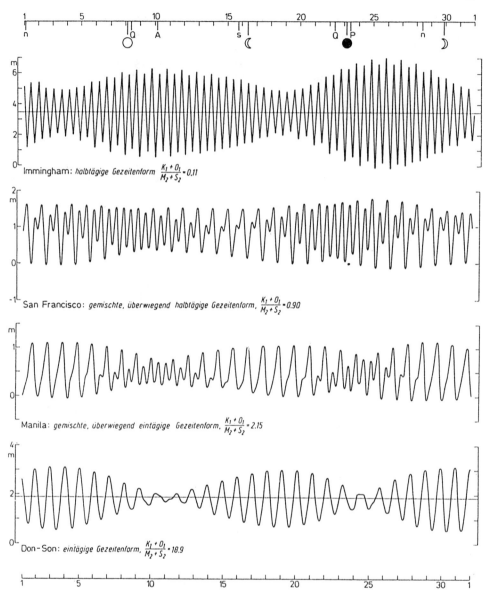

Bild 32 Unterschiedliche Gezeitenrhythmen: halbtägige Gezeit, eintägige Gezeit und gemischte Gezeiten (überwiegend eintägig und überwiegend halbtätig). Die Gezeitenkurven gelten für den Monat März 1936, bezogen auf jeweiliges Seekartennull. ○, ☾, ●, ☽ = Mondphasen; n: größte nördliche, s: größte südliche Deklination des Mondes; Q: Äquatordurchgang, A: Erdferne (Apogäum), P: Erdnähe (Perigäum) des Mondes
(aus *Dietrich et al.* 1975)

3.2 Oberflächenwellen und interne Wellen

Sie verschwinden nach seinem Äquatordurchgang, und sie sind abhängig vom Vorzeichen der Deklination des Mondes. Ihre Periode ist somit ein voller tropischer Monat (= 27,32 Tage). Der Unterschied zwischen den beiden aufeinanderfolgenden Fluten (Bild 31) ist an den europäischen Küsten gering. An vielen Stellen der Erde aber unterscheiden sich das erste und zweite Hochwasser beträchtlich. Ja, es gibt Orte, an denen die zweite Flut fast völlig fehlt, z. B. im Golf von Mexiko und an den indonesischen Küsten, so daß nur ein Hochwasserstand am Tage eintritt: Man spricht von einer eintägigen Gezeitenform. Zwischen ihr und der halbtägigen Gezeitenform gibt es, wie oben erwähnt, alle Übergänge (Bild 32). Halbtägige Gezeiten sind vorwiegend im Atlantischen Ozean vertreten, während im Pazifischen Ozean mehr gemischte Gezeiten vorkommen. Außer den vorgenannten Ungleichheiten gibt es noch weitere, auch solche mit längeren Perioden, z. B. die des Saros-Zyklus von rund 18 Jahren und 11 Tagen.

Die ozeanischen Gezeiten werden außer durch die bisher beschriebenen Einwirkungen von Mond und Sonne auch durch Schaukelbewegungen des Wassers mitbestimmt, die man mit denen des Wassers in einer Wanne vergleichen kann. Eine kleine Kraft, die sich im bestimmten Rhythmus wiederholt — wie z. B. die gezeitenerzeugenden Kräfte — ist in der Lage, eine große Schwingung aufrechtzuerhalten. Die Ozeane verhalten sich wie ein System geschlossener Becken mit einer natürlichen Eigenschwingung von rund 12 oder 24 Stunden. Der zeitliche Ablauf dieser Eigenschwingung modifiziert den von den Gestirnen induzierten Gezeitenrhythmus. Ebenso tritt durch die Corioliskraft ein Drehmoment auf, das eine Drehbewegung der Gezeitenwelle zur Folge hat, die in flachen Meeresgebieten auch noch erheblich von der Reibung mitbestimmt wird. Auf der Nordhalbkugel bewirkt die Erdrotation, daß das Wasser auf der rechten Seite eines Beckens höher ansteigt als auf

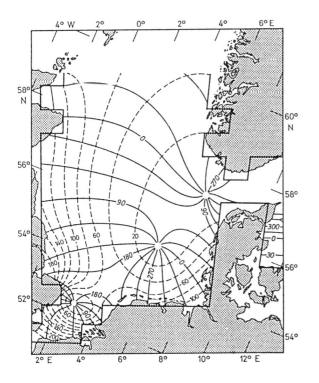

Bild 33
Das System der halbtägigen Gezeiten der Nordsee mit drei Amphidromien, nach theoretischer Berechnung. Gestrichelt: Amplitude in cm. Ausgezogen: Phase in Grad, bezogen auf den Durchgang des Mondes durch den Meridian von Greenwich (aus *Dietrich et al.* 1975)

der linken. Die so zu erwartende Knotenlinie (O-Höhe, um die der Wasserstand schwingt) wird durch die Corioliskraft zu einem Knotenpunkt, der sogenannten *Amphidromie,* und die Flutwelle wandert entgegen dem Uhrzeigersinn um diesen Punkt. Die stärksten Schwingungen in einem solchen System sind da zu erwarten, wo die Periode der äußeren Kraft mit der natürlichen Schwingungsperiode des (Meeres-) Beckens übereinstimmt. Die geringste Amplitude tritt hingegen da auf, wo die äußere Kraft am weitesten von der natürlichen Schwingung abweicht, so daß die beiden Kräfte sich aufheben. Die halbtägigen Gezeiten der Nordsee stellen ein kompliziertes Gezeiten- und Schwingungssystem mit drei Amphidromien dar (Bild 33).

3.2.5.2 Gezeitenströme

Gezeiten und Gezeitenströme sind zwei verschiedene Erscheinungen ein und desselben Vorgangs. Erstere können mittels Pegelmessungen an der Küste und mit Druckmessern im freien Ozean relativ einfach registriert werden, während die Strommessungen wesentlich aufwendiger sind. Unsere Kenntnisse darüber sind deswegen erheblich lückenhafter, zumal hier auch dreidimensionale Vorgänge erfaßt werden müssen.

Da, wo ein hoher Gezeitenhub besteht, müssen riesige Mengen Meerwasser horizontal transportiert werden. In der Fundy Bay z. B. sind es täglich 100 Milliarden Tonnen Wasser. Die größten Geschwindigkeiten erreichen Gezeitenströme in Meerengen und mehr oder weniger geschlossenen Buchten. Im offenen Ozean und über größeren Tiefen beträgt die Geschwindigkeit eines Gezeitenstromes nur 10 bis 20 cm/s, vor der deutschen Nordseeküste etwa 100 bis 150 cm/s. Der stärkste Gezeitenstrom der Erde bildet sich im Skjerstadtfjord bei Dodö in Nordnorwegen mit rund 8 m/s. Strahlartig schießt hier das Wasser durch die Fjordenge, und brodelnde Wirbel mit tiefen Strudellöchern begleiten den Strom an den Flanken.

Auch bei weniger dramatischer Ausprägung sind Gezeitenströme von besonderem Interesse für die Schiffahrt und für Küstenbauten. Für die Meeresorganismen haben sie etwa die gleiche Bedeutung wie Brandungswellen (S. 50).

3.3 Biologische Aspekte der Wasserbewegung

Das Meer wird häufig mit dem Attribut „ruhelos" charakterisiert, und diese Ruhelosigkeit ist durch die Physiker von den aus dem Kosmos einwirkenden Kräften bis in den molekularen Bereich sehr detailliert beschrieben worden. Für die Ozeanographie haben Wasserbewegungen zentrale Bedeutung. Erstaunlicherweise aber räumt ihnen der Biologe nur einen verhältnismäßig kleinen Raum ein (Riedl 1969). Alles Leben käme ohne Wasserbewegung zum Stillstand, und das Meer wäre kein Lebensraum mehr, sondern der Bereich des Todes (Gessner 1955).

Zum Leben ist ein ständiger Austausch von Stoffen zwischen den Organismen und ihrer Umgebung notwendig. Festsitzende Pflanzen und Tiere gerieten schnell in eine kritische Situation, wenn sie allein auf die Diffusion von Stoffen angewiesen wären. Wasserbewegung, sei es in der Form von Turbulenz oder von Strömung, die von festsitzenden Tieren auch häufig selbst erzeugt werden kann, ist unabdingbar. Die Diffusionsgeschwindigkeit im Wasser ist gering (rund 10 000 mal langsamer als in der Luft) und reicht für die erforderlichen Transportaufgaben nicht aus. Bei einem Anstieg des Sauerstoffgehalts an der Wasseroberfläche von 7 auf 9 ml O_2/l würde in 10 m Tiefe erst nach 2 000 Jahren ca. 1 ml nachdiffundiert und damit die Konzentration auf 8 ml O_2/l gestiegen sein. Ohne Wasserbewegung wären die Meere der hohen Breiten bis zum Boden durchgefroren und die tropischen Gewässer auf lebensfeindliche Temperaturen erwärmt.

Tabelle 3-3: Die Wirkungsweisen der Wasserbewegung (n. Riedl 1969)

Wirkungsweise über	von	im Bereich der	auf
Primär			
Geschwindigkeit		Lz, Ma	mechanische Resistenz (der Pflanzen und Sedentarier gegen Zerrung und Losreißen)
		Mz, Mw	Entfaltungsmöglichkeit (der Fangapparate der Außenfiltrierer)
		Mz, Ma	Berührungsstörung (durch Nachbarobjekte, namentlich für Außenfiltrierer)
		Mz, Ma	Verschleppung (der Errantier, vornehmlich der Mikrofauna)
		Pe, Lz, Mw	Kletterformenauswahl (der Errantier, besonders der Meiofauna)
		Pe, Lz, Mw	Schwimmformenauswahl (der demersen und supradermersen Fische)
Durchgang		Lz, Mw	Wuchsformenauswahl der Sedentarier (nach Höhe, Größe, Fläche, Gliederung)
		Ri, Lz, Mw	Flächenbildung sed. Filtrierer (bei welchen der Wechsel zwischen adradialem und flächigem Bau möglich ist)
		Ri, Lz, Mw	Flächenstell. sed. Filtrierer (gegenüber der Bewegungsrichtung)
		Ri, Kz, Mw	Flächenhaltung err. Filtrierer (gegenüber der Bewegungsrichtung)
Versetzung		Ri, Lz, Ma	passive Verbreitung (des Planktons und der Schwebestadien)
		Pe, Mz, Mw	passive Besamung (durch Gametenverdriftung)
		Ri, Pe, Mz, Ma	passive Populationsmischung (durch Schwebestadien)
Staudruck		Ri, Pe, Lz, Ma	Auswahl der Brandungsformen (nach der mechanischen Festigkeit und Haftfähigkeit)
		Ri, Mz, Ma	Stellung der Brandungsfiltrierer (gegenüber dem Wasseransturm)
Hydrostatischer Druck		Lz, Ma	Kompressionstoleranz (der einzelnen physiologischen Leistungen)
Sekundär			
Geschwindigkeit und Durchgang	Temperaturen Gasen	Kz, Mi	Thermoausgleich (durch Abfuhr extremer Seichtwassertemperaturen)
		Mz, Mw	mittlere Lüftung (der atmenden Oberflächen)
		Kz, Mi	Atmungsgrenzen ⎫ (durch Stagnation)
		Kz, Mi	Assimilationsgrenzen ⎭
	Nährstoffen	Lz, Mi	Pflanzenernährung (durch mangelnde Zufuhr)
	Sedimenten	Lz, Ma	Lichtabschirmung (bei starkem Trübstofftransport)
		Lz, Ma	Scheuerresistenz (gegenüber bewegtem Grobsediment)
		Mz, Mw	Filtriereraktivität (die bei zu hohem Sedimenttransport eingestellt wird)
		Kz, Mi	Verschlammung (durch mangelnde Partikelabdrift von atmenden Oberflächen)
	Plankton	Mz, Ma	Fangmöglichkeiten der passiven Filtrierer (die bei zu heftiger Bewegung Beuteobjekte nicht zu halten vermögen)
		Ri, Pe, Mz, Ma	Sedentarierernährung (durch regelmäßigen Wechsel des ausgefilterten und planktonführenden Wassers)
		Kz, Mi	Hungerpausen der passiven Filtrierer (durch Stagnation)
Austausch	Gasen	Mz, Mw	Atmung und Entgiftung ⎫ (durch Turbulenz namentlich im
		Mz, Mw	Assimilation ⎭ Grenzschichtbereich)
Tertiär			
Substrat	Geschwindigkeit	Lz, Ma	Festheftungschancen (durch Erhaltung der Hartböden, Überwiegen der Abtragung)
		Pe, Mz, Ma	Anordnung mobiler Biotope (durch Nachsortierung und Verteilung der Sedimentkomponenten)
		Kz, Mi	Verschüttung (bei Überwiegen der Anschüttung, Sedimentdeponierung)
	Staudruck	Pe, Lz, Ma	Erweiterung stabiler Biotope (durch Ausgreifen der Abrasion)
		Lz, Ma	Biotopstabilität (getestet namentlich in den Kategorien der Blockfelder, Gerölle und Hartbodensplitter)
Grenzen	Hydrostatischer Druck	Pe, Lz, Ma	Trockenresistenztest (als Bestimmung oberer Siedlungsgrenzen im Eulitoral)
		Pe, Mz, Mw	Austrocknungsoptimum (nach den nötigen Trockenperioden bei physiologischer Eulitoralanpassung)
		Lz, Ma	Sonnenschädigung der Algen (durch zu geringe Extinktion der Strahlung)
		Pe, Kz, Mw	Aktivitätsrhythmus (der erranten und sedentären Eulitoralbewohner)

Ri: Richtung, Pe: Periode, Lz: Langzeit, Mz: Mittelzeit, Kz: Kurzzeit, Ma: Maxima, Mi: Minima, Mw: Mittelwert.

Alle Fließbewegungen im Wasser, außer im Bereich der Grenzschichten, erfolgen turbulent. Das heißt, es herrscht dabei im submikroskopischen Bereich ein wirres Geflecht von Teilchenbahnen. Auch bei scheinbarer Wasserruhe übertrifft die Wirkung der Turbulenz weitgehend die der Diffusion. Das bedeutet auch, daß die Wasserbewegungen einen Wirkungsbereich umfassen, der von den Großklimaräumen (1 000 bis 10 000 km^2) bis in kleinste Spalträume (10 bis 100 μm-Dimension, z. B. Sandlückensystem) reicht.

Die Verknüpfung der Faktoren ist außerordentlich komplex, und je kleiner ihre Dimensionen sind, umso schwerer sind sie erfaßbar, aber sie bestimmen darum nicht weniger den Lebensraum der Organismen.

Riedl (1969) hat eine Übersicht der Wirkungsweisen der Wasserbewegungen zusammengestellt, die in Tabelle 3-3 in etwas abgeänderter Form wiedergegeben ist. Dabei bedeuten:

Errantier:	frei umherschweifende Tiere
Sedentarier:	festsitzende Tiere
Meiofauna:	Fauna des Sandlückensystems (I, 122)
Eulitoral:	Küstenbereich zwischen der Hoch- und Niedrigwasserlinie (S. 74)
demerse Fische:	ausschließlich im Wasser lebend
suprademerse Fische:	zum Nahrungserwerb bis in das Eulitoral vordringend.

4 Energie- und Wasserhaushalt des Meeres

4.1 Temperaturverhältnisse der Ozeane

Die Wasser des Weltmeeres mit ihrer durchschnittlichen Temperatur von etwa 3,8 °C stellen einen sehr kalten Biotop dar, der aber, wie schon erwähnt, eine große spezifische Wärme hat. Der großräumige Wärmetransport erfolgt durch Strömungen und Konvektion.

Die Temperaturen in den verschiedenen horizontalen und vertikalen Regionen des Weltmeeres haben im allgemeinen eine Amplitude zwischen dem Gefrierpunkt von −1,91 °C in den polaren Gewässern und etwa +32 °C in den tropischen Gebieten, wo in Ausnahmefällen in mehr oder weniger abgeschlossenen kleineren Wasserkörpern auch 40 °C erreicht werden können.

Die großräumigen Temperaturverhältnisse sind erstmals von Maury 1852 in Form von Isothermenkarten für den Atlantischen Ozean dargestellt worden. Sie sind seit dem Beginn systematischer Temperaturmessungen durch die „Challenger"-Expedition (1872–1876) für alle Ozeane relativ gut bekannt. Bild 34 zeigt eine Übersicht der Oberflächentemperaturen im Jahresmittel. Die mittleren Tagesschwankungen betragen im freien Ozean im allgemeinen nur 0,2 bis 0,3 °C und erstrecken sich bis etwa 10 bis 20 m Tiefe. Die Jahresamplitude bleibt in den Tropen häufig unter 1 °C, in 30 bis 40° Breite erreicht sie 4,5 °C, sie nimmt polwärts und mit Annäherung an die Auftriebsgebiete ab. Anomal hohe Amplituden treten im offenen Ozean dort auf, wo jahreszeitliche Verlagerungen der Grenzen der thermisch charakterisierten Wassermassen zu beobachten sind (Beispiele: im Nordpazifischen Ozean die Front zwischen Kuroschio- und Oyaschio-Strom ($\Delta_T > 7$ °C) und am Humboldtstrom ($\Delta_T > 3$ °C). Extreme Amplituden haben die Schelfmeere besonders da, wo kontinentale Einflüsse auf den Wärmeumsatz vorherrschend werden, wie z. B. in der Deutschen Bucht ($\Delta_T > 8$ °C).

Der zonale Verlauf der Isothermen sieht in der Regel so aus: In den Subtropen ist die Westseite der Ozeane wärmer als die Ostseite, in den gemäßigten Breiten ist es umgekehrt. Es ist dies eine Folge der Zyklone (S. 40) in der Wasserbewegung.

In den Südbreiten, wo keine subpolaren Zyklone auftreten, fehlt dieser Gegensatz zwischen Ost- und Westseiten; hier bewegt sich ein zirkumpolarer Wasserring.

Das Jahresmittel der Oberflächentemperaturen zeigt langjährige Schwankungen, die nicht nur in der jüngsten Vergangenheit registriert werden konnten, sondern sich auch für historische und geologische Zeiträume manifestierten. Bild 35 gibt dafür ein Beispiel aus dem mittleren Karibischen Meer. Auffällig ist, daß selbst über einen Zeitraum von 425 000 Jahren die Amplitude der Schwankungen 21° bis 27 °C nicht übersteigt. Zur relativ genauen Temperaturbestimmung über geologische Zeiträume hinweg sind neben die mehr als 50 Jahre alten Methoden der Paläoklimatologie die Möglichkeiten der Isotopenchemie getreten. Das Verhältnis der Sauerstoffisotope $^{16}O/^{18}O$ im Kalk der Skelette mariner Organismen, vor allem der Foraminiferen, ist abhängig von der sie umgebenden Wassertemperatur zu ihren Lebzeiten. Mit Hilfe der radioaktiven Altersbestimmungen in den Sedimentkernen mit ihrem Anteil an $^{40}K/^{40}Ar$, ^{3}H, ^{14}C, ^{231}Pa, ^{230}Th u. a. kommt man zu recht guten zeitlichen Datierungen. Durch den Vergleich mit ähnlichen Untersuchungen im of-

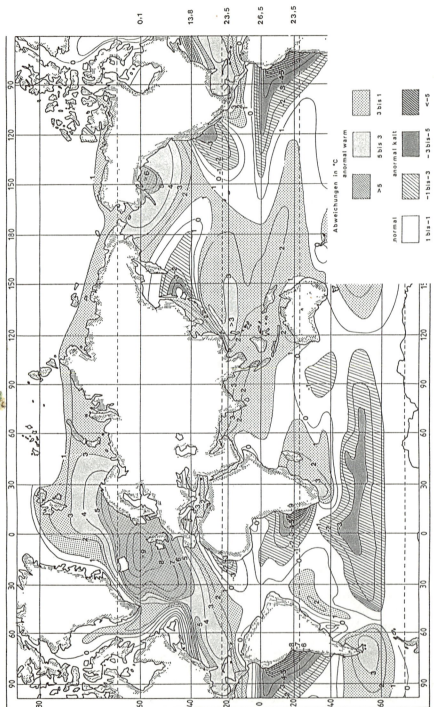

Bild 34 Oberflächentemperatur des Weltmeeres (in °C). Die Zahlen am rechten Rand sind Normalwerte für die Breitenkreise. Die Zahlen an den Isothermen geben die Abweichung von der Normaltemperatur an (nach *Dietrich* 1950, verändert)

4.1 Temperaturverhältnisse der Ozeane

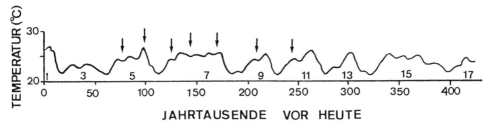

Bild 35 Paläo-Temperaturkurve für tropisches Oberflächenwasser im Meer. Die Pfeile deuten auf höhere interglaziale Meeresspiegelstände; ungerade Zahlen: wärmere Perioden (nach *Seibold* 1974)

fenen äquatorialen Atlantischen Ozean kann auf eine weltweite Gültigkeit dieser Temperaturverhältnisse geschlossen werden. Nach diesen Untersuchungen klang die letzte Glazialzeit vor 18 000 Jahren aus, was in guter Übereinstimmung mit der eustatischen Absenkung des Meeresspiegels steht. Die gegenwärtige Wärmeperiode scheint ihren Höhepunkt jetzt zu überschreiten. „Für die Ozeanographie steht fest, daß sich die Temperatur im Meer ändert, wenn sich Komponenten in der Wärmehaushaltsgleichung ändern" (Dietrich 1975).

4.1.1 Verteilung der Wassertemperatur in der Tiefe

Eine grobe Vorstellung von der Temperaturschichtung im Weltmeer gibt das Beispiel des Atlantischen Ozeans in Bild 36. Diesem Schema entsprechen auch die Temperaturschichtungen der übrigen Ozeane.

Während in den meisten Gebieten die Temperatur mit der Tiefe mehr oder weniger kontinuierlich oder auch diskontinuierlich (thermische Sprungschicht) abnimmt, ist in der Weddell-See, dem kältesten ozeanischen Gebiet, nur ein geringer Unterschied zwischen Oberfläche und Tiefe vorhanden. Ähnliches gilt auch für das sehr warme Rote Meer, das eine tiefgreifende thermohaline Zirkulation und als einzigartige Besonderheit den Austritt von warmer Salzlauge in 2 150 m Tiefe zwischen Dschidda und Port Sudan mit Temperaturen bis 58 °C aufweist.

Die großräumige Vertikalverteilung (Bild 36) zeigt einige charakteristische Züge. Zwischen 50° N und 45° S tritt als oberste Wasserschicht eine Warmwassersphäre auf, die nach unten durch die Isothermen 8° bis 10° begrenzt wird. Diese Grenzschicht liegt in den Tropen bei 300 bis 400 m, in den Subtropen zwischen 500 und 1 000 m und steigt polwärts auf, wo sie bei ca. 65° N und 42° S die Oberfläche erreicht. Teils abgetrennt durch subarktisches und subantarktisches Zwischenwasser (10° bis 3 °C) liegt darunter das arktische bzw. antarktische Bodenwasser mit 3 °C bis unter 1 °C.

Das kalte Tiefenwasser reicht also ununterbrochen von Polgebiet zu Polgebiet. So berichtet die „Valdivia"-Besatzung, daß sie bei der Äquatortaufe den Sekt mit kaltem Tiefseeschlamm gekühlt habe.

Wie in den meisten binnenländischen Seen kommt es auch weithin im Meer zur Ausbildung einer thermischen Sprungschicht. Es ist eine manchmal nur wenige Dezimeter dicke Trennschicht zwischen einer homothermen warmen Deckschicht und einer nahezu homothermen Unterschicht, die nach unten in die Kaltwassersphäre übergeht. Die vertikale Temperatur- und damit Dichteverteilung ist verknüpft mit einer auffälligen Verteilung des Salz- und des Sauerstoffgehalts (Bild 14, 37). Dabei wird die vertikale Turbulenz geschwächt, und der vertikale Wärmetransport kann erliegen, wenn das Dichtegefälle und die turbulenten Austauschbewegungen einen kritischen Grenzwert erreichen (Richard-

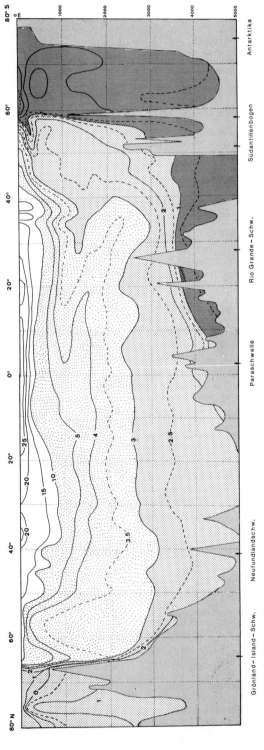

Bild 36 Vertikale Verteilung der Temperatur (in °C) auf einem Schnitt zwischen Grönland und der Antarktis (nach *Dietrich et al.* 1975)

4.1 Temperaturverhältnisse der Ozeane 67

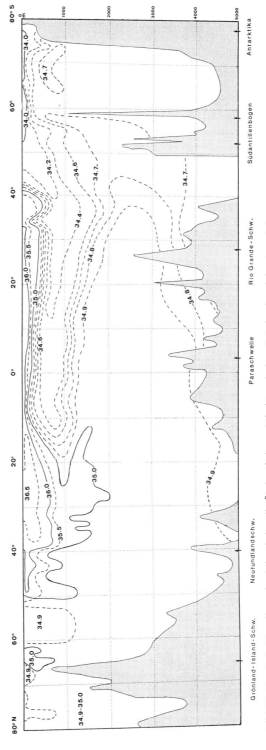

Bild 37 Vertikale Verteilung des Salzgehaltes (in ‰) auf einem Schnitt zwischen Grönland und der Antarktis (nach *Dietrich et al.* 1975, verändert)

sonsche Zahl). Die Sprungschicht wird dann zur Sperrschicht. Für viele marine Organismen stellt schon die Sprungschicht eine unüberwindbare Barriere dar.

4.1.2 Wärmehaushalt des Weltmeeres

Die Sonnenstrahlung bildet nach ihrer Umwandlung in Wärme die Hauptenergiequelle für das physikalische und chemische Geschehen auf der Erde. Der Wärmehaushalt des Weltmeeres ist ein Teil davon. Die vorwiegend kurzwelligen Sonnen- und Himmelsstrahlungen werden an der Meeresoberfläche reflektiert (Bild 15). Nur etwa 20 % des eingestrahlten Lichts erreichen 10 m Tiefe. Die verbleibende Strahlung dringt unter gleichzeitiger Brechung ins Meer ein und wird dort durch Streuung und Absorption in Wärme- bzw. chemische Energie umgewandelt. Ein Teil der gestreuten Strahlung gelangt als kurzwellige Rückstrahlung wieder in die Atmosphäre, ebenso wie ein Teil der Wärmeenergie als langwellige (infrarote) Eigenstrahlung.

Die im Meer zu beobachtenden Temperaturänderungen und die unterschiedliche Wärmeverteilung stellen Schwankungen um einen mittleren Zustand (rund 3,8 °C) dar, der sich unverändert erhält. Es muß also im gesamten Weltmeer die Wärmeeinnahme gleich der Wärmeausgabe sein. Der Wärmeumsatz Q besteht aus einer Summe von Komponenten:

$$Q = (Q_S - Q_A) - Q_K - Q_V - Q_T + Q_C + Q_E + Q_F + Q_R$$

In der Gleichung bedeuten:

$Q_S - Q_A$: Wärmegewinn aus dem Strahlungsumsatz (Q_S = Wärmeenergie aus absorbierter Sonnen- und Himmelsstrahlung, Q_A = Wärmeenergie der effektiven Ausstrahlung).

Q_K: Wärmeverlust durch konvektive Wärmeübertragung an die Luft und Wärmegewinn, wenn die Wärmeübertragung von der Luft zum Wasser stattfindet.

Q_V: Wärmeverlust durch Verdunstung. Wärmegewinn tritt ein, wenn an Stelle von Verdunstung Kondensation stattfindet.

Diese Glieder der Gleichung ergeben den Hauptteil des Wärmeumsatzes. Von geringer Bedeutung sind:

Q_T: Wärmeverlust beim Wärmetransport durch Meeresströmungen, Vertikalkonvektion und Vermischung.

Q_C: Wärmegewinn aus chemisch-biologischen Prozessen.

Q_E: Wärmegewinn durch Zufuhr aus dem Erdinnern.

Q_F: Wärmegewinn aus Reibungswärme

Q_R: Wärmegewinn aus Zerfall radioaktiver Stoffe im Meerwasser.

Der Wärmehaushalt des Meeres macht den größten Teil des Globalwärmehaushalts unseres Planeten aus (Bild 38). Am äußersten Rand der Erdatmosphäre werden bei mittlerem Abstand Erde/Sonne 1 396 W/m² min (Solarkonstante) eingestrahlt. Die Solarkonstante ist keine echte Konstante, sondern sie schwankt unregelmäßig (um etwa 1,5 % in Abhängigkeit von Ereignissen auf der Sonne) und regelmäßig (etwa 3,34 % in Abhängigkeit von den Bahnelementen der Erde im Umlauf um die Sonne. Dieser Wert ist vorausberechenbar).

Die Strahlung unterliegt auf ihrem Wege vom Außenrand der Atmosphäre bis zur Meeresoberfläche verschiedenen Einflüssen, die in Bild 38 dargestellt sind. Die Gesamtenergie der Sonneneinstrahlung verteilt sich auf bestimmte Wellenlängen, ebenso wie die der Abstrahlung.

Das Maximum der Einstrahlung der Sonne liegt bei $\lambda = 0,475$ μm. Allein 99 % der Einstrahlung entfallen auf den elektromagnetischen kurzwelligen Teil zwischen 0,15 bis 4,0 μm,

4.1 Temperaturverhältnisse der Ozeane

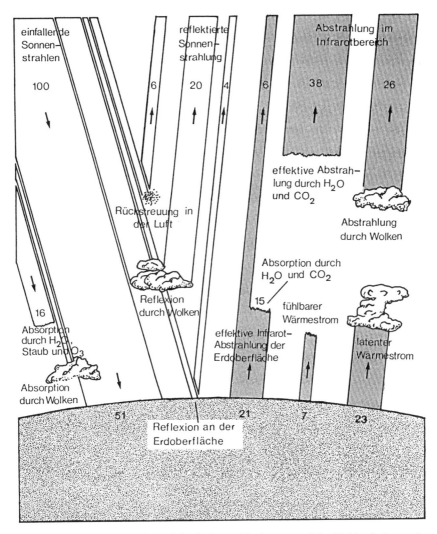

Bild 38 Energieumsatz an der Erdoberfläche und in der Atmosphäre (Zahlen in Prozent)

davon sind 9 % im UV-Bereich, 40 % im sichtbaren Bereich und 51 % im IR. Die Eindringtiefe der einzelnen spektralen Komponenten im Meer ist ebenfalls unterschiedlich (Bild 18). Selbst bei senkrechtem Sonnenstand gelangt nur noch (bei einem Maximum um 0,5 µm) im sichtbaren Bereich Lichtenergie bis 100 m Tiefe (Tabelle 4-1).

Absorption und Streuung in der Atmosphäre erfolgen selektiv. Die Adsorption durch Sauerstoff (O_2) und Ozon (O_3) eliminiert den UV-Anteil $\lambda < 0,3$ µm. Dank dieser Adsorption des UV ist organisches Leben auf der Erde erst möglich. Die Atmosphäre hat also die Eigenschaft, die Erde vor destruktiven Strahlen zu schützen und konstruktive durchzulassen (für die Photosynthese und Erwärmung).

Tabelle 4-1: Totale Einstrahlung (%) von Sonne und Himmel im Wellenbereich 0,3—2,5 µm für Ozeanwasser und Küstenwasser verschiedener Durchsichtigkeit (nach Jerlov 1968)

Tiefe m	Ozeanwasser			Küstenwasser				
	I	II	III	1	3	5	7	9
0	100	100	100	100	100	100	100	100
1	44,5	42,0	39,4	36,9	33,0	27,8	22,6	17,6
5	30,2	23,4	16,8	14,2	9,3	4,6	2,1	1,0
10	22,2	14,2	7,6	5,9	2,7	0,69	0,17	0,052
25	13,2	4,2	0,97	1,3	0,29	0,020		
50	5,3	0,70	0,041	0,022				
100	0,53	0,0228						
150	0,056	0,00080						

Die vorstehend gegebenen Zahlen dürfen nicht darüber hinwegtäuschen, daß eine vollständige quantitative Bestimmung der eindringenden Strahlung (in der Atmosphäre wie im Meer) bei der Vielzahl der Faktoren, die ihre Intensität bestimmen (Tageszeit, Jahreszeit, geographische Breite, atmosphärische Trübung) nur annähernd möglich ist und nur in Einzelfällen auf direkten Messungen beruht, d.h. sie sind meist sogenannte Hochrechnungen.

Der Prozentsatz der ins All reflektierten Strahlung (die Albedo des Planeten) könnte sich drastisch ändern, wenn das Klima wechselt oder wenn durch Vulkanausbrüche große Staubmengen in die Atmosphäre gelangen oder/und die Vegetationsflächen reduziert werden, — daß sie sich ausdehnen, ist bei einer wachsenden Weltbevölkerung unwahrscheinlich.

Einige Klimatologen nehmen an (das Phänomen wird kontrovers diskutiert), daß der globale, wenn auch nicht signifikante Temperaturanstieg von 0,4 °C zwischen 1900 und 1940 im Zusammenhang mit einer verstärkten Vulkanaktivität zwischen 1880 und 1910 steht. Im allgemeinen wird aber ein erstaunlich ausbalanciertes Energiegleichgewicht zwischen der Erde und der solaren Einstrahlung gehalten (im globalen Mittel beträgt die Oberflächentemperatur der Erde rund 13 °C).

Die gegenwärtige Albedo, gemittelt über die Erdkugel, erreicht etwa 240 W/m^2 min. Erdoberfläche und Atmosphäre verhalten sich näherungsweise wie ein Schwarzer Körper. Nach dem Stephan-Boltzmann-Gesetz ist der Strahlungsfluß eines idealen Strahlers proportional zur vierten Potenz seiner absoluten Temperatur. Eine Leistung von 240 W pro Quadratmeter entspricht danach genau dem, was ein Schwarzer Körper bei einer Temperatur von 255 K (−18 °C) abstrahlt. Das ist gerade die mittlere Temperatur der Atmosphäre in der Höhe von 5 000 m (etwa den durchschnittlichen Atmosphärenverhältnissen entsprechend). Die Bedeutung des Meeres in diesem System liegt darin, daß es eine wesentlich größere Pufferwirkung hat als die relativ schnell bewegliche Atmosphäre. In den letzten Jahren wird viel diskutiert, ob die deutlich meßbare Zunahme von CO_2 als Infrarot-Absorber zu einer globalen Erwärmung der Erdatmosphäre führt. Dazu muß man aber bedenken, daß zwischen dem CO_2-Gehalt der Luft und seiner Löslichkeit im Meerwasser eine Abhängigkeit besteht, und die Karbonatfällung (vgl. S. 26) durch höheren CO_2-Gehalt beschleunigt wird. Zum anderen sind alle Messungen und Berechnungen der globalen Temperatur mit einem Fehler behaftet, der vorerst noch größer ist als die jährlich zu beobachtenden Schwankungen. Mit welchen Fehlern die Messungen behaftet sein können, wird daraus deutlich, daß in den letzten Jahren die mittlere Albedo unseres Planeten um ca. 30 % dunkler berechnet wurde als früher angenommen, ebenso ist die Emissions-

4.2 Wasserhaushalt

temperatur bei 252 K um 2 bis 3 K wärmer, und der zur Aufrechterhaltung des derzeitigen Zustandes unseres Klimasystems notwendige Energietransport vom Äquator zu den Polen hin wurde in mittleren Breiten um ca. 30 bis 40 % höher gemessen als früher erzielte Berechnungen ergaben. Solche Unstimmigkeiten zu klären ist Aufgabe des „Joint Air Sea Interaction Project" (JASIN), an dem neben 14 Schiffen 3 Flugzeuge beteiligt sind.

4.2 Wasserhaushalt

Der gesamte Wasservorrat der Erde ist auf $1\,434 \times 10^6$ km^3 berechnet worden. Seine Verteilung auf die einzelnen Bereiche der Hydrosphäre gibt die Tabelle 4-2 wieder. Wäre der gesamte Wasservorrat der Erde als Wasser im Weltmeer, so läge der Meeresspiegel bei der gegenwärtigen Land-Meer-Verteilung 232 m höher. Das Meer hat nicht nur das größte Wasservolumen, sondern auch der Wasserumsatz (Verdunstung und Niederschlag) ist hier rund 4 mal größer als über der Landoberfläche (Bild 39).

Der Wasservorrat der Erde befindet sich in einem ständigen Kreislauf mit regional sehr unterschiedlichen Umlaufzeiten (Tabelle 4-2). Das Meerwasser gelangt durch Verdunstung und den Transport von Wassertröpfchen, die vom Wind aus den Brechern herausgerissen werden, in die Atmosphäre. Wärme- und Luftbewegungen sind die Transportkräfte für die Oberflächenströmungen im Meer und für den Wassertransport in der Atmosphäre. Es ist daher wichtig, nicht nur die Schubspannungskräfte an der Grenzfläche Wasser – Luft zu verstehen, sondern auch die Hauptcharakteristika des Windsystems. Die großräumige

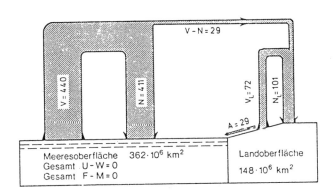

Bild 39
Jährlicher Wasserumsatz auf der Erde in 10^3 km^3
(aus *Dietrich et al.* 1975)

Tabelle 4-2: Wasservorrat und Wasserumsatz auf der Erde (nach Lvovitch 1971)

Teile der Hydrosphäre	Wasservolumen in 10^6 km^3	Wasserumlauf in Jahren
Weltmeer	1350	3000
Grundwasser	60	5000
Inlandeis und Gletscher	24	8600
Seen	0,23	10
Bodenfeuchtigkeit	0,082	1
Flüsse	0,0012	0,032
Atmosphäre	0,014	0,027
Gesamte Hydrosphäre	1434,327	2800

horizontale Temperatursituation in der Atmosphäre, als Folge des breitenabhängigen Strahlungshaushalts, verursacht Luftdruckdifferenzen. Diese halten eine großräumige Zirkulation der Luftmassen aufrecht, die von der Corioliskraft beeinflußt wird. Der Wärmeaustausch zwischen äquatorialen und polaren Regionen verläuft also nicht auf dem kürzesten Weg; er wird auch beeinflußt von der Verteilung von Meer und Land und dessen Relief. Das Endergebnis ist eine großräumige Luftdruckverteilung, die charakterisiert ist durch die flache Tiefdruckrinne in der Nähe des Äquators, die Hochdruckzellen in den Subtropen (die auch die Wüstengürtel auf den Kontinenten bedingen), eine Anzahl von Tiefdruckgebieten in den höheren Breiten und die Hochdruckzellen in den Polargebieten.

Diese Luftdruckverteilung verursacht großräumige Windgürtel, die besonders ausgeprägt über den Ozeanen anzutreffen sind. Tabelle 4-2 zeigt die Charakteristika der Windzonen und deren Anteil am Weltmeer.

Die extremste Ausprägung erfahren die Windsysteme in den tropischen Wirbelströmen (Bild 26). Sie sind in Ostasien als Taifune, im Südindischen Ozean als Mauritius-Orkane und in Westindien als Hurrikane bekannt und immer mit starken Regenfällen verbunden. Besonders zahlreich sind sie im Bereich der ostasiatischen Gewässer: durchschnittlich 21 pro Jahr. Die zyklonischen Wirbel haben zwar die höchsten Windgeschwindigkeiten, aber meist nur einen Durchmesser um 100 km oder weniger. Die Sturmzyklonen der höheren Breiten haben im allgemeinen einen etwa 10 mal größeren Durchmesser, aber ihre Windstärken bleiben zu etwa 20 % unter 8 bis 9 Beaufort (S. 49). Die wandernden Depressionen sind mit ihren großräumigen Zyklonen vor allem im jeweiligen Winter mit hohen Niederschlägen verbunden. Besonders niederschlagsreich sind auch die Monsune, die eine regelmäßige Richtungsumkehr zwischen Sommer und Winter aufweisen.

Der Niederschlag spielt im Wasserhaushalt des Weltmeeres eine große Rolle, er ist aber nicht direkt erfaßbar. Wesentlich genauer berechenbar ist die Verdunstung, wenn man den Wärmeumsatz kennt. Den Mittelwert bestimmte Lvovitch (1971) mit 124 cm Verdunstungshöhe/Jahr = 440 000 km^3/Jahr. Die synoptischen Aufnahmen der Wolkenfelder von Wettersatelliten bieten heute ein gutes zusätzliches Hilfsmittel zum Erkennen der Niederschlagsgürtel und damit auch der Niederschlagsmengen. Die Verteilung von Verdunstung, Wasserverfrachtung und Niederschlag ist in Bild 40 dargestellt. Sie ist das Ergebnis von drei wichtigen Phänomenen: 1. Ozean und Atmosphäre haben eine gemeinsame Grenzfläche, an der Bewegung, Wärme, Wasser, Salze und Gase ausgetauscht werden. 2. Wasser und Luft sind auf dem rotierenden Planeten Erde in turbulenter Bewegung, die durch die unterschiedliche Erwärmung aufrechterhalten wird. Ozean und Atmosphäre unterliegen denselben hydrodynamischen Gesetzmäßigkeiten. 3. Das Windsystem der Atmosphäre wird zwar primär durch die Sonnenenergie angetrieben, aber wesentlich durch die Zwischenschaltung des Meeres: Die Kondensationswärme des in den Tropen verdunstenden Ozeanwassers stellt den wichtigsten Antrieb der atmosphärischen Zirkulation dar. Für die Kondensationsvorgänge (Wolkenbildung und Regen) liefert das Meer zusätzliche Kondensationskerne durch Aerosol (hier: feinst versprühte Schwebeteilchen von Meerwasser).

4.2 Wasserhaushalt

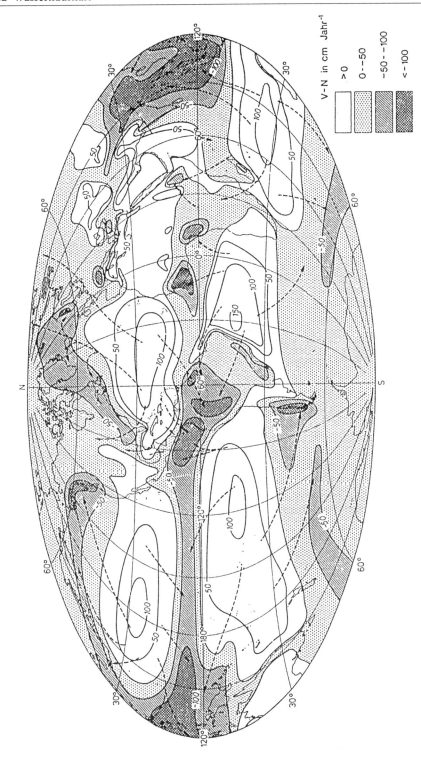

Bild 40 Verteilung der Differenz Verdunstung (V) – Niederschlag (N) an der Erdoberfläche sowie Hauptrichtungen der Wasserdampfverfrachtung in der Atmosphäre (Pfeile)
(aus *Dietrich et al.* 1975)

5 Ausgewählte Lebensräume

5.1 Gezeitenbereich der Felsküste

In diesem amphibischen Lebensraum innerhalb der großen marinen Ökosysteme (Bild 41) prallen Bewegung und Beharrungsstreben besonders hart aufeinander. Seit Milne-Edwards (1832) und Sars (1835) die ersten Darstellungen über diese Zone veröffentlichten, haben viele Biologen den Einfluß der physikalischen Faktoren als beherrschend für die Charakterisierung der Gezeitenküste angesehen. Die Abwägung biologischer und physikalischer Parameter in ihrer gegenseitigen Beeinflussung spielt auch heute noch eine große Rolle bei dem Versuch, ein möglichst allgemeingültiges Schema des Litorals herauszuarbeiten. Erschwert wird dies durch eine uneinheitliche Nomenklatur der vertikalen Gliederung des Benthals (Tabelle 5-1), die auf der unterschiedlichen Beurteilung einzelner Faktoren beruht.

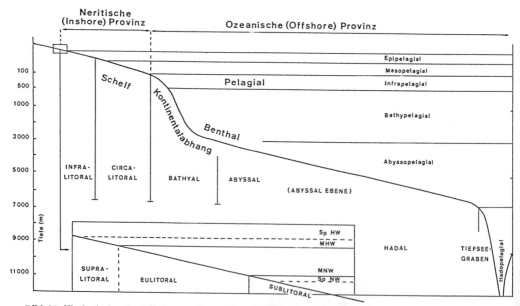

Bild 41 Ökologische Großgliederung des marinen Lebensraumes. Die Terminologie dafür ist nicht einheitlich. Infralitoral und Sublitoral (Bd. 1) werden synonym gebraucht. SpHW: Springhochwasser; MHW: mittleres Hochwasser, MNW: mittleres Niedrigwasser; SpNW: Springniedrigwasser (nach *Pérès* 1982, verändert)

5.1 Gezeitenbereich der Felsküste

Tabelle 5-1: Übersicht einiger Vorschläge zur vertikalen Gliederung des Benthals (aus Friedrich 1965)

Stephenson 1949	Giordani-Soika 1950	Yonge	Pérès 1957	Ercegović 1957	Pérès & Piccard 1958	
Supralittoral zone		Splash zone	Étage supralittoral	Étage holophotique	Étage supralittoral	Supralitoral
Supralittoral fringe	Zone intercotidale supérieure	Upper shore				Übergangszone
Midlittoral zone	Zone intercotidale moyenne	Middle shore	Étage mesolittoral	Étage talantophotique	Étage mediolittoral	Eulitoral
Infralittoral fringe	Zone intercotidale inférieure	Lower shore	Étage infralittoral	Étage mégaphotique / Étage métriophotique	Étage infralittoral	Übergangszone
Infralittoral zone						Sublitoral
			Étage circalittoral	Étage oligophotique	Étage circalittoral	Elitoral
			Étage bathylittoral	Étage méiophotique		Archibenthal
			Étage épibathyal	Étage amydrophotique	Étage bathyal	oberes / unteres Abyssal
			Étage mésobathyal			
			Étage infrabathyal	Étage aphotique	Étage infrabathyal	
			Étage hadal		Étage hadal	Hadal

Der Gezeitenbereich ist kein eigenständiges Ökosystem, sondern nur der äußerste Rand des Phytal, das Pérès (1982) dem restlichen ozeanischen Raum, dem Aphytal, gegenüberstellt. Abgesehen von der periodisch wechselnden Wasserbedeckung verändern sich die Lebensbedingungen von dem Spritzwasser-Gürtel bis ins Sublitoral nur graduell. Die Darstellung des Gezeitenbereichs im Rahmen unserer Übersicht hat rein praktische Gründe: er ist normalerweise wenigstens stundenweise direkt zugänglich und für den Biologen somit eine Art Freilandlaboratorium.

Sofern nicht größere Felswattflächen und Abrasionsterrassen ausgebildet sind, beträgt der horizontale Abstand zwischen Niedrig- und Hochwasserlinie im allgemeinen nur wenige Meter. Der Aspekt der Felsküste wird bestimmt durch den Typ der Gezeiten, durch die Art des Gesteins und seine Schichtung, durch die Neigung der wasser-exponierten Flächen, durch ihre Erosion mit häufiger Bildung einer Brandungshohlkehle und durch den Charakter der die Felsen besiedelnden Tier- und Pflanzengesellschaften. Ihnen bietet sich eine Fülle von Habitaten, oft von kleinstem Ausmaß, aber nirgendwo so dicht beieinander wie hier, sieht man von Korallenriffen ab. Entsprechend vielfältig sind hier die Organismengesellschaften.

Die Gezeiten haben zwar einen vorrangigen Einfluß auf die Litoralgemeinschaften (Bild 42), aber trotzdem ist die Verteilung der litoralen Arten nicht konstant an bestimmte Gezeitenzonen gebunden. Sie wird beeinflußt — von Ort zu Ort variierend — von der geographischen, klimatischen und geologischen Situation. Insbesondere wirken sich aus: Wellenbewegung, Temperaturgang, Feuchtigkeit, Austrocknung — die beiden letzteren vor allem durch die Lage der Küste zu Sonne und Wind bedingt —, schließlich die Zufuhr von Süßwasser und das Tag-Nacht-Verhältnis bei extremen Tiden.

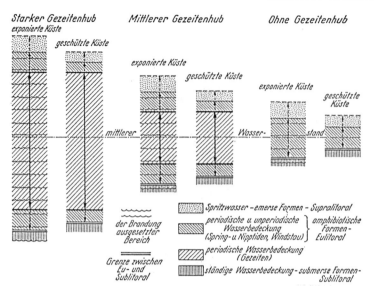

Bild 42 Ausdehnung und Differenzierung des Eulitorals (schematische Darstellung) (aus *Friedrich* 1965)

Die Organismengemeinschaften der Gezeitenküsten lassen auf primären Hartböden meist eine deutliche Zonierung erkennen, deren Grenzen fließend sind. Die wesentlichen Faktoren (Tabelle 5-2) haben einen vertikalen Gradienten, der in erster Linie von der Wasserbedeckung abhängig ist. Die Ausdehnung des Eulitorals wird bestimmt durch den an den jeweiligen Küsten herrschenden Gezeitenhub und durch die Exposition der Felsküste zum Seegang bzw. zu den Brandungswellen. Bild 42 zeigt dies für Küsten ohne Gezeitenhub bis zu solchen mit extremer Exposition und hohem Gezeitenhub.

5.1.1 Anpassung an die wechselnden Milieubedingungen

Die Organismen des Gezeitenbereichs haben sehr unterschiedliche Strategien entwickelt, um sich in ihm behaupten zu können. An stark exponierten Küsten ist der Strömungs- und Staudruck, der bis zu 2026 hPa/cm^2 (= 2 kg/cm^2) erreichen kann, ein wesentlicher Auslesefaktor. Er kann auf drei Wegen kompensiert werden:

a) Verminderung der Angriffsflächen durch geringe Körpergröße und/oder strömungsgünstige Form. So sind z. B. die *Littorina* spp. (Bd. I, S. 110) der Felsküste wesentlich kleinere Formen als die Strandschnecke *Littorina littorea*, die dort nur sporadisch vorkommt. Innerhalb von verwandten Gruppen haben die das Eulitoral besiedelnden Arten meist eine abgeflachte Gestalt (z. B.: *Patella* spp., *Chthamalus stellatus*, viele Schwammarten), und bieten so einen geringeren Wasserwiderstand. Flache Kolonien bildet auch *Botryllus schlosseri* (Tunicata). Im Gezeitenbereich wachsende Algen sind gegenüber denen des Sublitorals (Bild 43) oft relativ kleinwüchsig oder von flächiger Form, wie z. B. *Prasiola* (Bd. I, S. 16).

b) Fadenförmige, dünne und meist wenig starre Körper bzw. solche von weicher oder zäher Konsistenz, die dem Druck vorübergehend nachgeben können. Beispiele: fädige Algen wie *Chaetomorpha*, blattförmige Algen wie *Porphyra*, Hydrozoenstöcke sowie Seerosen (*Actinia equina*) und Seenelken (*Metridium senile*).

5.1 Gezeitenbereich der Felsküste

Tabelle 5-2: Faktoreneinwirkung im Litoralsystem (aus Friedrich 1965)

Wasserein-wirkung	Salzgehalt	Lichteinwirkung	Temperatur-schwankung	Turbulenzen und unperiodische Strömungen	Wasserstands-linien		
Spritzwasser	wechselnd durch Verdunstung u. Niederschläge in Abhängigkeit vom Wasserstand	maximal	maximal				Supralitoral
wechselnd durch Gezeiten und Windstau		stark wechselnd, abhängig von Wasserstand und Standort	größer als die des periodisch oder unperiodisch vorhandenen Wassers	stark	mittlerer Hoch-wasserstand	Litoralsystem	Eulitoral
	± konstant	Abnahme der Intensität und spektrale Veränderung	Amplitude und Frequenz der Schwankungen abnehmend	mäßig	mittlerer Nied-rigwasserstand		
ständig		durchschnitt-licher Kompensations-horizont				Bathyalsystem	Sublitoral
		Null	minimal	minimal			

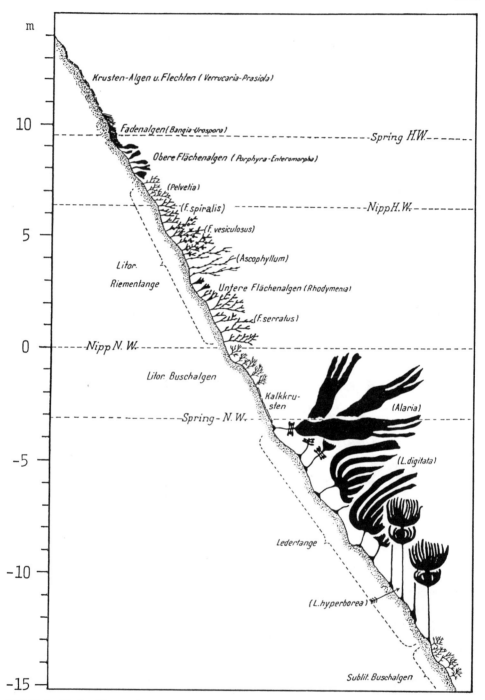

Bild 43 Profil der Algenzonierung an der Kanalküste im mittleren Exposition, aber extremen Tidenhub. Die Wuchshöhen sind gegenüber dem Maßstab des Schnittes überhöht, aber untereinander in der gleichen Relation gezeichnet. *Rhodymenia* jetzt teilweise zu *Palmaria* gehörig.
(nach *Nienburg* 1930, verändert).

5.1 Gezeitenbereich der Felsküste

c) Die dritte Möglichkeit besteht in einem besonders wirksamen Anheftungsapparat (Byssusfäden bei *Mytilus*, Saugnapfwirkung des Fußes bei vielen Schnecken bzw. Verkittung bei fixosessilen Formen mit dem Substrat: *Vermetus*) verbunden mit Schalenbildung oder Kalkeinlagerung: krustenförmige Kalkalgen (Corallinaceae), Käferschnecken und Schnecken mit robuster Schale (*Concholepas, Nucella*), Muscheln (Austern, Miesmuscheln). Besonders erfolgreich ist auch die Konstruktion zäher und derber Algenthalli, wie bei vielen Fucaceae und Laminariaceae. Dem entspricht im Tierreich die Ausbildung einer derben Tunica, wie der Gattung *Pyura* und anderer Tunicata.

Bewohner des Eu- und Sublitorals müssen eine hohe Toleranz gegen Temperaturerhöhungen und Austrocknung entwickeln oder ihnen durch „Auswahl" eines entsprechend günstigen Habitats entgehen. Schutz bietet vielen Tieren der Aufenthalt in bzw. unter Algenrasen oder in engen Spalten des Substrats, mehrere Arten leben endolithisch (Bd. I, S. 101). Toleranzgrenzen für Litoralbewohner sind in den Tabellen 5-3 und 5-4 zusammengestellt.

Tabelle 5-3: Temperaturtoleranz von Tieren aus dem Gezeitenbereich (gemessen bei Hälterung im Wasser) (nach Lewis 1976, verändert)

Species	Letalpunkt (L_D 50 %) in °C		Zeit in Stunden, um L_D 50 % zu erreichen bei Temperaturen (°C) von			
	(S'ward)	(Evans)	− 5	0	30	40
Chthamalus stellatus	52,5		72−100			29−30
Balanus perforatus	45,5		22			3−5
B. balanoides	44,3		120−190			$\frac{3}{4}$
Monodonta lineata	45,0	45,8	6−24	138−179		$3−6\frac{1}{4}$
Gibbula umbilicalis	41,8	42,1	16	30−79		$1−1\frac{1}{4}$
G. cineraria	35,5	36,2	2−3	12−30	$3\frac{3}{4}−5\frac{1}{4}$	
Thais lapillus		40,0		8		bis $\frac{1}{4}$
Littorina neritoides		46,3				14−15
L. littorea		46,0				$11\frac{1}{2}−12$
L. saxatilis		45,0				$9\frac{1}{2}−10$
Patella vulgata		42,8			10	$2\frac{3}{4}−3$
P. aspera		41,7			$8\frac{1}{2}−9$	$\frac{3}{4}−1$

Tabelle 5-4: Effekt der Austrocknung auf *Thais* und *Littorina* spp. nach 7 Tagen bei 18 °C (aus Lewis 1976)

Species	Wasserverlust in % des Ausgangsgew.	Durchschnittl. Wasserverlust pro Tag in %	Sterblichkeit in %
Thais lapillus	37,2	5,31	100
L. littorea	37,5	5,35	70
L. obtusata	56,5	8,35	80
L. saxatilis	39,7	5,60	8−17
L. neritoides	26,0	3,71	−

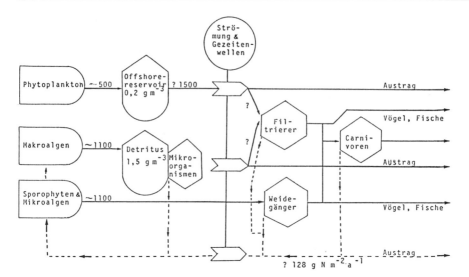

Bild 44 Kohlenstoff- und Stickstoff-Fluß (in einem hypothetischen Diagramm) an einer exponierten Felsküste nahe bei Kapstadt, Südafrika, aufgrund mehrjähriger Beobachtungen und Messungen
Symbole: Kreis = Energiequelle; Bullenkopf-Symbol = Primärproduzenten; Hexagon = Konsumenten; „Vogelhäuschen" = passive Energie- bzw. Materialhäufung; Pfeile markieren die Richtung des Energieflusses, ausgedrückt als g C/m^2 pro Jahr; festgelegter Bestand in g/m^3 (nach mehreren Autoren aus *Field* in *Kinne* 1983, verändert)

Gegen zu raschen Wasserverlust der Algenthalli wirken oberflächliche Schleimschichten oder die Ausbildung dochtförmigen Wuchses bei Fadenalgen. Der relative Wasserverlust ist bei massigen Thalli geringer als bei dünnblättrigen. Andererseits kommen bei letzteren Arten vor (z.B. die Angehörigen der Gattung *Porphyra*), die völlig lufttrocken werden und bei Befeuchten mit Seewasser ihre Photosynthesetätigkeit sofort wieder aufnehmen können.

An den mittel- und nordeuropäischen Küsten treten nach langen Frostperioden Schäden bei Fucaceen auf. Die Grünalge *Blidingia* und die Rotalge *Porphyra* ertragen Einfrieren in Eis, etwa als Folge der Gischtwirkung bei Frost. Dagegen wird *Enteromorpha compressa* hierdurch geschädigt, diese ephemere Art kann jedoch entsprechende Stellen rasch wieder besiedeln. Große Schäden entstehen an der Algenvegetation des Eulitorals mechanisch durch winterlichen Eisgang.

Exzessive Beleuchtung stellt für einige Tiere einen limitierenden Faktor dar, ebenso wie für viele Rhodophyceae.

Läßt man den Einfluß der Gezeiten außer Betracht, zeichnen sich zwei Besiedlungsformen der Felsküste deutlich ab, wenn man von den meist nur spärlich besiedelten Küsten mit Granitfels absieht: Eulitoralflächen mit überwiegenden Algengürteln und Eulitoralflächen, auf denen Seepocken (meist der Gattungen *Balanus* und *Chthamalus*) dominieren. Dazwischen gibt es alle Übergangsmuster. Die Unterschiede sind zwar durch den Grad der Wellenexposition mitbedingt, aber nicht ausschließlich davon abhängig. Allerdings bieten extrem exponierte Küsten nur wenigen Makrophyten Existenzchancen.

5.1 Gezeitenbereich der Felsküste   81

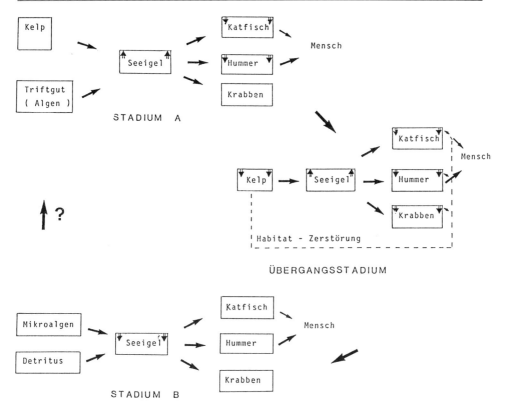

Bild 45 Diagramm des möglichen Strukturwandels einer Gezeitengesellschaft, wie er in der St. Margaret's Bay, Neu Schottland, über Jahre hin beobachtet wurde. Der Hauptenergiefluß verläuft vom Kelp über die Seeigel zum Hummer. Weitere Erläuterungen im Text (nach mehreren Autoren aus *Field* 1983).

5.1.2 Aspekte der Gezeitenküsten

Als Gezeitenküsten im biologischen Sinn können die betrachtet werden, bei denen die Höhe des durchschnittlichen Wellengangs von der Hubhöhe der Gezeiten übertroffen wird. Das ist in der Regel bei mehr als 50 cm Tidenunterschied der Fall. Alle europäischen Küsten (S. 58), mit Ausnahme der des Mittelmeeres und der Ostsee (S. 97), haben einen ausgeprägten Gezeitencharakter von halbtägigem Typ mit Fluthöhen bis zu 3 m, von einigen Extremlagen wie bei St.-Malo (S. 184) abgesehen.

Bei stark exponierter Lage werden höhere Bereiche des Eulitorals noch von jeder Welle überspült, wohingegen sie auf gleicher Höhe einer geschützten Küste nur noch von der Flut erreicht werden. Im ersteren Falle sind die einzelnen Gürtel nach oben hin breiter und auch die Pflanzen- und Tiergesellschaften sind unterschiedlich im Vergleich zu denen der geschützten Küste. Bild 46 und 47 zeigt dies für die Verhältnisse der englischen Küsten. Auffällig ist hier das Fehlen bzw. geringe Vorkommen von Fucaceae. Die an der geschützten Küste häufige Schnecke *Littorina saxatilis* wird an der exponierten durch die kleine *Littorina neritoides* ersetzt. Unter dem Braunalgengürtel ist der Besatz mit Seepocken meist spärlich, ihre Abundanz nimmt auf algenfreien Flächen zu, und an den exponierten

EXPONIERT   GESCHÜTZT

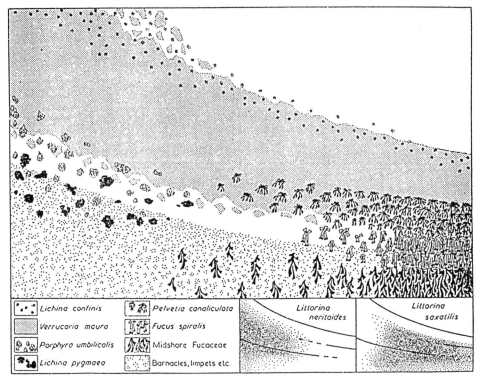

Bild 46 Aspekt der Artenverteilung zwischen exponierten und geschützten Küsten. Das Schema entspricht etwa der Situation an den Küsten Nordenglands. Der *Verrucaria*-Gürtel kann um das 2- bis 3fache größer sein als das Diagramm zeigt (aus *Lewis* 1964, verändert)

Küsten dominiert hier die Flechte *Verrucaria*, in anderen geographischen Regionen meistens die Sternseepocke *Chthamalus*. Generell läßt sich sagen, daß die Stabilität der Populationen bei den niedrig angesiedelten Muschelgesellschaften (vorzugsweise *Mytilus*) am geringsten ist und in den oberen Gürteln immer größer wird. Besonders stabil sind Zonen, in denen Makrophyten dominieren. Die Küste Helgolands und das Helgoländer Felswatt sind vor allem auf der Westseite stark exponiert. Die Gesellschaften des dortigen Benthals sind in Band I (S.74) beschrieben.

Starke Wellenexposition allein führt noch nicht zu einem einheitlichen Zonierungsmuster. Bild 48 zeigt die für nordeuropäische Küsten typischen Gesellschaften. Im einfachsten Falle finden wir das Eulitoral besetzt durch einen breiten Seepockengürtel und unterhalb von diesem Rhodophyceae mit *Himanthalia*. Von der Niedrigwasserlinie ab folgen *Alaria* und Laminarien. Dies ist typisch für steile, sonnige und damit schnelltrocknende Felsküsten mit Südexposition. Unter diesen Bedingungen ist es auch noch möglich, daß *Lichina* einen Teil des oberen *Balanus*-Gürtels verdrängt (Bild 48). Je stärker das Eulitoral im Schattenbereich bleibt (Nord-Exposition) und je kleiner der Hangwinkel wird, um so mehr entspricht das Zonierungsmuster den Typen Bild 49 C bis G. Je unregelmäßiger das Profil der Feldküste gestaltet ist, um so differenzierter werden die Besiedlungsmuster.

5.1 Gezeitenbereich der Felsküste 83

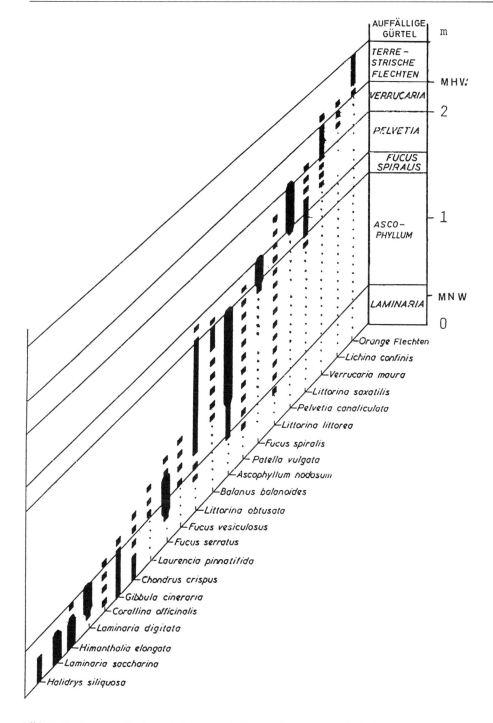

Bild 47 Zonierung (halbschematisch) einer mäßig exponierten Küste bei Clachan Sound (Schottland) (nach *Stephansen* 1975, verändert)

84   5 Ausgewählte Lebensräume

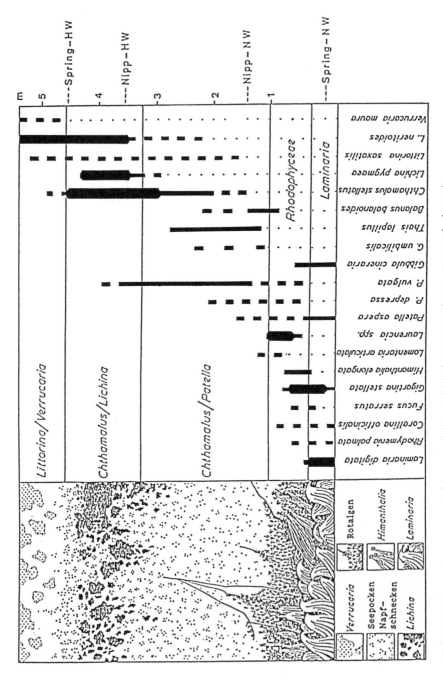

Bild 48 Muster der Zonierung von Pflanzen- und Tiergesellschaften an exponierten Küsten; *Rhodymenia palmata* heißt jetzt *Palmaria p.* (weitere Erläuterungen im Text, nach Lewis 1976)

5.1 Gezeitenbereich der Felsküste

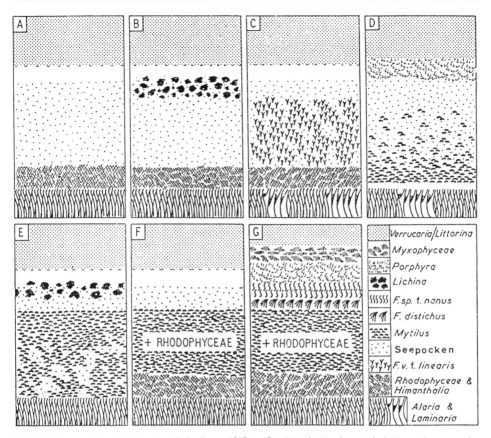

Bild 49 Muster eines Eulitorals mit breitem *Chthamalus*-Gürtel. Kartierung bei Hope Cove, an der Kanalküste
(aus *Lewis* 1964, verändert)

An geschützten Küsten, d.h. solchen, die durch ihre Lage in geschützten Buchten oder Fjorden liegen bzw. durch vorgelagerte Inseln nur wenig dem direkten Seegang und der Brandung ausgesetzt sind, ist ein dichter Algenbewuchs bis ins mittlere Eulitoral sehr auffällig (Bild 50). Ein üppiger Algenrasen ist gleichzeitig ein Habitat für viele Kleintierformen, dagegen können Muscheln (vor allem *Mytilus*) und Seepocken (Balanidae) dort kaum existieren.

5.1.3 Gezeitenlose Küsten

Es gibt keine völlig gezeitenlosen Küsten, aber solche, wie z.B. die des Mittelmeeres, der Ostsee, des Golfs von Mexiko und die karibische Küste von Kolumbien und Venezuela, bei denen der Tidenhub so gering ist, daß praktisch jede Welle den schmalen Streifen des Eulitorals ganz benetzt. Hier fehlt dann oft eine erkennbare Zonierung. Die Wellenexposition (stark exponiert oder geschützt) hat entscheidenden Einfluß auf die Besiedlung. Das

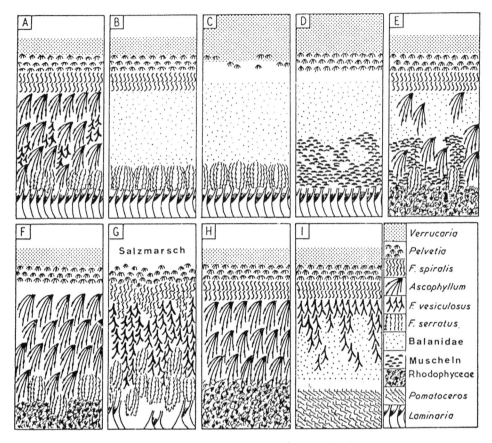

Bild 50 Zonierung der Algen und Tiergesellschaften an geschützten Küsten.
A.   „Standard"-typ mit Fucaceae.
B–E. Die Braunalgen sind durch Balaniden und *Mytilus* ersetzt, was charakteristisch für sehr abschüssige Felsflächen ist, besonders wenn sie im Schatten liegen.
F, H. Die Laminarien sind durch einen *Chondrus/Furcellaria*-Rasen ersetzt.
G.   Zerklüftete Zonierung auf Schiefergestein.
I.   Die Laminarien sind durch *Pomatoceros* ersetzt.
(Aus *Lewis* 1964, verändert)

wird bei den Algen besonders deutlich. Das Supralitoral, der Spritzwassergürtel, ähnelt dem der Gezeitenküste. Dominierend sind hier Flechten, auf denen die kleinen *Littorina*-Arten (z. B. *Littorina neritoides*) weiden und wo *Chthamalus stellatus* ihnen zum Raumkonkurrenten wird. Bild 51 zeigt das am Beispiel einer Hafenmauer, für die weitgehend die gleichen Substratbedingungen gelten. Eine sehr auffällige Erscheinung im Mittelmeer sind die „Trottoir" (dt.: Gehsteig) genannten Bildungen (Bild 52). Diese simsartigen Vorsprünge auf der Höhe des mittleren Wasserstands kommen weitgehend dadurch zustande, daß die Thalli von kalkabscheidenden Algen, besonders von *Lithophyllum*, durch den Wellenschlag zu einer Bank zusammengeschlossen werden, die sich als brettartiges Gebilde an die Wasseroberfläche vorschiebt.

5.1 Gezeitenbereich der Felsküste

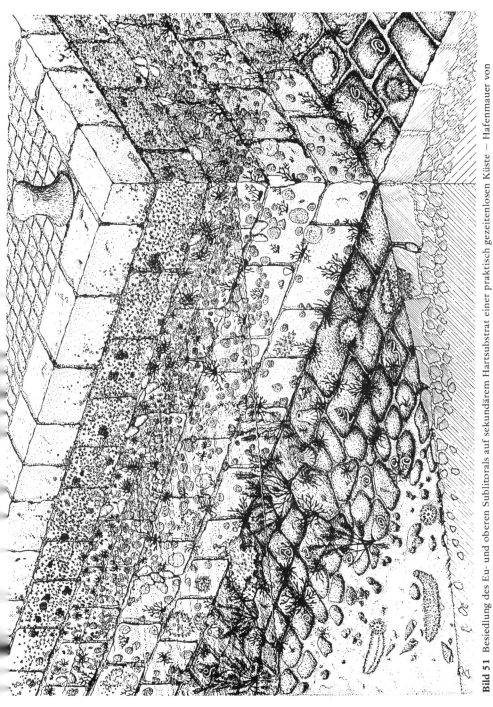

Bild 51 Besiedlung des Eu- und oberen Sublitorals auf sekundärem Hartsubstrat einer praktisch gezeitenlosen Küste – Hafenmauer von Argostolion, Kefallinia, Griechenland – (aus *Kilian & Strauß* 1980)

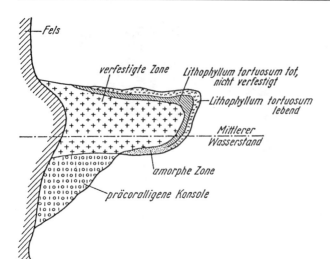

Bild 52
Schematischer Schnitt durch ein von Kalkalgen gebildetes „Trottoir"
(nach *Pérès & Picard*, aus *Friedrich* 1965)

5.1.4 Gezeitentümpel, Felstümpel

Die Gezeitentümpel (Syn.: Rock pool, frz.: Cuvette rocheuse) sind wie Schaufenster zum Meeresboden, in denen wir viel von dem vorfinden, was uns sonst unter Wasser für die direkte Beobachtung verborgen bleibt. Es sind Becken ohne oder mit geringem Abfluß im Felsgestein mit unterschiedlicher Tiefe und Ausdehnung. Form und Häufigkeit der Felstümpel werden, neben der in ihnen verminderten Dynamik der Wellen, von der Art des Gesteins bestimmt.

Im Gegensatz zu den übrigen Bereichen der Gezeitenküste sind die Bewohner der Gezeitentümpel ständig vom Wasser bedeckt, das durch jede Flut erneuert wird. Je länger die Felstümpel überflutet bleiben, um so mehr entsprechen ihre Pflanzen- und Tiergesellschaften denen des Infralitorals. Je höher sie im Eulitoral zu finden sind, um so stärker werden sie von den Bedingungen der Atmosphäre beeinflußt.

Im Kalkgestein sind Felstümpel besonders häufig zu finden. In ihnen, vor allem an den Küsten der Biscaya, gibt es auch solche, die dicht an dicht mit Steinseeigeln (*Paracentrotus lividus*) besetzt sind (Bild 53), halb sich einnagend in den Felsuntergrund, halb umwachsen von Kalkalgen, so daß sie in Höhlen sitzen, die mechanischen Schutz gewähren und in denen sich Nahrung ansammelt (Detritus und Faeces). Aber diese Seeigel verschmähen auch die Kalkalgenkrusten mit den häufig sie durchziehenden Bohrschwämmen nicht.

Im allgemeinen wird der Aspekt der Felstümpel von den Algen bestimmt, die hier, gegen den Wellenschlag besser geschützt als auf dem freien Fels, besonders üppig gedeihen. Sie sind jedoch nicht ganz von den Unbilden des außermeerischen Bereichs verschont. In der prallen Sonne werden sie um so stärker erwärmt, je höher die Felstümpel liegen. Im Winter kühlen sie stark aus, sie werden unter Umständen vom Eis überzogen. Die ersten Wellen der Überflutung bringen dann warme bzw. kalte Duschen. Die stärkere Verdunstung läßt den Salzgehalt ansteigen, und Regengüsse süßen die Tümpel aus, wenn ihr Wasservolumen gering ist. Photosynthese und Atmung verschieben den pH-Wert, nachts mehr zum sauren Bereich, tagsüber in den alkalischen. Trotzdem siedelt hier eine artenreiche, oft bunte Gesellschaft, was zunächst einmal wörtlich zu nehmen ist. Da ist z.B. die Braun-

5.1 Gezeitenbereich der Felsküste

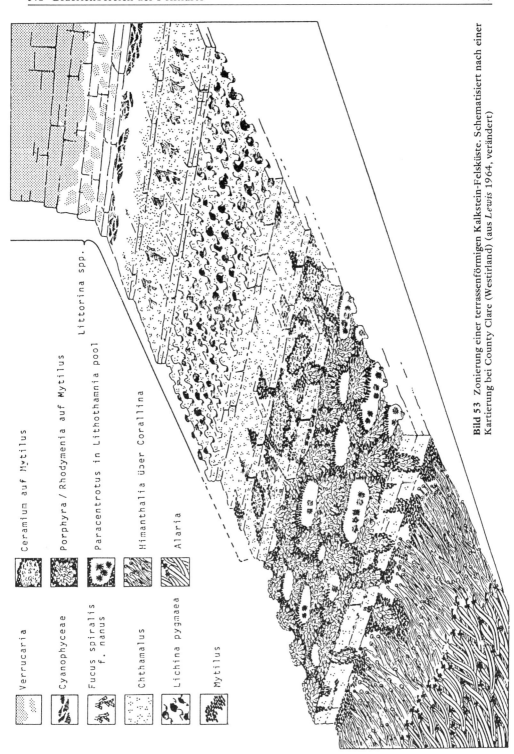

Bild 53 Zonierung einer terrassenförmigen Kalkstein-Felsküste. Schematisiert nach einer Kartierung bei County Clare (Westirland) (aus *Lewis* 1964, verändert)

alge *Cystoseira tamariscifolia* (westeuropäische Küsten, Mittelmeer) mit den ins türkisblau irisierenden Zweigenden und andere Arten. Da gibt es Seerosen und Schwämme in vielen Farben.

In den „Rock pools" und nahe an der Niedrigwasserlinie treten Algenarten auf, die normalerweise im Eulitoral nicht mehr gedeihen können. Zu nennen sind hier *Laminaria*- und *Cystoseira*-Arten. Nicht selten sind die Lichtverhältnisse in Felstümpeln ungünstig, weshalb schattenliebende Formen überwiegen. Hierzu zählen viele krustenförmig wachsende Corallinaceae und *Dictyopteris membranacea* (westeuropäische Küsten, Mittelmeer).

Häufig eintretende extreme Bedingungen führen zu einer Abnahme der Artdiversität in den „Pools", wie sie in Bild 54 für verschieden hoch gelegene Wannen ähnlicher Größe und Orientierung an der englischen Küste anhand der Rotalgen dargestellt ist. Auch kommt es öfter zum Absterben von Thalli, deren Platz dann zunächst von ephemeren Arten eingenommen wird, wie Angehörigen der Gattungen *Ulva* und *Enteromorpha*. Diese beiden Gattungen dominieren in Felstümpeln mit Süßwassereinfluß. *Ulva* und *Enteromorpha* ertragen nicht nur stark erniedrigte Salinität, sondern sind auch wie andere Besiedler des Eulitorals (*Chondrus, Fucus, Porphyra*) verhältnismäßig unempfindlich gegen höhere Temperaturen. So erhöht sich die Atmungsintensität bei den genannten Gattungen durch einen Temperaturanstieg von 10° auf 20 °C um weniger als 20 %.

In den Felstümpeln gibt es eine vielgestaltige Gesellschaft von Rotalgen und unter diesen besonders häufig die Kalkalgen *Lithophyllum*, *Lithothamnium* und *Phymatolithon*. *Corallina officinalis* steht büschelweise dazwischen, und in den höher gelegenen Tümpeln kommen verstärkt Grünalgen auf; auffällig ist besonders *Enteromorpha*. An den Rändern der „Rock pools" umzieht manchmal *Porphyra* als heller Ring das Gestein oberhalb des Wasserspiegels, wenn dieser bei starker Verdunstung abgesunken ist und die entquollenen Algen zurückgelassen hat.

„Rock pools" mit regelmäßig hohen Wassertemperaturen, wie sie in den Tropen und während der warmen Jahreszeit in subtropischen Gebieten vorkommen, werden von Cyanophyceae besiedelt.

Felstümpel an Küsten mit vorgelagertem sandigem Meeresboden können unter Umständen durch Sand vorübergehend zugeschüttet werden. Nur verhältnismäßig wenige Algenarten ertragen zeitweilige Sandbedeckung, so die an tropischen Küsten wachsende *Gracilaria sjoestedtii* und die im Mittelmeer vorkommende *Vidalia volubilis* (Rhodophyceae).

Zwischen benachbarten Felstümpeln, selbst auf gleichem Gezeitenniveau, können auffällige Unterschiede in der Besiedlung bestehen. Sie sind das Ergebnis eines gestörten Gleichgewichts (je kleiner ein Biotop, umso anfälliger sind Tier- und Algengesellschaften),

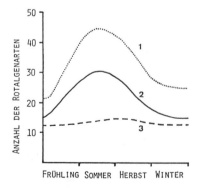

Bild 54
Jahresgänge von Rotalgen-Artendiversitäten in Rock pools ähnlicher Größe und Ausrichtung an der englischen Küste. Die Rock pools befinden sich an der Niedrigwasserlinie (1), im mittleren Eulitoral (2) und an der Hochwasserlinie (3)
(nach *Boney* 1966)

das oft zyklischen Charakter hat. Wenn die Schnecken ihre Weidegründe kahlgefressen haben, wandern sie aus, und die Algenkeimlinge können einen neuen Bewuchs hervorbringen, der im Laufe der Zeit wieder Schnecken anzieht. Fressen und Gefressenwerden beginnen von neuem. Beim Vergleich der Felstümpel untereinander ergibt sich meist ein kaleidoskopartiges Bild. Allen gemeinsam aber ist: Solange Süßwassereinfluß nicht überwiegt, werden sie von Schleimfischen (Blenniidae) bewohnt, von denen die meisten Arten ausgesprochenes Revierverhalten zeigen. Oft ist es immer nur eine Art in einem „Pool".

5.1.5 Emigranten und Immigranten im Litoral

Emigranten. Die Assel *Ligia oceanica* dringt im kühlgemäßigten Klima bis in das Supralitoral vor (I, S. 74, 113), sie ist nachtaktiv, muß aber von Zeit zu Zeit ihre Kiemen befeuchten. Das gilt auch für die tropische Art *L. exotica*, die aber auch prallen Sonnenschein verträgt. Am weitesten entfernen sich die Einsiedlerkrebse der Gattungen *Coenobita* und *Birgus* vom Wasser. *Birgus latrus*, der Palmendieb, benötigt das Meer nur noch für die Zeit seiner Larvalentwicklung. *Immigranten* vom Land her sind eine Reihe von Arten (bei Phyllopoden, Rotatorien, Oligochaeten, Hirudineen, Halacariden), die aber keine speziellen Anpassungen an das Felslitoral zeigen, sondern dort nur gelegentlich in den „Pools" vorkommen.

Bei den Insekten ist nur eine Gattung, *Halobates*, wirklich marin geworden. Diplopoden und Chilopoden, Coleopteren, Dipteren-Larven und Nematoden kommen mit einzelnen Arten im Gezeitenbereich von Felsküsten vor, wo sie unter Steinen und in Felsritzen Unterschlupf finden. Auch einige Spinnenarten sind Bewohner des Eulitorals geworden, vor allem in küstennahen Korallenriffen.

5.2 Ästuare

Flußmündungsgebiete, oft schlauch- oder trichterförmig gestaltet und sowohl Seewasser als auch Flußwasser ausgesetzt (Bild 55), werden als Ästuare bezeichnet.

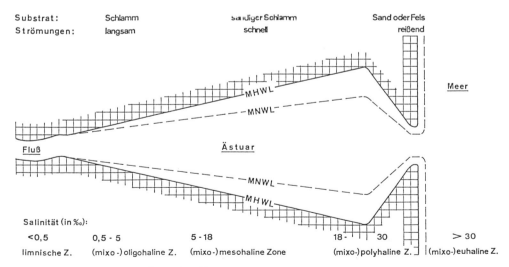

Bild 55 Schematische Darstellung eines Ästuars
(nach *Perkins* 1974, verändert)

Verglichen mit geologischen Zeiträumen sind Ästuare meist kurzlebige Übergangserscheinungen. Viele sind erst durch den Anstieg des Meeresspiegels nach der letzten Eiszeit durch das Ertrinken von Flußtälern entstanden. Auch tektonisch bedingte Landabsenkungen schaffen die Möglichkeit zur Ästuarbildung. Küstenparallele Sand- und Kiesbarrieren sowie Inselketten können zum Abgrenzen von Ästuaren führen und Buchten durch vorgelagerte Barrieren abgeschlossen werden; so entstehen Haffe.

Sedimentation führt zur Verlandung der Ästuare. Sie kann durch die Bildung einer seeseitigen Barriere als Folge von küstenparallelem Transport von Kies oder Sand beschleunigt werden. Eine hierdurch entstehende Lagune verwandelt sich rasch in einen Sumpf. Erosionsvorgänge beenden das Bestehen eines Ästuars, wenn dadurch Meeresströmungen so umgeleitet werden, daß der Süßwassereinfluß aufhört.

5.2.1 Salinitätsverhältnisse

Nur ausnahmsweise können Ästuare eine gegenüber dem Seewasser erhöhte Salinität aufweisen. Voraussetzungen hierfür sind eine starke Evaporation (Trockengebiete) und eine geringe Süßwasserzufuhr. Weist das zufließende Süßwasser Salze in vom Seewasser abweichender Zusammensetzung auf, wird die Salinität im Ästuar auch qualitativ verändert. In den meisten Ästuaren ist jedoch die Salinität gegenüber der des Seewassers vermindert, und nur diese Möglichkeit soll hier näher betrachtet werden.

Im Gegensatz zu einem Brackwassersee zeichnet sich ein Ästuar durch starke und kurzfristige Schwankungen der physikalischen und chemischen Parameter (besonders von Temperatur und Salinität) aus. Ursache hierfür sind hauptsächlich die Gezeiten.

In den meisten Ästuaren liegt ein zweischichtiges Transportsystem vor, bei dem in einer oberen Schicht Süßwasser oder schwach salzhaltiges Wasser mit hohem Sauerstoffgehalt meerwärts fließt, während darunter ein Keil sauerstoffärmeren Seewassers landwärts vordringt.

Die Salinitätsverteilung in einem Ästuar hängt von einer Vielzahl von Faktoren ab, von denen die Topographie, die Anteile von Süß- und Seewasser, die Corioliskraft, die Windverhältnisse sowie die Gezeitenunterschiede zu den wichtigsten zählen.

Wird die Vermischung von Süß- und Seewasser hauptsächlich durch die Gezeitenströmungen verursacht, kann sie so vollständig erfolgen, daß von der Mündung des Ästuars zum Inneren hin eine allmähliche Abnahme der Salinität zu beobachten ist und fast keine Unterschiede zwischen oberflächlichen und tieferen Wasserschichten zu beobachten sind (Bild 56:1). Im Gegensatz hierzu ist in einem Ästuar, dessen Strömungsverhältnisse hauptsächlich durch den Fluß bestimmt werden, der Grenzbereich zwischen dem in der Tiefe landwärts vordringenden Seewasser und dem oberflächlich abfließenden Süßwasser fast horizontal ausgebildet. Die Durchmischung beider Wasserkörper ist gering, und es kommt zur Ausbildung einer deutlichen Halokline (Bild 56:3). Häufig wird allerdings eine zwischen den beiden skizzierten Extremen liegende Situation anzutreffen sein, bei der durch Turbulenzen eine weitgehende Durchmischung des oberflächlichen Süßwassers mit dem in der Tiefe vorhandenen Seewasser erfolgt und keine scharf ausgeprägte Halokline auftritt (Bild 56:2).

In einigen Fällen können an der Grenzfläche zwischen Meer- und Flußwasser Plankton ölige Substanzen und andere Teilchen eine relativ stabile, filmartige Struktur bilden, die beide Wasserkörper trennt. An dieser Grenzfläche läuft eine Vielzahl von Reaktionen ab, die denen eines Zweiphasensystems ähneln. So wird organisch gebundenes Cadmium aus dem Flußwasser durch das Chlorid des Seewassers aus seiner organischen Matrix herausgelöst. Verunreinigungen wie Schwermetalle und Kohlenwasserstoffe reichern sich in der Grenzschicht an.

5.2 Ästuare

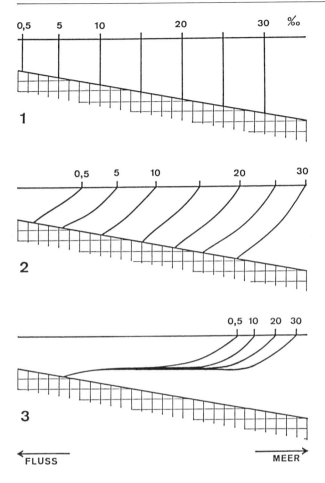

Bild 56
Salinitätsverhältnisse in Ästuaren:
1 bei intensiver Wasserdurchmischung unter dem Einfluß kräftiger Gezeitenströme,
2 bei partieller, durch Turbulenzen bedingter Durchmischung von salzhaltigem Wasser in der Tiefe mit salzarmem Oberflächenwasser,
3 bei überwiegend durch den Fluß geprägten Strömungsverhältnissen
(nach *Barnes* 1974)

5.2.2 Sedimentation

Obwohl gröbere Partikeln in der Regel bereits in den oberen und mittleren Teilen der Flüsse gelagert werden, gelangen kleinere (bis etwa 65 μm Durchmesser) auch in die Bereiche der Flußmündungen. Diese Schlammpartikeln flocken in einem Medium mit erhöhter Kationenkonzentration aus und verklumpen, wodurch es an der Berührungsstelle des Süßwassers mit stärker salzhaltigem zur Sedimentation kommt. Die Ausflockung kann durch Süßwasser wieder (teilweise) rückgängig gemacht werden, etwa während der Ebbezeit. Die Sedimentationsrate ist meist höher als der Substratverlust durch Erosion, wodurch ein schlammiger Untergrund entsteht. Durchschnittlich werden jährlich 2 mm Sedimentzuwachs angenommen.

Die Sedimentation ist jedoch nicht ausschließlich auf eine Partikelzufuhr durch Flüsse zurückzuführen. Bei einem großen Anteil von Seewasser können durch dieses beträchtliche Mengen aufgewirbelten Schlamms in Ästuare hineingeschwemmt und hier durch verminderte Wasserbewegung rasch abgelagert werden. Besonders schnell verlaufen Ablagerungsvorgänge in Seegraswiesen, Salzmarschen und Mangroven.

Durch die Sedimentationsvorgänge, bei denen es auch zu einer Ablagerung von Schadstoffen durch die Flüsse kommt, sind die meisten Ästuare durch schlickiges Substrat gekennzeichnet. Ablagerungen von Kies, Sand oder Molluskenschalen sind wesentlich seltener.

5.2.3 Ästuarbewohner und Produktivität

Die Primärproduktion des Planktons ist im Ästuarbereich meistens gering. Ursachen hierfür sind das in der Regel trübe Wasser und die wechselnden Salinitätsverhältnisse. Daher spielt die Einschwemmung organischer Substanz in Form von Detritus, der hier zusammen mit anorganischen Partikeln sedimentiert wird, eine erhebliche Rolle. Der Detritus kann durch Gezeitenströme herantransportiert oder auch im Ästuar selbst gebildet werden, besonders in Salzmarschen und Mangroven. Auch können aus Flüssen und Meer eingeschwemmte Organismen durch die Salinitätsänderung absterben und abgelagert werden.

Starke Salinitätsschwankungen, von denen das Substrat ausgenommen ist, und die erdgeschichtlich relative Kurzlebigkeit des Lebensraumes bedingen, daß es kaum Organismen gibt, die allein auf Ästuare beschränkt sind. Flora und Fauna bestehen vielmehr aus marinen und limnischen euryöken Arten. Geringe Artendiversität des Plankton und Benthos geht oft einher mit einem großen Individuenreichtum, was generell für Biotope mit extremen Umweltbedingungen gilt.

Verbreitete Vertreter des Phytobenthos sind Cyanophyceae (Blaualgen), Bacillariophyceae (Kieselalgen), Angehörige der Grünalgengattung *Ulothrix* und *Vaucheria*-Arten (Xanthophyceae). Daneben können Seegrasbestände und in den Tropen Mangroven auftreten. Diese Organismen tragen zur Stabilisierung des Substrats bei. Das Wasser über

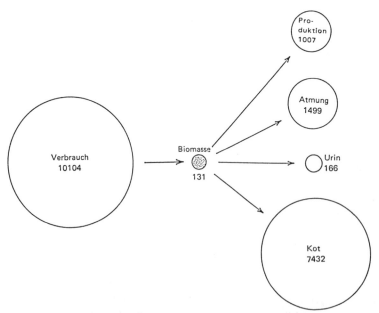

Bild 57 Energiefluß (in kJ/m² Jahr) in einer *Corophium volutator*-Population in einem Ästuar der englischen Küste
(nach *Mossmann* 1978)

5.2 Ästuare

dem schlammigen Ästuargrund ist reich an Bakterien; 300 000 Bakterien/cm^3 Wasser gelten als durchschnittlicher Wert. In oberen Substratschichten werden 170×10^6 bis 460×10^6 Bakterien/g gefunden.

Während die höher gelegenen Teile der Ästuare in den gemäßigten Zonen Salzmarschen aufweisen, finden sich in den Tropen auch hier Mangroven. In Ostasien bilden sich außerdem Sümpfe mit der Palmengattung *Nypa*.

Bei den tierischen Organismen ist zu unterscheiden zwischen solchen, die ständig im Ästuarraum leben (hauptsächlich Wirbellose), und solchen, die die Ästuare nur zeitweise, bei Hoch- oder Niedrigwasser, aufsuchen (Fische und Vögel). Von den ständigen Besiedlern der Ästuare sind besonders die Filtrierer und Detritusfresser am Stoff- und Energieumsatz beteiligt. Bild 57 zeigt den Energiefluß durch eine Population des Schlickkrebses *Corophium volutator* (Bild I: 42:3) im Themse-Ästuar.

Verbreitete Angehörige des Zoobenthos mitteleuropäischer Ästuare sind in Tabelle 5-5 zusammengestellt.

Tabelle 5-5: Häufige Vertreter des Zoobenthos mitteleuropäischer Ästuare

COELENTERATA	MOLLUSCA
Tubularia indivisa	*Hydrobia ulvae*
Obelia spp.	*Littorina* spp.
Diadumene spp.	*Retusa alba*
Cordylophora caspia	*Mytilus edulis*
Sagartia spp.	*Cardium* spp.
	Macoma balthica
	Scrobicularia plana
	Mya arenaria
NEMERTINI	
Lineus ruber	
Tetrastemma spp.	CRUSTACEA
	Balanus spp.
	Elminius modestus
	Praunus flexuosus
	Neomysis vulgaris (= *integer*)
	Cyathura carinata
	Eurydice pulchra
	Idotea chelipes (= *viridis*)
ANNELIDA	*Sphaeroma* spp.
Harmothoë spinifera	*Jaera* spp.
Nereis spp.	*Corophium* spp.
Nephthys hombergi	*Gammarus* spp.
Phyllodoce maculata	*Marinogammarus* spp.
Eteone longa	*Melita palmata*
Scoloplos armiger	*Hyale nilssoni*
Pygospio elegans	*Orchestia gammarella*
Heteromastus filiformis	*Bathyporeia pilosa*
Notamastus latericeus	*Palaemonetes varians*
Arenicola marina	*Crangon vulgaris*
Ampharete grubei	*Carcinus maenas*
Melinna palmata	INSECTA
Lanice conchilega	*Bledius spectabilis*
Manayunkia aestuarina	*Heterocerus flexuosus*
Clitellio arenarius	*Bembidion laterale*
Tubifex costatus	*Hydrophorus oceanus*
Peloscolex benedini	
	BRYOZOA
	Membranipora crustulenta

5.3 Die Ostsee

5.3.1 Geschichte

Das Gebiet der Ostsee ist während des Pleistozäns mehrfach von einem kontinentalen Eisschild bedeckt gewesen, wodurch die Form des Ostseebeckens allerdings nur unwesentlich beeinflußt worden ist. Die letzte Vereisung erfolgte in der Weichsel-(= Würm-)Eiszeit. Noch vor 14 000 Jahren war der Ostseeraum vollständig von Eismassen eingenommen, die sich in der Folge verhältnismäßig rasch zurückzogen. Südlich des Eises staute sich Süßwasser und bildete vor etwa 12 000 Jahren den Baltischen Eissee. Vor 9 000 Jahren war nur noch der nordöstlichste Teil des Bottnischen Meerbusens (Bottenwiek) vereist. Das Schmelzwasser floß nach Westen ab. Um das Jahr 8 100 v. Chr. kam es durch das weitere Abschmelzen des skandinavischen Inlandeises zu einem plötzlichen Wasserabfluß über Mittelschweden, wodurch der Wasserspiegel des Eissees um 26 bis 29 m fiel; gleichzeitig entstand eine Verbindung mit dem Weltmeer, durch die Salzwasser in den Ostseeraum eindringen konnte.

Der Wasseraustausch über die mittelschwedische Verbindung hatte einen raschen Anstieg der Salinität und eine Einwanderung von marinen, meist arktischen Faunenelementen zur Folge. Die Muschel *Portlandia* (früher *Yoldia*) *arctica* war ein typischer Vertreter dieses Yoldiameeres. Eine raschere isostatische Hebung des Festlandes als Folge des Eisabschmelzens, die schneller verlief als der eustatische Anstieg des Wasserspiegels des Weltmeers, verminderte die Salzwasserzufuhr wieder und unterbrach sie schließlich. Über ein Endstadium des Yoldiameeres, welches durch Sedimente der Kieselalge *Campylodiscus echeneis* gekennzeichnet war und daher als Echeneismeer bezeichnet wird, kam es erneut zur Ausbildung eines Süßwassersees, des Ancylussees mit der Süßwasserschnecke *Ancylus fluviatilis* als Leitfossil, der knapp 2 000 Jahre bestand.

Nachdem etwa 7 500 v. Chr. der Wasserspiegel der Weltmeere durch eustatischen Anstieg den Wasserspiegel des Ancylussees erreicht hatte, drang Salzwasser über die heutige Beltsee in den Süßwassersee ein, wodurch dessen Wasser brackig wurde. Leitart war zunächst die Schnecke *Littorina littorea* (Littorinameer). Sie verschwand weithin vor etwa 3 000 Jahren durch allmähliche Abnahme des Salzgehalts, und die Brackwasserschnecke *Lymnaea ovata* breitete sich aus (Lymnaeameer). Im Laufe der Zeit sind weitere Brackwasserarten aufgetreten, darunter die Sandklaffmuschel *Mya arenaria*, nach der man die heutige Ostsee auch als Myameer bezeichnen kann. Die Salinität der Ostsee ist nicht konstant. Seit Beginn des 20. Jahrhunderts ist ein langsamer Anstieg zu beobachten.

Die gegenwärtige Ostsee (Tab. 1-1) ist ein Schelfmeer, das einen begrenzten Wasseraustausch mit der Nordsee hat. Gezeiten machen sich kaum bemerkbar. Kurzfristige Wasserstandsschwankungen werden durch meteorologische Bedingungen verursacht, langfristige durch Landanhebungen und -senkungen sowie durch eustatische Veränderungen des Weltmeerspiegels. Die Landabsenkung beträgt im Gebiet der südwestlichen Ostsee derzeit 2 mm im Jahr, während die Hebung im nördlichen Teil des Bottnischen Meerbusens 9 mm im Jahr erreicht. Diese Vorgänge werden nicht mehr als Nachwirkung des Eisabschmelzens angesehen, sondern dürften die Folge unbekannter tektonischer Vorgänge sein.

Die tiefste Stelle der Ostsee wird mit 459 m im Landsorttief nördlich von Gotland erreicht, das Gotlandtief östlich von Gotland ist bis zu 245 m tief. Dagegen beträgt die durchschnittliche Tiefe der eigentlichen Ostsee 65 m, die des südlichen Bottnischen Meerbusens (Bottensee) 68 m und die des nördlichen Teils (Bottenwiek) 43 m. Die tiefste Stelle der Verbindung zwischen Nord- und Ostsee im Bereich der Beltsee erreicht dagegen nur 18 m.

5.3.2 Hydrographische Verhältnisse

Während die im Vergleich mit dem Weltmeer erhöhte Salinität des Mittelmeeres dadurch verursacht wird, daß mehr Wasser verdunstet als zugeführt wird, liegen die Verhältnisse in der Ostsee umgekehrt. Die Verdunstung entspricht der jährlichen Niederschlagssumme von 471 mm im langjährigen Mittel (das sind jeweils 183 km^3). Durch Flüsse gelangen im Jahr 479 km^3 Süßwasser in die Ostsee, wovon 189 km^3 in den Bottnischen Meerbusen und 126 km^3 in den Finnischen Meerbusen (hauptsächlich durch die Newa; 87 km^3) einströmen. Durch diese Süßwasserzufuhr ergibt sich ein Anstieg der Meeresoberfläche von Südwest nach Nordost, die zwischen dem Skagerrak und dem nördlichen Bottnischen Meerbusen 35 cm beträgt.

Der Wasserausstrom aus der Ostsee in die Nordsee erhöht sich noch um diejenige Wassermenge, die als salzreiche Unterschicht über die Meeresstraßen der Beltsee einströmt und jährlich 737 km^3 beträgt. In einer salzärmeren Oberschicht strömen daher entsprechend 1 216 km^3 aus.

Das Einströmen von Wasser aus dem Kattegat läßt sich durch dessen höheren Salzgehalt erklären. Bei gleichem Wasserstand im Kattegat und in der westlichen Ostsee herrscht durch die größere Dichte des salzigeren Wassers im Kattegat über der Schwellentiefe der Ostsee-Eingänge ein größerer hydrostatischer Druck als in der Ostsee. Durch dieses Druckgefälle und die Dichteunterschiede zwischen dem Kattegatwasser und dem weniger salzhaltigen Ostseewasser dringt schweres, salzreiches Wasser unter leichterem, salzarmem Wasser in die Ostsee ein.

5.3.3 Sauerstoffgehalt des Tiefenwassers

Das salzreiche Wasser breitet sich in der Ostsee am Boden aus, wobei im Grenzbereich zu dem darüber befindlichen salzärmeren Wasserkörper durch Turbulenzen ein gewisser Temperatur- und Salinitätsausgleich erfolgt. Andererseits kommt es nach einem Einströmen des stark salzhaltigen Wassers in die Ostseesenken zu einem Stagnieren und durch Temperatur- und Dichteunterschiede zu einer ausgesprochen stabilen Schichtung, die eine Durchmischung von Tiefenwasser mit dem Wasser oberer Schichten verhindert. Dies gilt für die flacheren Gebiete der Ostsee nicht.

Das Absinken organischer Substanz in größere Tiefen und die dort erfolgende Mineralisierung bewirken einen beträchtlichen Sauerstoffverbrauch. Kommt es durch eine mangelhafte oder fehlende Durchmischung des Tiefenwassers mit Oberflächenwasser nicht zu einem Sauerstoffnachschub, so sinkt der Sauerstoffgehalt in der Tiefe ab. In der Tiefe der Ostsee werden daher anoxische Verhältnisse mit H$_2$S-Bildung beobachtet, wenn das stärker salzhaltige Tiefenwasser über Jahre hinweg keine Durchmischung mit sauerstoffreichem Wasser erfährt, die nur bei Zufluß neuen Wassers aus der Nordsee erfolgen kann. Es muß betont werden, daß die Ansammlung sauerstofffreien Tiefenwassers in der Ostsee ein natürlicher Vorgang ist. Es ist nicht bekannt, inwieweit anthropogene Wasserverschmutzung diesen Vorgang verstärkt. Zunehmender Salzwasserzufluß in den letzten Jahrzehnten, begünstigt durch eine abnehmende Wasserführung der in die Ostsee mündenden Flüsse, fördert verstärkt die Bildung einer stabilen Wasserschichtung und damit die Entstehung anoxischer Wasserkörper in den Ostseetiefs (Bild 58 und 59).

5.3.4 Einfluß der Salinität auf die regionale Verbreitung von Organismen

Bei der Besiedlung der Ostsee durch Organismen spielt die gegenüber den Weltmeeren reduzierte Salinität als begrenzender Faktor eine große Rolle, die aber gleichzeitig auch eine Besiedlung durch Süßwasserformen verhindert. Eine einheitliche Besiedlung der gesamten

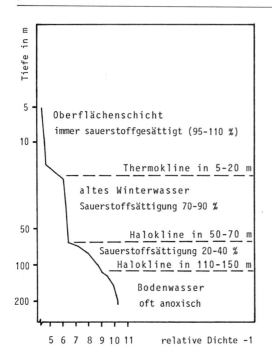

Bild 58
Wasserschichtung im Gotlandtief am 20.7.1963 unter Berücksichtigung der Sauerstoffgehalte
(nach *Grasshoff* und *Voipio* in *Voipio* 1981)

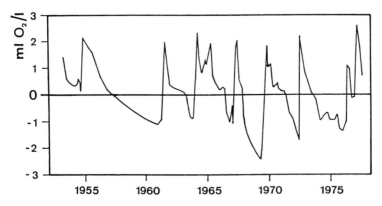

Bild 59 Änderungen des Sauerstoffgehaltes im bodennahen Wasser des Gotlandtiefs zwischen 1950 und 1977. Auftreten von H_2S ist durch negative O_2-Gehalte ausgedrückt
(nach *Fonselius* aus *Voipio* 1981)

Ostsee wird durch unterschiedliche Salzgehalte verhindert (Tabelle 5-6), die zwischen etwa 30 °/oo in der Beltsee und 3 °/oo im nördlichen Teil des Bottnischen Meerbusens betragen. Weiterhin ist die Dichtestratifikation ein bedeutender ökologischer Faktor. Durch die Überschichtung salzreicheren Wassers mit salzärmerem kommen Organismen, die an den Nordseeküsten im Eulitoral leben, in der Ostsee in größeren Tiefen vor (Brackwasser-

5.3 Die Ostsee

Tabelle 5-6: Beispiele für die Verbreitung mariner Organismen im Kattegatt und in der Ostsee

	Kattegatt	Beltsee bis Bornholmsee	Gotland-see	Bottnischer Meerbusen
Algen				
Dinophyceae				
Ceratium tripos	+	+		
C. macroceros	+	+		
C. arcticum	+			
C. hirundinella				+
Bacillariophyceae				
Chaetoceros borealis	+	+	+	+
Chlorophyceae				
Derbesia marina	+			
Codium fragile	+			
Bryopsis plumosa	+	+		
Monostroma grevillei	+	+	+	
Cladophora rupestris	+	+	+	+
Enteromorpha intestinalis	+	+	+	+
Phaeophyceae				
Ascophyllum nodosum	+	(+)		
Fucus spiralis	+	+		
Laminaria digitata	+	+		
L. saccharina	+	+	+	
Fucus serratus	+	+	+	
F. vesiculosus	+	+	+	+
Rhodophyceae				
Corallina officinalis	+	+		
Delesseria sanguinea	+	+	+	
Ahnfeltia plicata	+	+	+	?
Rhodomela confervoides	+	+	+	+
Polysiphonia nigrescens	+	+	+	+
Anzahl der Tierarten (nach Remane 1958)				
Foraminiferen	80	47	5 (?)	—
Hydroidpolypen	82	34	7	—
Flohkrebse	147	55	20	9
Knochenfische	120	69	41	20

Submergenz). Beispiele hierfür sind *Fucus serratus* und *F. vesiculosus* im Benthos, neben einer Reihe von Planktern.

Die Anzahl der typischen Brackwasserarten ist gering. Die Organismen der Ostsee sind hauptsächlich euryöke marine Arten, die je nach ihren ökologischen Ansprüchen mehr oder weniger weit in die Ostsee eindringen. Es ist daher verständlich, daß bei allen Organismengruppen eine Abnahme der Artenzahl parallel mit der Verminderung der Salinität zu beobachten ist.

Als Plankton-Brackwasserarten gelten die Blaualge *Anabaena baltica*, die Diatomeen *Thalassiosira baltica*, *Chaetoceros subtilis*, *C. wighami*, die Ciliaten *Tintinnopsis tubulosa brandti*, *Leptotintinnus bottnicus*, die Rotatorien *Synchaeta fennica*, *S. monopus*, *Kera-*

tella cruciformis eichwalos, K. quadrata platei, K. cochlearis recurvispina, die Copepoden *Eurytemora affinis, E. hirundoides, Acartia bifilosa* und die Cladocere *Bosmina coregoni maritima.* Unter den Bakterien gibt es eine größere Anzahl von Brackwasserarten, die vor allem in der mittleren Ostsee dominieren, während in den östlichen Teilen hauptsächlich halotolerante Süßwasserarten auftreten.

Im Vergleich zur Nordsee ist auch das Phytobenthos der Ostsee durch eine geringere Artendiversität gekennzeichnet. Neben der erniedrigten Salinität ist das beschränkte Vorkommen steinigen Untergrundes ein die Ausbreitung vieler Benthosalgen erschwerender Faktor. Die Anzahl der endemischen Arten ist gering. Bemerkenswert sind das Auftreten mehrerer *Chara*-Arten und die Tatsache, daß limnische Spermatophyten *(Potamogeton, Myriophyllum, Ranunculus, Zanichellia)* ins Brackwasser eindringen und an der finnischen Küste Bestandteile der Ostseebiozönosen darstellen. Von Westen die Ostsee besiedelnde Algen dringen je nach den Salinitätsansprüchen unterschiedlich weit vor. Sie treten bei verringerter Salinität oft in besonderen Modifikationen auf.

Die Tierwelt der Ostsee ist durch eine gegenüber der Nordsee verminderte Artendiversität und durch das Vorherrschen unscheinbarer Formen gekennzeichnet. Wichtigste Ursache hierfür ist der Brackwassercharakter der Ostsee. Die in der Ostsee vorkommenden Tiere umfassen holoeuryhaline, euryhaline marine, Brack- und Süßwasserarten. Holoeuryhaline Formen treten bei Salinitäten von 0 bis 35 $^0/_{00}$ auf und sind in der Regel mit Süßwasserarten nahe verwandt. Hierzu zählen Ciliaten, Rotatorien, Oligochaeten und Dipterenlarven. Daneben gibt es Formen mariner Herkunft wie die Crustaceen *Mysis oculata relicta* und *Gammarus duebeni.*

Die euryhalinen marinen Arten dringen von der Nordsee aus unterschiedlich weit in die Ostsee vor. Viele finden ihre Verbreitungsgrenze bei 18 $^0/_{00}$ Salzgehalt. Nicht unter 10 $^0/_{00}$ kommen die Strandschnecke *(Littorina littorea;* Bild I: 53:3), die Pfeffermuschel *(Scrobicularia plana)* und die Pferdeaktinie *(Actinia equina)* vor.

Fische der Ostsee im Salinitätsbereich zwischen 5 und 10 $^0/_{00}$ sind z. B.:

Aalmutter *(Zoarces)*
Butterfisch *(Centronotus)*
Groppen (Cottidae)
Grundeln (Gobiidae)
Sandaale *(Ammodytes)*
Schollen (Pleuronectidae)
Seenadeln (Syngnathidae)
Stint *(Osmerus eperlanus)*

und die wirtschaftlich bedeutenderen

Dorsch *(Gadus morrhua)*
Hering *(Clupea harengus)*
Sprott *(Sprottus sprattus).*

Limnische Arten besiedeln küstennahe sowie die nördlichen und östlichen Teile der Ostsee. Hierzu zählen Käfer, Larven von Libellen, Eintagsfliegen und Köcherfliegen, Wassermilben, Mollusken und Ciliaten. In der Regel kommen sie bei einer Salinität von über 3 $^0/_{00}$ nicht mehr vor. Barsche, Karpfen und Lachsartige ertragen bis 8 $^0/_{00}$, der Barsch *(Perca fluviatilis)* bis 10 $^0/_{00}$ und der Zander *(Lucioperca lucioperca)* bis 15 $^0/_{00}$.

Weitere Besiedler der Ostsee sind Brackwasserarten, von denen die meisten weit verbreitet und nur wenige in der Ostsee endemisch sind (Tabelle 5-7).

Bemerkenswert ist das Vorkommen einiger Tierarten, die als Eiszeitrelikte anzusehen sind und die ihre heutige Hauptverbreitung in Süß- oder Brackwasser der Arktis haben. So

5.3 Die Ostsee

Tabelle 5-7: Beispiele für Brackwassertiere der Ostsee
(nach Remane und Segeståle aus Magaard und Rheinheimer 1974)

Coelenteraten	Isopoden
Protohydra leuckarti	*Saduria (Mesidothea) entomon*
Pelmatohydra oligactis	*Sphaeroma rugicauda*
Cordylophora caspia	*Cyathura carinata*
Perigonimus megas	
	Amphipoden
Anneliden	*Gammarus zaddachi*
Manayunkia aestuarina	*G. salinus*
Polydora redekei	*Corophium lacustre*
Alcmaria romijni	*C. multisetosum*
Streblospio shrubsoli	*C. insidiosum*
	Pontoporeia affinis
Copepoden	*Leptocheirus pilosus*
Acartia tonsa	*Bathyporeia pilosa*
A. bifilosa	
Eurytemora affinis	Bryozoen
E. hirundoides	*Membranipora crustulenta*
Limnocalanus grimaldii	*Victorella pavida*
Cladoceren	Mollusken
Bosmina coregoni maritima	*Congeria cochleata*
	Hydrobia ventrosa
Decapoden	*Potamopyrgus jenkinsi*
Rithropanopeus harrisi	*Alderia modesta*
Palaemonetes varians	

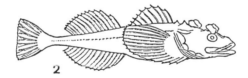

Bild 60
Eiszeitrelikte der Ostsee
1 Riesenassel (*Mesidothea entomon*, bis 7,5 cm lang)
2 Vierhörniger Seeskorpion (*Myoxocephalus quadricornis*, etwa 25 cm lang)
(nach *Stresemann, Möbius* und *Heinke* a. *Magaard* und *Rheinheimer* 1974)

kommen in den nördlichen und östlichen Teilen der Ostsee die Riesenassel (*Mesidotea entomon*; Bild 60), der Flohkrebs *Pontoporeia affinis* und der Ruderfußkrebs *Limnocalanus grimaldii-marcrurus* vor. Weiterhin zu nennen sind hier die Ringelrobbe (*Pusa hispida*) und der Seeskorpion *Myoxocephalus quadricornis* (Bild 60), die in der Arktis im Süß- und Seewasser auftreten.

Wahrscheinlich nach der letzten Eiszeit, zu Beginn der Littorina-Zeit, sind arktisch-boreale Faunenelemente in die Ostsee eingewandert, wie die Muscheln *Astarte borealis*, *A. elliptica, A. montagui* und *Macoma calcarea*.

5.4 Mangrove

Die Mangrove (Foto 2, 3) ist eine durch Baumarten ausgezeichnete Lebensgemeinschaft der Gezeitenzone tropischer Küsten (I, S. 28, 70—71). Die Bäume sind Halophyten, deren Wachstum häufig durch NaCl gefördert wird. Allgemein enthalten die Mangroven in ihrem Xylemsaft geringere Kochsalzmengen, als es der Konzentration des Seewassers entspricht. Durch Ultrafiltration gelangt nur ein geringer, aber bei den verschiedenen Arten unterschiedlich hoher Anteil des Salzes in die Wurzeln. Überschüssige Ionen können bei den Angehörigen der Gattungen *Avicennia, Laguncularia, Aegialitis* und *Aegiceras* durch Drüsen wieder ausgeschieden werden. Bei trockenem Wetter bilden sich deswegen auf den Blättern deutlich sichtbare, vor allem NaCl enthaltende Salzkristalle. Bei anderen Gattungen, denen absalzende Drüsen fehlen, wie z. B. *Rhizophora* und *Sonneratia*, ist der Prozeß der Ultrafiltration besonders ausgeprägt. Sie nehmen mit ihren Wurzeln nur etwa 1/10 der Salzmenge aus dem Bodenwasser auf, die etwa für *Avicennia* charakteristisch ist. Eine weitere Möglichkeit, die Salzkonzentration in den Pflanzengeweben niedrig zu halten, wird in der Zunahme der Blattsukkulenz bei steigendem Salzgehalt des Außenmediums gesehen. Sie wurde bei *Rhizophora* und *Sonneratia* beobachtet.

In der Regel zeichnet sich das Substrat, in dem die Bäume wurzeln, durch einen sehr geringen Sauerstoffgehalt aus. Durch besondere Atemwurzeln (Pneumatophoren), die sich über das Substrat erheben und bei Niedrigwasser trockenfallen, wird die Sauerstoffversorgung des Wurzelsystems sichergestellt.

Die Form der Pneumatophoren ist bei den einzelnen Gattungen unterschiedlich. *Bruguiera* bildet knieförmige Atemwurzeln aus, bei *Rhizophora* haben die Stelzwurzeln diese Funktion. Das Wurzelsystem von *Avicennia* und *Sonneratia* zeichnet sich durch sehr lange, in geringer Tiefe im Substrat horizontal verlaufende Wurzeln aus, von denen unterseits

Foto 2 Mangrove: *Rhizophora mangle*. Gezeitenküste bei Buenaventura, Kolumbien. Die Stelzwurzeln werden bei Flut vom Wasser bedeckt

5.4 Mangrove

kürzere, der Wasser- und Nährsalzaufnahme dienende, und oberseits die negativ geotrop wachsenden, stiftförmigen Atemwurzeln abgehen.

Während die im Substrat verlaufenden Teile des Wurzelsystems mit Ausnahme der Wurzelspitzen mit einem weitgehend gasundurchlässigen Phelloderm bedeckt sind, wird bei den Pneumatophoren durch Lenticellen der Gasaustausch während der Ebbe ermöglicht.

Die Besiedlung von Lebensräumen im Gezeitenbereich wird oft durch die Viviparie der Pflanzen erleichtert. Teilweise entwickeln sich die Keimlinge bereits auf der Mutterpflanze zu verhältnismäßig großen Jungpflanzen, die bei *Rhizophora*-Arten vor dem Abfallen 40 bis 60 cm lang werden können und überwiegend aus dem Hypokotyl bestehen. Durch ihr Gewicht können sie sich unter Umständen in weiches Substrat einbohren, oder sie werden in senkrechter Lage im Wasser schwimmend transportiert und irgendwo angeschwemmt. Sowohl in senkrechter Stellung als auch horizontal im Angespül liegend bilden sich sehr rasch Wurzeln aus, die die Jungpflanzen verankern.

In anderen Fällen bleibt der Keimling auf der Mutterpflanze verhältnismäßig klein und durchbricht die Fruchtwand bei günstiger Wasserversorgung rasch nach dem Abfallen der Frucht, wie es bei *Avicennia* der Fall ist. Bei Trockenheit können die Keimlinge dieser Gattung wenige Wochen auf dem Boden liegen, wobei die Fruchtwand rasch vergeht.

In der Mangrove herrscht eine gegenüber mangrovefreien Gebieten verminderte Wasserbewegung, wodurch es zu verstärkter Sedimentation kommt. Mangroven sind oft Orte der Verlandung, und sie bilden einen wirkungsvollen Schutz der Küste, die allerdings besonders leicht der Erosion anheimfällt, wenn die Mangrove zerstört wird. Das Holz und die gerbstoffreiche Rinde der Bäume werden genutzt.

Mangroven bieten zahlreichen Tieren Lebens- oder wenigstens Fluchtraum und Ruheplatz (Bild 61). Besonders groß ist die Artendiversität in den Mangroven der Ostküste Au-

Foto 3 Jungpflanze von *Rhizophora mangle*. Karibische Küste von Kolumbien

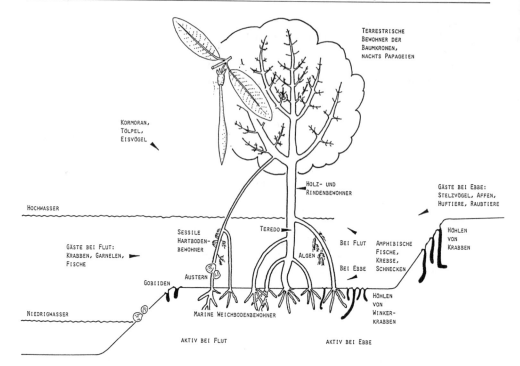

Bild 61 Vereinfachte Darstellung einer Mangrove-Biozönose (nach *Gerlach* 1958, verändert). Der Baum mit Stelzwurzeln und Keimlingsentwicklung auf der Mutterpflanze entspricht einer *Rhizophora*-Art

straliens, die meist vielfältige Beziehung zu den vorgelagerten Riffplatten haben. Die Aktivität der Mangrove-Bewohner unterliegt dem Rhythmus der Gezeiten und ist bei vielen Arten untereinander alternierend. Bestimmend für die Fauna der Mangrove ist das Angebot an Schlickböden (die oft von Blaualgen und manchmal von Seegräsern überwachsen sind) und Hartsubstrat (Bäume) in unmittelbarer Nachbarschaft. Auffällig sind vor allem Krebse und unter diesen die häufig großen Kolonien der Winkerkrabben (*Uca* spp.), deren Männchen mit einer vergrößerten Schere die Weibchen anlocken. Wie ein Überbleibsel aus der Urzeit wirkt der ansehnliche Molukkenkrebs *Tachypleus gigas* (ein Pfeilschwanzkrebs), der in den Mangroven des Indomalaiischen Archipels häufig ist. Viele Krebsarten graben Höhlen im meist weichen Substrat und fressen angeschwemmtes Material und auch Keimlinge der Mangrove-Bäume.

Die Schlammspringer sind kennzeichnende Bewohner der Schwemmlandmangrove. Ihre Bauchflossen haben sie zu zwei unabhängigen Hebelarmen umgebildet. Auffällig sind die großen Augen, mit denen diese amphibischen Fische ihre Beute ausmachen. Sie jagen sie kriechend und hüpfend (Schlammspringer!), unterbrochen von Zeiten der Ruhe, die sie in der grellen Sonne auf Wurzeln und Ästen der Mangrovebäume verbringen. Außer Kiemen haben Schlammspringer stark durchblutete Hautpapillen auf dem Rücken und an den Seiten, die ihnen Hautatmung außerhalb des Wassers ermöglichen. Schlammspringer bauen trichterförmige Nester, die von der Flutlinie bis in das Wasser des Sublitorals reichen. Von Ostafrika bis Polynesien ist der Mangroveschlammspringer *Periophthalmus koelreuteri* verbreitet.

Weiterhin genannt seien Krokodile, die in der Mangrove selten geworden sind, und Seeschlangen, von denen die im Indischen und Pazifischen Ozean vorkommende giftige *Pelamis platurus* inzwischen über den Panama-Kanal in die Karibische See eingewandert ist. Die Wurzeln und Stämme der Bäume bieten Ansatzstellen für Muscheln, sie können auch von Schnecken besiedelt sein.

Stellenweise findet sich eine charakteristische Algengesellschaft mit *Bostrychia*, *Catenella* und *Caloglossa* (Rhodophyceae) als wichtige Gattungen.

In feuchten Gebieten schließt sich an die Mangrove landseitig direkt die Landvegetation an, in Trockengebieten treten häufig zunächst extrem versalzte Flächen, teilweise auch Salzsümpfe auf.

5.5 Korallenriffe

Korallenriffe wachsen an flachen Stellen tropischer Meere (Bild 62). Sie erreichen ihre optimale Entwicklung bei Jahresmittel-Temperaturen von 26 bis 28 °C. Unterhalb von 20 °C für das Mittel des kältesten Monats tritt keine Riffbildung ein; sie fehlt daher in den Tropenregionen, wo kaltes Auftriebswasser oder kalte Meeresströmungen niedrige Temperaturen bedingen.

Für die normale Riffbildung sind symbiontische, photosynthetisch aktive Zooxanthellen (Dinophyceae: *Gymnodinium*, *Symbiodinium*) im Gewebe der Korallenpolypen unerläßlich (S. 116). Sie sterben bei Lichtmangel (Grenze: etwa 1 % des Oberflächenlichts), d.h. spätestens in etwa 80 bis 100 m Tiefe ab. Eine Ausnahme bildet die Koralle *Leptoseris fragilis* im Roten Meer, die bis 145 m Tiefe vorkommt und neben den endosymbiontischen auch noch endolithische Algen in den kalkigen Scheidewänden beherbergt. Reicht ein Riff bis in größere Tiefen, so ist dies auf ein Absinken des Meeresbodens oder einen Anstieg des Wasserspiegels zurückzuführen, wie er nach Eiszeiten einsetzte. Konnten Riffe in ihrem Wachstum dem Wasserspiegelanstieg nicht folgen, starben sie ab. Starke Sedimentation hemmt oder unterbindet die Entwicklung der Korallen. Als Ursache für die Entstehung einiger Riffe über der heutigen Strandlinie in der Karibischen und der Südsee wird neuerdings eine Geoid-Verformung angesehen. Solche Abweichungen von der idealen Erdgestalt, die zu einer Verzerrung der Höhenlinien der Weltmeere führen, verlagern sich langsam innerhalb geologischer Zeiträume. Rezente Korallenriffe bedecken eine Fläche von etwa 190×10^6 km². Sie stellen die größten von Organismen errichteten Bauten unserer Erde dar.

Es lassen sich verschiedene Rifformen (Bild 63) unterscheiden. Parallel zur Küste erstrecken sich die Saum- und Barriereriffe. Erstere entwickeln sich in Ufernähe und dringen mit dem Zuwachs von Korallen meerwärts vor. Landseitig sterben diese durch die Verschlechterung ihrer Lebensbedingungen ab, und das Riff erodiert hier. Es entsteht die (Riff-) Lagune, die so tief werden kann, daß sie schiffbar wird. Damit hat sich vor ihr ein Barriere-Riff gebildet. Besonders tiefe Rifflagunen kommen an absinkenden Küsten vor. Untiefen geben Anlaß zur Bildung von Krustenriffen. Typisch für den Indo-Pazifischen Ozean sind die Atolle (Bild 63 und 64), die, wie Darwin schon darstellte, sich auf den Flanken von unterseeischen Vulkankegeln erheben. In vielen Fällen ist der Krater im Zentrum des Atolls nicht mehr zu erkennen, was auf das Absinken des Vulkans nach dessen Erlöschen zurückgeführt wird.

Riffe weisen eine charakteristische Zonierung auf, wobei die unterschiedliche Exposition gegenüber der Brandung zu einer horizontalen und die sich mit der Tiefe ändernden Lichtverhältnisse zu einer vertikalen Gliederung führen. Die verschiedenen Teile des Riffs weisen charakteristische Arten auf. Das Riffgerüst besteht hauptsächlich aus den Kalkskeletten hermatypischer Korallen. Zwischen den Skeletten freibleibende Räume können

106 5 Ausgewählte Lebensräume

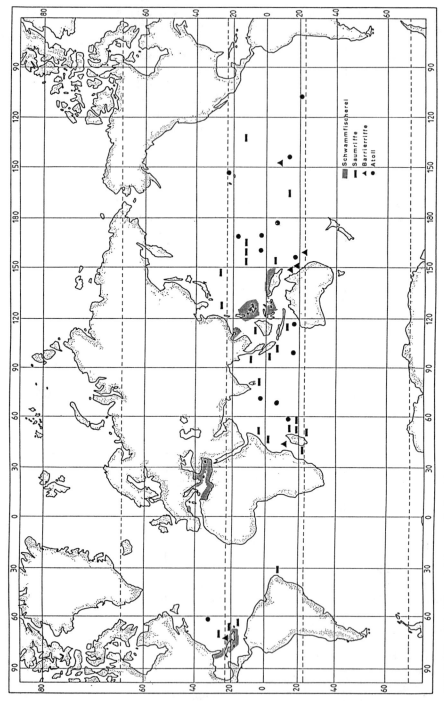

Bild 62 Korallenriffe und Schwammfischerei im Weltmeer

5.5 Korallenriffe

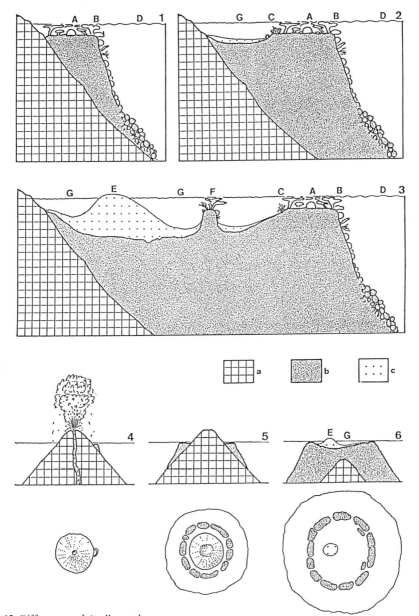

Bild 63 Rifftypen und Atollentstehung
1 Junges Saumriff, 2 Älteres Saumriff mit kleiner Lagune, 3 Barriereriff, 4 Junger, aktiver Vulkan mit kleinem Riff, 5 Erloschener Vulkan mit Saumriff, 6 Atoll mit abgesunkenem Vulkan im Untergrund (4–6 jeweils in Aufriß und Grundriß)
A Riffplatte (Riffdach), B äußere Riffkante, C innere Riffkante, D Außenabhang des Riffes mit Korallentrümmern, E Insel (Düne), F Korallenkopf, G Lagune; a Fels (vulkanisches Gestein), b Korallenkalk (abgestorbene Korallen), c Sand

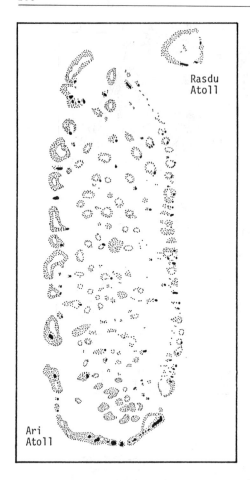

Bild 64
Rasdu- und Ari-Atoll
(n. *Eibl-Eibesfeldt* 1964)

durch andere kalkabscheidende Organismen ausgefüllt werden; unter der Voraussetzung ausreichender Lichtverhältnisse sind kalkinkrustierte Algen, besonders Corallinaceae, von großer Bedeutung. Darüber hinaus werden Lücken im Riff von Sedimenten, die hauptsächlich durch Rifforganismen entstehen und überwiegend Kalkteile darstellen, geschlossen. Hierbei kann ein großer Teil des Sediments aus dem Kot von Papageienfischen stammen oder aus abgestorbenen Thallusgliedern von *Halimeda*-Arten bestehen (*Halimeda*-Sand), die im ruhigen Wasser der Lagune häufig sind. Weitere hier vorkommende kalkinkrustierte Chlorophyceae sind *Udotea*, *Penicillus* und *Rhipocephalus*. Von den verkalkten Rhodophyceae seien *Galaxaura* und die Corallinaceae erwähnt.

5.5.1 Riffbewohner

Die meisten Riffe werden von Korallen aufgebaut, die mit wenigen Ausnahmen Hartsubstrate besiedeln. Die verschiedenen Arten bilden von biotischen und abiotischen Parametern beeinflußte Gemeinschaften, deren Bodenbedeckung zwischen 10 und 90 % schwankt. Das üppigste Korallenwachstum ist an dem seeseitigen Riffrand zu beobachten, wo kräftige Strömungen auftreten, die günstige Ernährungsbedingungen für die Korallen als Filtrierer schaffen.

5.5 Korallenriffe

Die heutigen Riffgesellschaften haben sich etwa seit dem Jura herausgebildet, während in der Trias (vor 180 bis 225 Millionen Jahren) die Riffkorallen des Paläozoikums, die stark mit Kalk- und Glasschwämmen sowie Moostierchen vergesellschaftet waren, ausgestorben sind.

Die rezenten Riffe sind weitgehend von Steinkorallen (Madreporaria) aufgebaut, deren mehr als 2500 Arten meist stockbildende, selten solitäre Formen (Fungia) zu den Hexacorallia gehören. Ihr Fußscheiben-Ectoderm scheidet ein äußeres Skelett aus $CaCO_3$ (98 bis 99,7 %), als faseriger Aragonit kristallisiert, ab. Die Polypen der meisten stockbildenden Arten sind klein (1 bis 30 mm Durchmesser) und verschmelzen nicht miteinander, im Gegensatz zu denen der Mäanderkorallen (s. Foto 4,6), bei denen die verschmolzenen Polypen eine extreme Ausdehnung erreichen können. Neben der besonderen Wuchsform der betreffenden Art sind auch äußere Umstände an der Gestaltung der Korallenkolonien beteiligt. Grundsätzlich unterscheidet man: 1. krustenförmigen Wuchs, 2. Wachstum in waagerecht oder senkrecht gestellten Platten, 3. eiförmige oder halbkugelige Brocken und Pilzform, 4. baum- oder strauchförmige Kolonien. Entsprechend der Ausdehnung von Korallenriffen tritt die größte Artenvielfalt im indo-pazifischen Raum auf, während im tropischen Atlantik (Karibische See) nur etwa 40 Arten vorkommen. In beiden Regionen sind weithin die Vertreter der Gattung *Acropora* dominierend (Foto 5). Ihre Einzelpolypen haben einen Durchmesser von nur 1 bis 3 mm, die Kolonien nehmen jedoch mehrere Quadratmeter Fläche ein.

Die Korallen in den flachen Wasserschichten mit betont dreidimensionalen Wuchsformen sind als „Lichtfallen" (S. 110) ausgebildet, die auch das photosynthetisch wirksame Streulicht über die Unterseiten aufnehmen können. Im tiefen Wasser herrschen Arten mit flacher Wuchsform vor, um das wenige noch vorhandene Licht optimal auszunutzen (Foto 6).

Im Gegensatz zur Feuerkoralle (*Millepora alcicornis*, Hydrozoa, Bd. I. S. 147) nesseln die Steinkorallen weder Menschen noch Fische oder größere Wirbeltiere. So bleibt ihnen bei Gefahr lediglich das völlige Zurückziehen in die Kalkkelche übrig, wodurch die oft

Foto 4
Colpophyllia amaranthus (Müller). Gehirnkoralle, bei Santa Marta (Kolumbien) in 12 m Tiefe aufgenommen (Dr. *H. Erhardt*)

Foto 5 *Acropora cervicornis* (Lamarck), Geweihkoralle (im Vordergrund), und *Acropora palmata* (Lamarck), mit abgeflachten Ästen wachsende Koralle (in der Bildmitte). Korallenriff, Karibische See.

Foto 6
Meandrina meandrites (L.). Flach ausgebreitet wachsende Koralle (Lichtfalle!) aus tieferem Wasser. Bei Santa Marta (Kolumbien) in 12 m Tiefe aufgenommen (Dr. *H. Erhardt*)

bunten Polypen (leuchtend rot, grün oder blau, vorherrschend aber sind bräunliche und olivfarbene Töne) einen schnellen Farbwechsel der Korallenstöcke hervorrufen.

Auffällige Erscheinungen an den Korallenriffen, wenn auch mengenmäßig nicht sehr bedeutend und nicht riffbildend, sind die im Wasserstrom sich biegenden Fächerkorallen (*Gorgonaria*, Octocorallia), zu denen z.B. die im karibischen Raum verbreitete *Rhipidogorgia flabellum* gehört.

5.5 Korallenriffe

Korallenpolypen können sehr alt werden, 20–40 Jahre und mehr sind keine Besonderheit. Im Durchschnitt beträgt das Höhenwachstum eines Riffs 0,5–2,8 cm/Jahr. Verzweigte Korallen vergrößern die Reichweite ihrer Äste (heute mit radiometrischen Methoden gut verfolgbar) bis zu 95 % (Bild 65), Blöcke ihren Durchmesser bis 10 % im Jahr. Für 50 m Riffhöhe werden etwa 1 800 Jahre Bauzeit benötigt. Das größte Barriereriff, vor der Nordostküste Australiens, ist rund 2 400 km lang und 80–100 km breit. Das Barriereriff von Belize, das größte zusammenhängende Riff im karibischen Raum, hat eine Länge von etwa 250 km bei 10 bis 32 km Breite.

Korallenriffe weisen eine artenreiche Infauna auf, durch die die Kalkstrukturen des Riffs teilweise (bis zu 60 %) wieder zerstört werden. Viele Arten sind eng an das Zusammenleben mit Korallen angepaßt und können Modifikationen im Skelettbau der Korallen hervorrufen.

Innerhalb des Korallenriffs gibt es eine eigene Planktonfauna, die einen ausgesprochenen Tag-Nacht-Rhythmus (nachtaktiv!) hat. Sie ernähren sich vom Nanno-(= Phyto-)plankton, das eingespült wird.

In den meisten Riffen stellen die Schwämme den zweitgrößten Anteil der Biomasse. Rund 90 % von ihnen beherbergen endosymbiontische Cyanophyceen. Sie haben eine etwa 3-fach größere O_2-Produktion als die Schwämme durch Atmung verbrauchen.

Ein Teil der Cyanophyceen fällt durch intrazellulare Verdauung in den Schwämmen diesen zum Opfer, die ihre Nahrungsbasis gegenüber dem Eintrag aus dem Habitatwasser so um ein Mehrfaches erhöhen können.

Bohrschwämme befallen nur die toten Korallenstöcke etwa ab 30 m Tiefe, wie Hartmann & Goreau an den Riffen Jamaicas zeigen konnten. Ihr Anteil an der Rifferosion ist erheblich und wird deutlich erkennbar durch die Ablagerung der charakteristischen Feinpartikeln am unteren Hang und Fuß des Riffs. Anderseits sorgen die Bohrschwämme für eine bessere Drainage in der Riffwand und fördern so eine Neubesiedlung.

Ein obligater Symbiont einiger Steinkorallen (z.B. bei *Pocillopora* sp.) ist der Krebs *Trapezia ferruginea* (Brachyura). Es gibt eine positive Relation zwischen der Größe der Krebspopulation und dem Wachstum der *Pocillopora*, von deren Schleim die Krebse fressen.

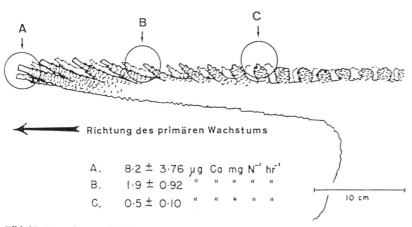

Bild 65 Zuwachsraten bei *Acropora* spec.

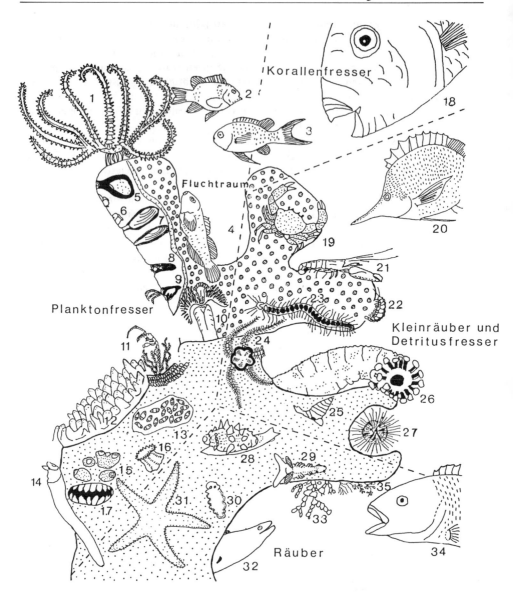

Bild 66 Übersichtsbild über die wichtigsten Vertreter der Makrofauna auf lebenden und toten Korallenstöcken im Archipel der Malediven
(nach *Gerlach* 1960)

Neben der vorgenannten Krabbe hat *Pocillopora damicornis* eine Infauna von insgesamt 16 Arten (u.a. 2 Fische, 1 Garnele), zwischen denen ein gut untersuchtes System von Kommunikation und Koexistenz besteht, wie es für viele Korallenbiozönosen typisch ist.

Wichtige Glieder des Ökosystems Korallenriff (Bild 66) sind auch Seeigel, von denen die langstacheligen Vertreter der Gattung *Diadema* in allen tropischen Meeren vorkommen. Hauptsächlich weiden diese Arten auf Algen, teils sind sie auch fakultative Fleisch-

5.5 Korallenriffe

fresser (Carnivoren). Eine starke Vermehrung von *Diadema* kann zu einem weitgehenden Verschwinden unverkalkter Algen führen. Krustenförmige Corallinaceae (Kalkalgen) werden oberflächlich von Seeigeln angenagt. Unter ungünstigen Verhältnissen (Massenentwicklung von Seeigeln) werden die Kalkstrukturen von Riffen rascher zerstört als der Neubildung entspricht. Auch die Seegraswiesen in der Lagune leiden erheblich unter dem Seeigelfraß.

Der Dornenkronen-Seestern (*Acanthaster planci*, bis 50 cm groß, 11 bis 17 Arme), dessen Massenvermehrung man erstmals 1963 im Roten Meer feststellte, verursacht teils katastrophale Schäden an Korallenriffen. Ein Tier kann pro Tag die Polypen von 400 bis 900 cm^2 Korallenfläche verzehren, und gelegentlich sind Populationsdichten von bis zu 14 000 dieser Seesterne pro km^2 beobachtet worden. Bei der Marianen-Insel Guam sind 90 % eines 30 km langen Riffs zerstört, und mehr als 200 km Länge vom großen Barriereriff erlitten starke Schäden. *Acanthaster* frißt nicht wahllos alle Polypenarten, sondern scheint seltenere zu bevorzugen, wodurch eine negative Wirkung auf die Artendiversität eintritt. Tote Riffbezirke der Brandungszone werden schnell erodiert und verlieren auch ihre Schutzwirkung für die dahinter liegenden Küstenabschnitte. Die Ursachen für die Massenvermehrung von *Acanthaster planci* sind noch unbekannt; man hat dafür u.a. Meeresverschmutzung (die allerdings in den Hauptschadgebieten kaum vorkommt), Auswirkungen des Tourismus und das starke Absammeln der als Souvenir begehrten Tritonshörner, eines Freßfeindes von *Acanthaster*, verantwortlich gemacht.

Massenvermehrungen von *Acanthaster planci* treten nach Bohrproben in Korallenriffen periodisch auf und sind keineswegs abnorm. Die Massenvermehrung der 60er Jahre ist inzwischen abgeklungen.

Das Korallensterben, wie es im Pazifischen Ozean an Riffen von Panamá, bei den Galápagos-Inseln, vor der Küste Kolumbiens und im Bereich von Französisch-Polynesien in den letzten Jahren beobachtet wurde, scheint nach Untersuchungen des Smithsonian Tropical Research Institute durch eine Änderung im Verlauf des warmen El Niño-Stromes (S. 151) verursacht worden zu sein.

Riffkorallen können von Krankheiten befallen werden. Die beiden häufigsten Erkrankungen rufen weiße oder schwarze Bänder an den Korallenstöcken hervor und führen zu deren Absterben. Die Ursache für das Auftreten weißer Bänder, die sich täglich um mehrere Millimeter verbreitern und zu einem Auflösen des lebenden Gewebes führen, ist noch nicht bekannt. Schwarze Bänder werden durch Angehörige der Blaualgengattung *Phormidium* verursacht. Sommerliche Wärme und hohe Lichtintensitäten begünstigen die Schwarzbandkrankheit, die in der Regel auf die obersten 10 m der Riffe begrenzt bleibt. In verschmutztem Meerwasser tritt die Erkrankung jetzt allerdings auch in größerer Wassertiefe auf, und es kommt zu einem Befall von Korallenarten, die in unverschmutztem Wasser nicht befallen werden. In größerem Ausmaß sind Erkrankungen von Korallen zunächst im tropischen Westatlantik aufgetreten, sie sind jetzt aber auch für den indopazifischen Raum nachgewiesen worden.

Eine Reihe von Schnecken weidet auf Korallen, so z.B. *Coralliophila*, und Vertreter der Gattung *Conus* stellen dort Fischen, Würmern und anderen Mollusken nach. Ähnlich wie die hermatypischen Korallen lebt zusammen mit ihnen, als Filtrierer und vergesellschaftet mit endosymbiontischen Zooxanthellen, die Riesenmuschel *Tridacna gigas*. Sie kann 200 kg schwer werden. Ihre über 1 m großen Schalen sind gelegentlich als Taufbecken in gotischen Kirchen verwendet worden. Es gibt mehr oder weniger glaubhafte Berichte, wonach Tauchern Arm- oder Fußteile durch Riesenmuscheln abgeklemmt wurden. Gefürchtet ist auch die harpunenartige Radula einiger *Conus*-Arten, die ein Neurotoxin injizieren.

Die Korallenriffe beherbergen eine große Zahl von Fischarten (etwa 3 000 Arten sind allein von der Indo-Westpazifischen Region bekannt). Sie sind oft prächtig bunt, mit phantastischen Mustern aus Streifen, kreisrunden Flecken und rautenförmigen Zeichen. Artspezifische Farben und Muster dienen der Arterkennung und haben Signalfunktion, was für die häufig beobachtete Revierbegrenzung Bedeutung hat.

Viele Riffische sind heim- und reviertreu, besonders ausgeprägt ist dies bei den Pomacentridae. Die Artendiversität in den einzelnen Riffen — Bild 67 gibt ein Beispiel dafür — ist sehr unterschiedlich. Das Ducie-Atoll, das östlichste in der polynesischen Atollregion, weist „nur" 138 Fischarten auf und ist damit besonders artenarm.

Die meisten Korallenfische, fast alle permanente Riffbewohner, sind bei geringem Körperdurchmesser relativ hoch gebaut und mehr oder weniger scheibenförmig. Ihr Körperbau ermöglicht es ihnen, in beinahe jeder Position zu schwimmen. Diese außergewöhnliche Beweglichkeit kommt den Tieren sehr zustatten, wenn sie blitzschnell flüchten und sich in einer winzigen Korallenspalte oder Höhle verstecken müssen. Mittels ihrer relativ großen Schwanzflossen, bei vergleichsweise kurzen Brustflossen, können sie schnell wenden oder „bremsen". Die Papageifische (Scaridae) sind Nahrungsspezialisten, einige Arten beißen mit ihren schnabelartig zusammengewachsenen Zähnen (Name!) Korallenstücke aus dem Riff (Bild 66:18), andere ernähren sich ausschließlich von Algen. Für ein ostafrikanisches Riff wurde festgestellt, daß dort 20 % der Fischbiomasse Korallen als Nahrungsbasis haben.

Papageifische stoßen den unverdauten Kalk der gefressenen Korallen als Wolken feinster Partikeln wieder aus. Für die Bermudariffe errechnete man, daß sich so mindestens 4 t Kalksand je ha und Jahr im Sediment anhäuft.

Die Doktorfische (Acanthuridae) haben weltweit diese Populärbezeichnung nach dem skalpellartigen Stachel auf dem Schwanzflossenstiel erhalten. Die Familie ist nicht sehr artenreich, aber streng an Riffe gebunden. Wie die Lippfische (Labridae) schwimmen sie nur mit den Brustflossen, wodurch sie auf „rückwärts" umsteuern können. Als Herbivoren weiden sie die Algenbestände des Riffs und seiner Umgebung ab, so daß diese häufig zu keiner normalen Entwicklung kommen.

Fleischfressend sind neben anderen die Soldatenfische (Holocentridae), die ihrer Beute auflauernden Skorpionfische (Scorpaenidae) und die Muränen (Muraenidae). Die Zackenbarsche (Serranidae), für Riffische relativ groß, jagen als Einzelgänger Fische und Krebse.

Die Riffbarsche (Pomacentridae) sind eine umfangreiche Familie mit vielen Gattungen. Typisch für sie ist die enge Revierbindung, besonders auch bei den Anemonenfischen (*Amphiprion spec.*) Einige Riffbarsche sind wegen ihrer Angriffslust bei Tauchern gefürchtet. Die Schnapper (Lutianidae) mit dem bis 1 m großen *Lutianus sebae* sind nicht spezialisierte Fleischfresser. Barrakudas (Sphyraenidae) und Haie gehören nicht zur eigentlichen Fauna der Riffe, aber sie jagen häufig an ihrem Außenrand; erstere dringen gelegentlich in sie ein.

Vom Riffplankton ernähren sich die meist kleinen Kardinalfische (mit großem Maul und roter Färbung). Sie leben in großen Schwärmen, stehen häufig in Höhlen oder zwischen den Stacheln der Diadem-Seeigel. Sie sind nachtaktiv.

5.5.2 Primärproduktion von Riffen

Das Korallenriff ist mit einem wirksamen Rückhalte- und Kreislaufsystem für Pflanzennährstoffe ausgestattet. Als ein Teil dieses Systems wirken die Korallen und andere Organismen mit symbiontischen Zooxanthellen, die durchschnittlich etwa 10 % der Korallenbiomasse ausmachen. In 1 mm^3 Korallengewebe wurden bis zu 30 000 Symbionten gezählt. Die Photosyntheserate von Zooxanthellen ist mit etwa 0,9 g C/m^2 d dreimal höher als die des Phytoplanktons in der Umgebung des Riffs. Aus Messungen wird geschlossen, daß 36 bis 50 % des von den Zooxanthellen fixierten Kohlenstoffs an die Korallen weitergegeben wird; er ist zu einem erheblichen Teil die Ernährungsbasis für die Korallen. Diese ver-

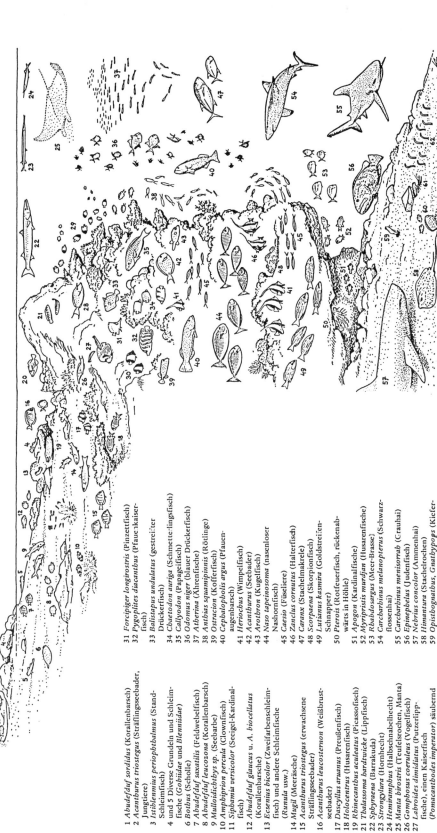

1 *Abudefduf sordidus* (Korallenbarsch)
2 *Acanthurus triostegus* (Sträflingsseebader, Jungtiere)
3 *Istiblennius periophtbalmus* (Stand-Schleimfisch)
4 und 5 Diverse Grundeln und Schleimfische (Gobiidae und Blenniidae)
6 *Botbus* (Scholle)
7 *Abudefduf saxatilis* (Feldwebelfisch)
8 *Abudefduf leucozona* (Korallenbarsch)
9 *Mulloidichtbys* sp. (Seebarbe)
10 *Amphiprion percula* (Clownfisch)
11 *Siphamia versicolor* (Seeigel-Kardinalfisch)
12 *Abudefduf glaucus* u. *A. biocellatus* (Korallenbarsche)
13 *Escenius bicolor* (Zweifarbenschleimfisch) und andere Schleimfische (*Runula* usw.)
14 *Mugil* (Meeräsche)
15 *Acanthurus triostegus* (erwachsene Sträflingsseebader)
16 *Acanthurus leucosternon* (Weißbrustseebader)
17 *Dascyllus aruanus* (Preußenfisch)
18 *Holocentrus* (Husarenfisch)
19 *Rhinecanthus aculeatus* (Picassofisch)
20 *Thalassoma bardwicke* (Lippfisch)
21 *Sphyraena* (Barrakuda)
22 *Strongylura* (Hornhecht)
23 *Hemiramphus* (Halbschnabelhecht)
24 *Manta birostris* (Teufelsrochen, Manta)
25 *Gomphosus coeruleus* (Vogelfisch)
26 *Labroides dimidiatus* (Putzerlippfische), einen Kaiserfisch (*Pomacanthodes imperator*) säubernd
27 *Naso unicornis* (Nasenfisch)
28 *Chromis dimidiatus* und darunter *Chromis coeruleus* (Riffbarsche, die in Schwarmwolken über Korallen stehen und in diese flüchten)
29 *Hemitaurichtbys zoster* (Engelfisch)
31 *Forcipiger longirostris* (Pinzettfisch)
32 *Pygoplites diacanthus* (Pfau-/Kaiserfisch)
33 *Balistapus undulatus* (gestreifter Drückerfisch)
34 *Chaetodon auriga* (Schmette-lingsfisch)
35 *Callyodon* (Papageifisch)
36 *Odonus niger* (blauer Drückerfisch)
37 *Atberina* (Ährenfische)
38 *Antbias squamipinnis* (Rötlinge)
39 *Ostracion* (Kofferfisch)
40 *Cephalopholis argus* (Pfauenaugenbarsch)
41 *Heriocbus* (Wimpelfisch)
42 *Acantburus* (Seebader)
43 *Arotbron* (Kugelfisch)
44 *Naso tapeinosoma* (nasenloser Nashornfisch)
45 *Caesio* (Füseliere)
46 *Zanclus cornutus* (Halterfisch)
47 *Apogon* (Kardinalfische)
48 *Scorpaena* (Skorpionfisch)
49 *Lutianus kasmira* (Goldstreifen-Schnapper)
50 *Pterois* (Rotfeuerfisch, rückenabwärts in Höhle)
51 *Apogon* (Kardinalfische)
52 *Myripristis murdjan* (Husarenfische)
53 *Rhabdosargus* (Meer-Brasse)
54 *Carcharhinus melanopterus* (Schwarzflossenhai)
55 *Carcbarbinus menisorrab* (Grauhai)
56 *Epinephelus* (Judenfisch)
57 *Nebrius concolor* (Ammenhai)
58 *Himantura* (Stachelrochen)
59 *Opistbognatbus*, *Gnatbypops* (Kieferfische)
60 *Pomacentrus breviceps* (Steckmuschelfisch)
61 Garnelengrundel
62 *Xyarifania bassi* (Röhrenaa)

Bild 67 Fische (Auswahl) an einem Außenriff bei den Malediven, von der Gezeitenzone bis zum Riffrand. Der Höhlenboden liegt etwa 35—40 m tief (aus *Eibl-Eibesfeldt* 1964)

werten auch Proteinhydrolysate aus abgestorbenen und zerriebenen Algen (~ 1 mg/l Seewasser). Die Zooxanthellen ihrerseits nutzen die tierischen Stoffwechselprodukte CO_2 und NH_4^+. Der CO_2-Umsatz der Zooxanthellen fördert die Kalkskelettbildung der Korallen (Bild 68). Darüber hinaus sind die Korallenpolypen in der Lage, Nitrat und Ammonium aus dem Seewasser zu absorbieren und den Zooxanthellen zur Verfügung zu stellen. Eine weitere, wenn auch relativ geringe Nährstoffzufuhr erfährt das Riff durch den Fang von Planktonorganismen aus dem von außen einströmenden Seewasser. Phytoplankton wird von den Korallen wenig genutzt, sondern hauptsächlich Zooplankton, und das vorzugs-

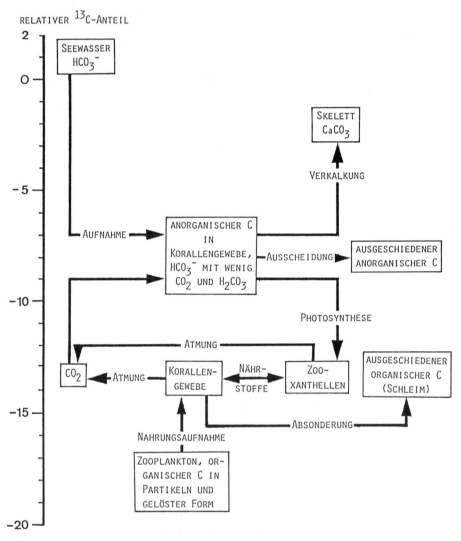

Bild 68 Schematische Darstellung von Kohlenstoffaufnahme, -metabolismus und -abgabe bei Korallen und ihren Zooxanthellen. Mitberücksichtigt sind die relativen Anteile der stabilen Isotope ^{12}C und ^{13}C. Das Kalkskelett enthält einen sehr hohen ^{13}C-Anteil, dagegen wird durch die Photosynthese ^{12}C rascher gebunden als ^{13}C
(nach *T. F. Goreau et al.* 1979)

5.5 Korallenriffe

weise nachts. Nach Wilkinson (1986) hat die lange Zeit bestehende räumliche Trennung der Korallenpopulationen des Großen Barriere-Riffs von der der Karibischen See im Verlauf der Evolution zu unterschiedlichen Ernährungsstrategien geführt. Der durchschnittliche Verbrauch an organischer, von außen kommender Nahrung ist bei den Korallen des letzteren Meeresgebietes etwa 10mal höher als bei den australischen. In der Karibischen See ist Symbiose mit photosynthetisch aktiven Organismen verhältnismäßig selten, während sie bei 90 % der australischen Arten vorliegt.

Es wird angenommen, daß Nährstoffverluste durch die verminderte Wasserströmung im Riff gering sind. Die Regeneration von Phosphaten findet offenbar im Grenzbereich zwischen Wasser und Substrat statt. Als Speicher und Quellen organischer Phosphate gelten die Sedimente in Seegraswiesen.

Die Primärproduktion von Korallenriffen erreicht trotz der Nährsalzarmut der meisten tropischen Meere Werte zwischen 300 und 5 000 gC/m² jährlich, die unter günstigen Bedingungen sogar noch wesentlich überschritten werden können. Für ein hawaiisches Riff werden Bruttowerte von 11 680 gC/m² pro Jahr angegeben. Diese Produktionsraten sind mit denen der fruchtbarsten Meeresgebiete vergleichbar und 10 bis 100 mal größer als die des Planktons in der Umgebung der Riffe (vgl. auch S. 114).

Das Ökosystem Riff hat in der Regel eine positive Bilanz an organischer Substanz, d. h. seine Biomasse ist wesentlich größer als die Einnahme durch Verzehr von Plankton aus dem freien Wasser. Zwar sind die meisten Riffkorallen Mikrophagen, aber einige Arten können auch größere Beutetiere durch Ausstülpen der Mesenterialfilamente extragastrisch verdauen. Die Primärproduzenten umfassen makroskopische Benthosalgen mit krustenförmigen (besonders Corallinaceae), fadenförmigen (viele Cyanophyceae) oder fleischigen Thalli, die epilithisch oder im Sand wachsen, fädige endolithische Algen, Seegräser (in der Lagune oft ausgedehnte Bestände bildend), die von mikroskopischen Algen bewachsen sein können, und die schon erwähnten symbiontischen Zooxanthellen.

Krustenförmige Corallinaceae bilden besonders bei indopazifischen Riffen an der brandungsexponierten Riffkante einen Kamm. Als Gesamtproduktionsraten (in gC/m² a; Nettoproduktionsraten in Klammern) wurden für Corallinaceae 547–2 555 (241–2 080), *Halimeda* 1 460 (839), *Oscillatoria* 416 (226) und *Sargassum platycarpum* 3 840 (2 550) gemessen. Die Nettoproduktionsraten von *Thalassia testudinum* erreichen 368–800.

Am Produktionskreislauf eines Korallenriffs sind auch Bakterien und Pilze entscheidend beteiligt. Sie bauen das organische Material ab und stellen es damit den Algen wieder zur Verfügung. Bakterien überziehen die abgestorbenen Korallen und wirken wie das Tropffiltersystem einer Abwasserkläranlage. Vor allem der Kreislauf von N und P wird durch sie beschleunigt. Ein Beispiel für die Verteilung der Biomasse in einem Korallenriff zeigt Bild 69.

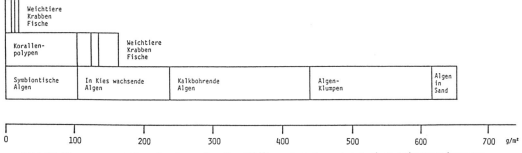

Bild 69 Biomassenverteilung in einem Korallenriff-Ökosystem (v. unten n. oben: Primärproduzenten, Konsumenten erster Ordnung, Fleischfresser) (nach *Odum* 1980)

5.5.3 Weitere Riffbildner

Neben den Korallen spielen Algen bei der Riffbildung, wie bereits erwähnt, eine Rolle. In den heutigen Korallenriffen sind es vor allem Corallinaceae, die am Riffbau beteiligt sind. Diese Algen können auch ohne das Zusammenwirken mit Korallen riffartige Strukturen bilden.

Die ältesten bekannten makroskopischen Lebensspuren sind die Stromatolithen. Der Begriff des Stromatolithen wird unterschiedlich definiert. Gewöhnlich versteht man darunter durch Kalkeinlagerung verfestigte, geschichtete Strukturen, die hauptsächlich auf die Tätigkeit von Blaualgen im Eulitoral oder in geringer Wassertiefe zurückzuführen und deren Schichten (nach oben) konvex angeordnet sind. Neben den Blaualgen können Bakterien eine Rolle spielen, die möglicherweise für in aphotischen Meerestiefen entstandene Stromatolithen ausschließlich von Bedeutung waren. Außer durch Kalk kann die Verfestigung der Stromatolithen durch Silikate und Eisenoxid erfolgen.

Die ältesten fossilen Stromatolithen sind etwa 3,5 Milliarden Jahre alt. Der Höhepunkt ihrer Entwicklung und Verbreitung wurde vor mehr als 600 Millionen Jahren in den präkambrischen Meeren erreicht. Zu dieser Zeit traten Stromatolithen weltweit auf. Danach und wahrscheinlich bedingt durch die Entwicklung eines artenreichen marinen Tierlebens kam es zu einem Rückgang dieser Algenriffe, die in den heutigen Ozeanen außerordentlich selten und auf wenige Stellen (Rotes Meer, Karibische See, Westaustralische Küste) mit meist hypersalinem Wasser beschränkt sind.

An der westaustralischen Küste treten Stromatolithen bis mindestens 3,5 m Tiefe auf. Ihr Wachstum ist außerordentlich langsam und beträgt weniger als 0,5 mm im Jahr. Fossile Stromatolithen erreichen Höhen von 4 m und mehr (z. B. in Transvaal).

Gut entwickelte rezente Stromatolithen kommen an der westaustralischen Küste im Hamelin Pool der Shark Bay vor (Foto 7,8). Der Pool ist durch eine Sandbank, die sich bis auf 1 m Wassertiefe erhebt, vom Meer getrennt. Hierdurch wird der Wasseraustausch mit dem Meer behindert. Durch das trockene Klima des Gebietes (jährliche Niederschlagshöhe etwa 20 mm, Evaporation um 215 mm) kommt es innerhalb des Hamelin Pool zu einer Salinitätserhöhung, die das Blaualgenwachstum nicht unterbindet, während zahlreiche algenfressende Meerestiere nicht auftreten. Schnecken fehlen völlig.

Stromatolithen haben unterschiedliche Formen. Bei rezenten Bildungen wurde festgestellt, daß ihre Gestalt ganz wesentlich durch Wasserströmungen beeinflußt wird. Säulenförmige, keulenförmige und flache Stromatolithen sind verbreitet. Ihre Oberfläche ist im Eulitoral glatt bis gepustelt (Foto 8), im Sublitoral weist sie eine unregelmäßige Form auf.

Die Schichtung der Stromatolithen kann mehrere Ursachen haben. Im Eulitoral und im oberen Sublitoral spielen die Gezeiten und Gezeitenströme eine Rolle, die ein Austrocknen der obersten Schicht wachsender Stromatolithen des Eulitorals und unterschiedliche Sedimentationsbedingungen bewirken. Auch unregelmäßig auftretende Milieuveränderungen führen zu Schichtungen. Darüber hinaus entsteht eine Schichtung durch die wechselnde Aktivität der Blaualgen, deren Trichome am Tag rasch wachsen, sich positiv phototrop verhalten bzw. phototaktisch nach oben wandern, während in der Nacht bei vermindertem Wachstum die Fäden niederliegend angeordnet sind und Kriechbewegungen zeigen. Tagsüber auf den Stromatolithen abgelagertes Sediment wird daher von den Blaualgen netzartig durchsetzt, während in der Nacht eine dünne, opake und zähe Algenschicht entsteht.

Stromatoporen sind fossile tierische Riffbildner, die vom Kambrium bis zur Kreide auftraten. Die Organismen waren schwammähnlich, ihre genaue systematische Zuordnung ist unbekannt.

5.5 Korallenriffe

Foto 7 Stromatolithen (im Vordergrund) bei Niedrigwasser. Shark Bay, Westaustralien

Foto 8 Oberfläche eines Stromatolithen (Shark Bay, Westaustralien)

In der Baffin-Bay und um Bermuda gibt es Riffe, die auf die Tätigkeit von röhrenbauenden Polychaeten der Familie Serpulidae zurückzuführen sind (Serpulidenriffe). Angehörige einer anderen Polychaetenfamilie, der Sabellariidae, errichten Sandkorallenriffe, die allerdings nur kurzlebig sind. Die Sandröhren, in denen die Tiere leben, werden nach deren Absterben rasch durch den Wellenschlag abgetragen. Im Nordatlantik und in der Nordsee kommt *Sabellaria spinulosa,* vor der Ostküste Floridas *Phragmatopoma lapidosa* vor.

5.6 Tiefsee

„Da unten aber ist's fürchterlich
und der Mensch versuche die Götter nicht
und begehre nimmer und nimmer zu schauen,
was sie gnädig bedecken mit Nacht und Grauen."
(F. Schiller: „Der Taucher" 1797)

Mit wissenschaftlicher Fragestellung hat es der Mensch erstmals am 15. Februar 1873 „versucht", als die „Challenger" Netze und hydrographisches Gerät 40 Meilen südlich von Teneriffa auf etwa 4000 m Tiefe brachte. Zuvor schon hatte der italienische Naturforscher Cocco die den Fischern der Straße von Messina wohlbekannten „Pisci del diavulo", von den Strudeln zwischen Scylla und Charybdis aus der Tiefe hochgerissenen Angehörigen der Gattungen *Vinciguerria* (Gonostomatidae, Bild 70) und *Ichthyococcus* (mit Teleskopaugen) bekannt gemacht, und 1844 hat Eduard Rüppell die mit Leuchtorganen ausgestattete Tiefsee-Tintenschnecke *Pyroteuthis margaritifera* beschrieben.

Ein erster direkter Blick in die Tiefe (900 m) gelang William Beebe 1934 bei Scheinwerferlicht aus einer Tauchkugel (1,44 m Durchmesser, 3 1/2 cm Wandstärke, Quarzglasfenster von 15 cm Dicke), und seine Schilderung über die Entdeckungen waren voller Begeisterung.

Die Tauchfahrten der „Trieste" (1960) und die der „Alvin" in den 80er Jahren (Bild 71) reichten bis in 10910 m Tiefe und haben schließlich gezeigt, daß jede Tiefe des Ozeans heute mit bemannten Fahrzeugen erreichbar und von Tieren bzw. Mikroorganismen besiedelt ist. Entgegen früheren Vorstellungen sind Tiefseetiere stammesgeschichtlich nicht besonders alt. Sie sind von den Benthosgemeinschaften des Litorals oder aus dem Plankton und Nekton des Epi- und Mesopelagials in die Tiefe vorgedrungen.

5.6.1 Raum der Tiefsee

Die Schwelle zur Tiefsee ist je nach Autor anders definiert. Im allgemeinen wird die untere Grenze der Dämmerungszone (Mesopelagial), bzw. die mittlere Tiefe der Schelfkante, als der Beginn der Tiefsee angenommen, die ihr Maximum im Marianengraben mit 11022 m hat. 278 Millionen km^2 der Erdoberfläche liegen unter einer Wassertiefe von 3000 m; es

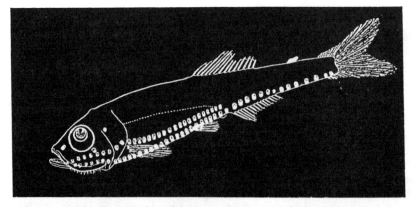

Bild 70 Der Tiefseefisch *Vinciguerria attenuata* (Länge 4,5 cm) mit Leuchtorganen (aus *Marshall* 1957)

5.6 Tiefsee

ist der größte zusammenhängende Lebensraum unserer Erde. Hier sind die Lebensbedingungen karg: Dunkelheit, Kälte, hoher Wasserdruck, geringe Wasserbewegung (S. 123) und relativ spärliche Nahrung sind die Hauptfaktoren (Tabelle 5-8), denen sich die Bewohner der Tiefsee unterhalb von 800 bis 1 000 m Tiefe anpassen mußten.

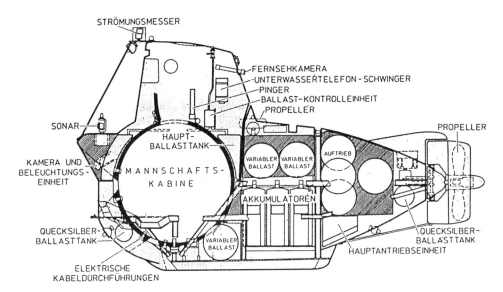

Bild 71 Schematischer Aufbau des Tiefseetauchbootes „Alvin"
(aus *Dietrich et al.* 1975)

Tabelle 5-8: Hauptfaktoren der Tiefsee

Niedrige Temperatur	Weniger als 10° oder 4 °C (entsprechend der Tiefe)
Hoher Druck	50–1100 atm (entsprechend der Tiefe)
Konstante Temperatur	Unter 1 000 m Tiefe keine Jahresschwankungen größer als ± 0,2 °C
Sonnenlicht gering oder fehlend	Unter 1000 m Tiefe weniger als der 10^{-10} te Teil des Oberflächenanteils
Entfernung zu den Primärproduzenten	Einige km, Primärproduktion begrenzt auf die obersten 50 m
Tages- oder Jahreszeitrhythmen gering oder fehlend	
Dreidimensionale Ausdehnung und Fläche	Volumen 1300×10^6 km^3 etwa 60 % der Erdoberfläche

Die topographischen Verhältnisse der Tiefsee sind schon kurz erwähnt worden (S.14). Der Kontinentalhang vermittelt zwischen Schelf und Tiefsee. Im atlantischen Ozean ist sein Fuß fast ausschließlich als weiter Flachhang mit geringem seewärtigen Gefälle von 1:100 bis 1:700 ausgebildet. Im Pazifischen Ozean treten vielfach Tiefseegräben an seine Stelle (siehe unten). Neben den untermeerischen Rücken (S. 15) bestimmen Tiefsee-Hügel, die sich bis 1 000 m über ihre Umgebung erheben und bis 20 km breit sein können, den Charakter ganzer Provinzen. Als Tiefsee-Berge oder Kuppen werden isolierte Formen mit mehr als 1 000 m Höhe bezeichnet; ihr basaltisches Material spricht für vulkanischen Ursprung. Andere Gebiete des Tiefseebodens (S. 13) sind fast tischeben. Die orographische Vielfalt, zusätzlich differenziert durch die verschiedenen Sedimentformen, bedingt die Verbreitungsareale und Endemismen der Tiefseetiere.

Die Tiefseegräben (= Gesenke, Trench, Fossé) – Bild 4 und Tabelle 5-9 – passen sich meist dem Verlauf des Kontinentalrandes an. Ihre 6 000 m-Tiefenlinie ist im Mittel

Tabelle 5-9: Tiefenmaxima der großen Tiefseegräben (nach Kinne 1975)

Name des Grabens	Maximale Tiefe
Marianen (speziell Challenger Tief)	11 022 ± 50
	10 915 ± 20
	10 915
	10 863 ± 35
	10 850 ± 20
Tonga	10 882 ± 50
	10 800 ± 100
Kurilen-Kamtschatka	10 542 ± 100
	9 750 ± 100
Philippinen (nahe Cape Johnson Tief)	10 497 ± 100
	10 265 ± 45
	10 030 ± 10
Kermadec	10 047
Idzu-Bonin (einschließlich ‚Ramapo-Tief' des Japan-Grabens)	9 810
	9 695
Puerto Rico	9 200 ± 20
Neue Hebriden (Nord)	9 165 ± 20
Nord-Salomonen (Bougainville)	9 103
	8 940 ± 20
Yap (West Caroline)	8 527
Neu-England	8 320
	8 245 ± 20
Süd-Salomonen	8 310 ± 20
Süd-Sandwich	8 264
Peru-Chile	8 055 ± 10
Palau	8 054
	8 050 ± 10
Aleuten	7 679[b]
Nansei Shoto (Ryuku)	7 507
Java	7 450
Neue Hebriden (Süd)	7 070 ± 20
Mittelamerikanischer Graben	6 662 ± 10

etwa 80 km von der Küste entfernt. Ihre Breiten (in 6 000 m Tiefe) liegen oft um 100 km (max. 180 km). Die maximale Länge erreicht der Aleuten-Graben mit 2 900 km. Insgesamt nehmen die Tiefseegräben 1,2 % der Fläche des Weltmeeres ein. Ihr Wasserkörper ist von 5 bis 6 km Tiefe bis zum Boden chemisch homogen, und sie enthalten meist wenig Sediment, was für ein jugendliches Alter oder anhaltende aktive Absenkung spricht. Asymmetrische Querschnitte und steile Hänge (im Aleuten-Graben bis 30°) sind weit verbreitet. Am Hang stehen oft harte Tone und Mergel, aber auch basaltische Laven an. Soweit Sediment vorhanden ist, verrät es sich durch flache Böden und, auf Tiefseefotos, durch Rippelmarken.

5.6.2 Umweltbedingungen für die Tiefseetiere und deren Anpassungen

Die chemischen und physikalischen Daten der tiefen Wasserschichten (Tabelle 5-10) sind schon in den vorausgegangenen Abschnitten dargestellt. Aus ihnen wird deutlich, daß entgegen früheren Annahmen u.a. kein Sauerstoffmangel in der Tiefsee besteht. Nur im Mittelwasser bei 500 bis 600 m kommt es durch O_2-zehrende Bakterien gelegentlich zu einem Defizit. Die detaillierten Strömungs- und Austauschsysteme sind weniger gut bekannt. Man schätzt aber, daß der Austausch des Tiefenwassers mit dem der epipelagischen Zone einige Jahrhunderte dauert. Normalerweise ist die Strömungsgeschwindigkeit in der Tiefsee kleiner als 1/10 der des Epipelagials.

Die wichtigsten Zustandsänderungen mit zunehmender Tiefe sind stete Erhöhung des Drucks und Abnahme verfügbarer Nahrung. Die Zunahme des hydrostatischen Drucks ist für Tiere ohne gasefüllte Hohlräume kein besonderes Problem (vgl. Schwimmblase d. S. unten). Dank ihres hohen Wassergehalts sind sie praktisch nicht kompressibel. Für $CaCO_3$ als Baumaterial für Skelette gibt es allerdings eine Grenze. Unterhalb von 4 000 m geht Kalk zunehmend in Lösung, echte Tiefseefische haben daher nur noch verknorpelte Knochen, und die Bodensedimente enthalten nur noch Skelette aus Kieselsäure (Diatomeen, Silicoflagellaten und Radiolarien).

Tiefseefische mit einer gasgefüllten Schwimmblase (bei einigen wird sie mit Fettgewebe angefüllt) müssen eine fast unglaubliche Leistung bewältigen: Gasausscheidung der Wanddrüsen gegen einen Druck von mehreren hundert Atmosphären bei gleichzeitiger Verhinderung, daß Gas wieder in das Blut zurückgepreßt wird. Ein Exemplar von *Bassogigas* spec., das von der Galathea-Expedition in 7 160 m Tiefe im Sunda-Graben gefangen wurde, hatte eine gasgefüllte Schwimmblase.

Größere Anpassungsleistungen sind offensichtlich im Bereich des Feinbaues und des Stoffwechsels erreicht worden, wie wir vor allem aus Untersuchungen an Bakterien – die einzigen Tiefseeorganismen, die außerhalb ihres Lebensraums gezüchtet werden können – und mit „Flachwassertieren" unter Druck bei Laborexperimenten wissen. Aus den umfangreichen Arbeiten von Mcdonald (1975) sei hier nur folgendes erwähnt: Die Viskosität

Tabelle 5-10: Tiefseewasser im Pazifischen Ozean

	°C	S $^0/_{00}$	mg O_2/l
Südpazifischer Ozean oberes Tiefenwasser	2 – 2,5	34,61 – 34,66	2,81 – 3,84
Nordpazifischer Ozean oberes Tiefenwasser unteres Tiefenwasser	2 – 2,5 1,7 – 2	34,61 – 34,66 34,63 – 34,73	1,6 – 2,6 3,5 – 4,2

des Cytoplasmas wird unter hohem Druck herabgesetzt, Golgi-Apparat und Pinocytosekanälchen verschwinden. Durch Zerstörung von Mikrotubuli kann kein Spindelapparat gebildet werden, und es kommt zur Blockierung von Mitosen. Membranen hingegen sind relativ stabil. Biochemische Prozesse verlangsamen sich teilweise unter zunehmendem Druck, und Enzyme werden blockiert. Desoxiribonukleinsäure (DNS) ist stabiler als Ribonukleinsäure (RNS) und manche Proteine.

Die Existenz der Tiefseetiere beweist, daß sie die Probleme des Lebens unter hohem Druck gelöst haben. Experimentell reagieren sie auf geringe Druckdifferenzen, wofür sie Rezeptoren haben müssen; schnelle Druckänderungen sind letal für sie, aber diese kommen im natürlichen Milieu nicht vor.

Den Tieren der Tiefe fehlen Licht- oder Temperaturschwankungen als Zeitgeber für Lebensrhythmen (z.B. Fortpflanzungsperioden). Der Ablauf der Stoffwechselprozesse ist bei konstant niedriger Temperatur erheblich verlangsamt.

Die Vorstellung einer ruhigen, nur von sehr langsamen Tiefenströmungen beeinflußten Tiefsee, so wie sie auch zuvor beschrieben ist, ist eine den Naturwissenschaftlern geläufige Idee. Um so überraschender war die Feststellung, daß gelegentlich „Tiefseestürme" auftreten können, die im Rahmen des HEBBLE-Programm (High-Energy-Benthic Boundary-Layer) gemessen wurden. Hollister und Mitarbeiter beschreiben ein solches Ereignis für 1979 von der Basis des Kontinentalfußes 720 km vor der Küste von Neuengland:

> „Nach allem, was die am Fuß des Scotian Rise (in 4 800 m Tiefe) verankerten Instrumente anzeigten, zogen dort Wassermassen mit der Gewalt eines Sturmes vorbei, der rund eine Woche lang tobte. Die Meßgeräte registrierten eine gewaltige Bodenströmung, die sich mit der Geschwindigkeit von mehr als einem halben Meter pro Sekunde in südwestlicher Richtung bewegte und den Meeresboden kräftig aufwirbelte. Dabei zerrten Kräfte an den verankerten Instrumenten, wie sie über dem Meeresspiegel von einem Sturmwind mit Geschwindigkeiten zwischen 63 und 74 Stundenkilometern erzeugt würden."

Auf Golfstromwirbel zurückzuführende Tiefseestürme traten südlich von Halifax in 5 000 m Tiefe von 1979 bis 1983 fast während eines Drittels des Untersuchungszeitraumes auf, wobei die Strömungsgeschwindigkeit meist zwischen 0,7 und 1 km/h lag und Höchstwerte von 4,2 km/h erreicht wurden. Durch Trift- und Satellitenbeobachtung hat man tiefseesturmreiche Gebiete u.a. vor Südafrika im Natal-Tiefseetal, beim Zusammenfluß von Falkland- und Brasilienstrom im argentinischen Tiefseebecken und vor Japan im Kuroshio-Strom beobachtet.

Solche Kräfte führen auch regional zu einer Umschichtung oder dem Abtransport von Sedimenten, was von erheblicher Bedeutung für die Erdölprospektion und für Pläne der Endlagerung von Schadstoffen auf dem Meeresboden ist. Auch das Tiefseebenthos dürfte davon nicht unbeeinflußt bleiben. In dem erwähnten Gebiet südlich von Halifax erreicht die Sedimentumlagerung 17 cm Höhe im Jahr.

Nach den bisherigen Beobachtungen und Untersuchungen spricht einiges dafür, daß Tiefseestürme feste Routen nehmen und dort etwa 6 mal pro Jahr auftreten. Ihre räumliche Ausdehnung entspricht ungefähr denen terrestrischer Blizzards. Im Untersuchungsbereich des HEBBLE-Programmes sind die Energiequellen der Tiefseestürme in der thermohalinen Zirkulation und den Golfstromringen (S. 44) vermutet worden.

5.6.3 Ernährungsweisen und Nahrungsquellen der Tiefseetiere

Die Tiefseetiere sind nach dem Ernährungstyp entweder Filtrierer (Ascidien, Schwämme, Muscheln) oder Sedimentfresser (Polychaeta, Elasipoda), und die besonders vagilen Formen (Fische, Krebse) ernähren sich räuberisch. Die Anpassung an das geringe und meist nur sporadisch verfügbare Nahrungsangebot für Räuber wird bei den Fischen deutlich sichtbar: In der Mehrzahl haben diese kleinen Formen ein großes Maul und auffallende

5.6 Tiefsee

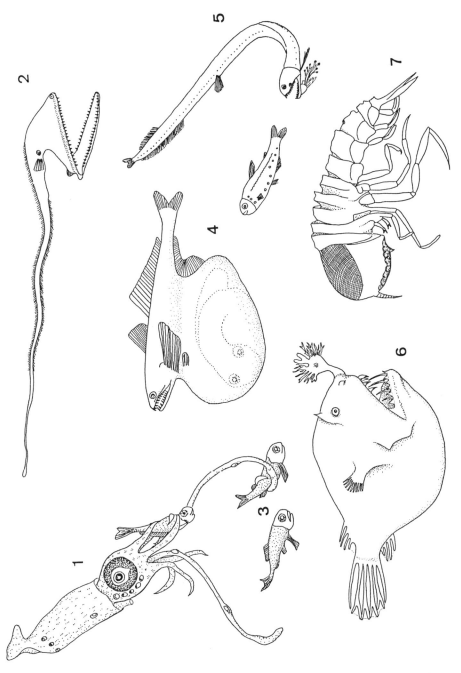

Bild 72 Typische Formen aus der Tiefseefauna. 1 *Abraliopsis moris* (8 cm lang), 2 *Eurypharynx pelecanoides* (25 cm lang), 3 *Diaphus* spec. (2–3 cm lang), 4 *Chiasmodon* spec. 5 *Chirostomia pliopteris* (20 cm lang), 6 *Lophodolus acanthognathus* (2 cm lang), 7 *Chystosoma neptuni* (nach *Tait* 1971, umgez.)

Zahnbewehrung (Bild 72:2, :6), einen extrem dehnbaren Magen-Darm-Trakt (Bild 72:4), und häufig locken sie ihre Opfer an durch Vortäuschung von Beute mittels Körperanhängseln und Leuchtorganen (Bild 73). Die meisten der Räuber sind Energiesparer, sie verfolgen ihre Beute nicht, sondern lauern ihr auf.

Die Biomasse (unterhalb der euphotischen Zone: Tiere, Bakterien und Pilze) ist im Benthal im allgemeinen größer als im Pelagial. Sehr pauschaliert kann man für die Flachwasser- und Schelfgebiete mit 100 bis 10 g/m^2, für den Kontinentalabhang mit 10 bis 1 g/m^2 und für den Boden der Tiefsee-Ebenen mit 1 bis 0,1 g/m^2 rechnen. Im Bathypelagial (1 000 bis 3 000 m) übersteigt auch unter den produktivsten Regionen die Biomasse nicht mehr als 20 bis 30 mg/m^3. Im Abyssopelagial (unter 3 000 m) ist sie noch erheblich geringer, aber bis jetzt nur punktuell bestimmt. Tabelle 5-11 gibt ein ungefähres Bild davon für das Zooplankton. Vorherrschend ist der Typ der euryphagen Nahrungsaufnahme (gemischte Typen der Ernährungsweise).

Tabelle 5-11: Zooplankton-Biomasse (mg m^{-3}) in Beziehung zur Wassertiefe verschiedener Bereiche des Atlantischen Ozeans (nach Jashnov 1961, auszugsweise)

Tiefe (m)	Labrador-Strom 43 °N	Golf-Strom 35–37 °N	SW Teil der Sargasso See 20–37 °N	Nord. Äquator.-Strom 16–19 °N	West-Afrika, Schelf u. K-hang 15–22 °N	Kanaren-Strom 27–36 °N
0 – 50	562,0	54,9	64,7	89,6	1115,0	78,6
50 – 100	270,0	35,9	59,9	80,7	214,0	55,0
100 – 200	240,0	23,3	32,1	30,6	94,7	27,0
200 – 500	61,0	11,1	10,2	15,9	59,9	15,6
500 – 1000	–	6,0	4,1	5,4	27,2	6,5
1000 – 2000	–	2,8	1,2	1,6	–	2,1
2000 – 3000	–	2,1	0,6	1,0	–	0,8
3000 – 4000	–	–	0,3	0,3	–	0,2
4000 – 5000	–	–	0,1	–	–	–

Die Abnahme der Energielieferanten mit der Tiefe ist nicht nur bedingt durch den Umfang der Primärproduktion in der euphotischen Zone, sondern auch durch die unterschiedlichen Konsumentengesellschaften, die auf dem Weg von oben bis zu den Benthosgesellschaften in der Tiefe eingeschaltet sind, wobei auch die unterschiedlichen Mineralisationsraten eine Rolle spielen.

Jahreszeitliche Entwicklungszyklen der Primärproduzenten in der phototrophen Zone sind in ihren Auswirkungen auf die Lebenszyklen der Tiefseegesellschaften bis über 6 000 m Tiefe nachweisbar.

Nach den derzeitigen Kenntnissen gibt es vier Nahrungsquellen für Tiefseetiere:
1. einen Detritusregen der eutrophen Zone,
2. einen aktiven biologischen Transport,
3. die Ausnutzung gelöster organischer Stoffe und
4. große Brocken, wie Fischleichen bis zu denen von Walen.

Eine Vorstellung über den quantitativen Eintrag auf diesem Wege gibt es noch nicht. Die letztere Möglichkeit wurde in früheren Betrachtungen vernachlässigt. Der Detritusregen,

5.6 Tiefsee

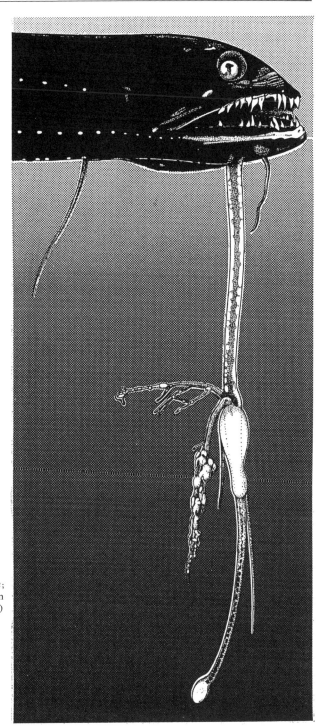

Bild 73
Der Tiefseefisch *Eustomias filifera*;
Kopfanhänge mit Leuchtorganen
(Lockwirkung) (nach *Brauer* 1908)

im wesentlichen bestehend aus Schalen von Foraminiferen, Diatomeen, Radiolarien und den organischen Gehäusen der Tintinniden, lagert sich im Sediment ab. Dessen Zuwachs beträgt im Atlantischen Ozean unter der Äquatorialen Gegenströmung 10 bis 30 mm in tausend Jahren, während im mittleren Pazifischen Ozean zum Teil nur 1 mm im gleichen Zeitraum erreicht wird.

Die Nahrungsbasis der Tiefseetiere ist heute differenzierter zu betrachten als den ursprünglichen Annahmen entspricht. Es ist nicht nur der einfache Detritusregen, der schon während des Absinkens durch Mineralisierung weitgehend abgebaut wird, von dem sie leben müssen. Die Sinkgeschwindigkeit kleiner Planktonorganismen, und dazu gehört fast das gesamte Phytoplankton, ist so gering (vgl. Bild 74), daß Monate und Jahre vergehen, ehe sie, bzw. ihre Hartanteile, die Tiefsee, wenn überhaupt, erreichen. Das Nährstoffangebot in der Tiefsee ist nicht gleichmäßig verteilt und auch von der Produktivität der phototrophen Zone abhängig, aber nie reichhaltig. Im allgemeinen kennen wir nur punktuelle Angaben. Bild 75 zeigt eine Meßreihe des Gehaltes an gelöstem Kohlenstoff, der ein guter Indikator für das Nahrungsangebot in Form gelöster organischer Substanzen ist, für einen Schnitt im Bereich des Peru-Chile-Grabens (= Atacama-Graben), eines der reichsten marinen Produktionsgebiete.

Durch sowjetische Arbeiten und insbesondere durch Fahrten der „Vityaz" dürfte der Kurilen-Kamtschatka-Graben die wohl am besten untersuchte Tiefseeregion sein. Für dort wird die Suspension von organischen Partikeln (= Detritus und Plankton) mit 6 bis 373 µg/l und ein Proteingehalt von 1 bis 100 µg/l angegeben. Benthische Foraminiferen, ein wichtiger Faktor im trophischen Kreislauf, hatten ein Maximum an Biomasse von 4 bis 10 g/m^2.

Die Bakterien — miterfaßt in den Angaben über Kohlenstoff in Partikelform — bilden direkt oder indirekt einen wesentlichen Teil der Nahrungsquellen abyssaler und hadaler Benthostiere. Sie konzentrieren sich in einer sehr dünnen Schicht auf der Oberfläche des Tiefseeschlammes, und schon in 1 cm Tiefe ist ihre Biomasse auf etwa 1 % vermindert. Der Gehalt im freien Wasser, Nahrung für viele Filtrierer, ist wesentlich geringer (40 bis 50 Saprophyten/l). Aber unsere Kenntnisse der marinen Mikroorganismen (Bakterien, Pilze)

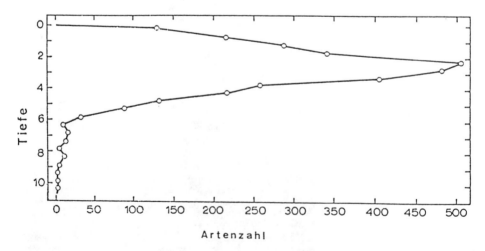

Bild 74 Vertikale Verteilung der Tierarten im Weltmeer
(aus *Kinne* 1975)

5.6 Tiefsee

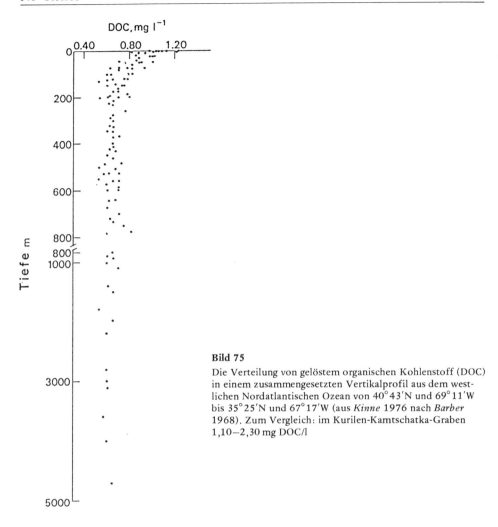

Bild 75
Die Verteilung von gelöstem organischen Kohlenstoff (DOC) in einem zusammengesetzten Vertikalprofil aus dem westlichen Nordatlantischen Ozean von 40°43'N und 69°11'W bis 35°25'N und 67°17'W (aus *Kinne* 1976 nach *Barber* 1968). Zum Vergleich: im Kurilen-Kamtschatka-Graben 1,10−2,30 mg DOC/l

sind vor allem in quantitativer Hinsicht sehr lückenhaft. Nicht alle Keime sind Saprophyten; man muß auch mit der Primärproduktion chemoautotropher Bakterien (z. B. Schwefelbakterien) rechnen (Bd. 1, S. 122).

5.6.4 Tiefseeorganismen

Die Verbreitung der Tiefseetiere (Bild 76) ist noch sehr unvollständig bekannt, doch lassen sich einige allgemeine Grundsätze erkennen, die durch punktuelle und regionale Untersuchungen gestützt werden. Schon im Bathyal und im Bathypelagial ist die Abundanz in den Populationen sehr gering, aber normalerweise herrscht noch eine relativ hohe Artendiversität. Die Strukturen der Populationen im Hadal und Abyssopelagial sind zwar noch wenig untersucht, aber es zeichnet sich ab, daß Abundanz und Diversität hier extrem gering sind. Vielleicht ist der Prozeß der Besiedlung der großen Tiefen noch nicht abgeschlossen.

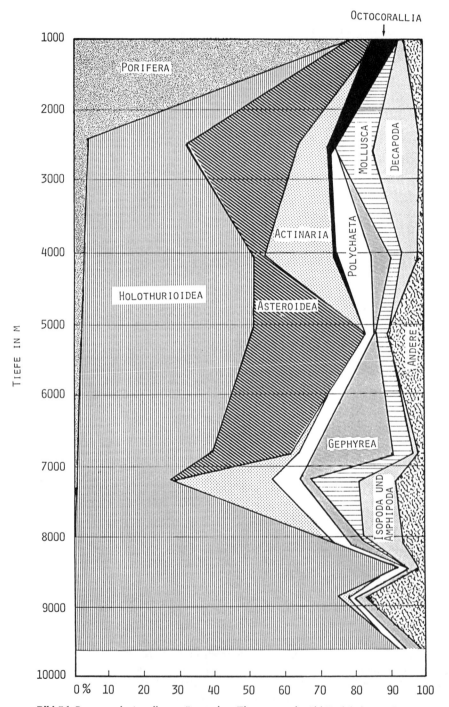

Bild 76 Prozentuale Anteile repräsentativer Tiergruppen in Abhängigkeit von der Meerestiefe (nach *Zenkevich* 1954)

5.6 Tiefsee

Die meisten Tiefseeformen dürften heute taxonomisch erfaßt sein, und ihre Anpassung an die Bedingungen der Tiefe sind aus den morphologischen Fakten einigermaßen deutbar. Ihre Biologie ist aber weitgehend unbekannt, oder es bestehen darüber nur hypothetische Vorstellungen. Bis heute konnte noch kein Tiefseetier über längere Zeit unter Laboratoriumsbedingungen lebend gehalten oder beobachtet werden, wenn man von dem mesopelagischen Fisch *Melanostigma pammelas* (Zoarcidae) absieht.

Wir können hier nur beispielhaft einige Tiergruppen betrachten, für die — wie schon gesagt — die Daten aus relativ wenigen Untersuchungsstellen stammen. So sind bis Ende 1982 aus den Tiefseegräben nur etwas über 100 Hols beschrieben und bei Tiefseetauchfahrten zwar mehr als 100 000 Bilder (an über 2 000 verschiedenen Orten) aufgenommen worden, auf denen aber nur etwa 100 Tiere von mehr als Mausgröße nachgewiesen werden konnten, dafür aber sehr viele Lebensspuren im Sediment. Wegen der dort geringen Mengen von organischem Material müssen die Tiere große Flächen abweiden oder lange Gänge im Sediment wühlen.

In einigen Tiergruppen gibt es eurybathyale Arten, so auch Fische, wie den Anglerfisch (*Ceratias holboelli*), dessen Larven im Epipelagial leben und der im Laufe der Metamorphose bis zu 2 500 m Tiefe abwärts wandert. Extrem weite Verteilung kommt bei den Schwämmen (Porifera) vor. Im Bereich des Kamtschatka-Grabens und seiner Umgebung gibt es wenigstens fünf Arten, die zwischen rund 200 m und mehr als 6 000 m leben (*Asbestopluma occidentalis* bis 8 840 m). Im allgemeinen sind Endemismen häufig, und eine Zonierung zeichnet sich ab. Bild 76 gibt eine Übersicht über die prozentualen Anteile der einzelnen Tiergruppen in ihrer Tiefenverteilung. Die der Benthosgesellschaften sind deutlich artenreicher als die des Pelagials.

Tiere, die in Wassertiefen bis ungefähr 1 000 m leben, sind dem Leben in der Dämmerungszone gut angepaßt.

Die Augen einiger Beilfische (Bild 77) sind sehr groß und die Pupillen außerordentlich weit (Prinzip eines lichtstarken Objektives). Die Retina hat nur Stäbchen, die sehr lang sind. Dabei werden mehrere Stäbchen an einen Nervenstrang angeschlossen (Prinzip des

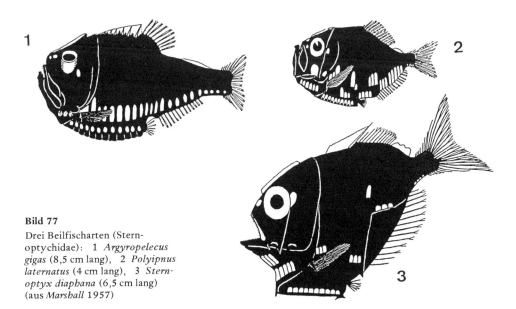

Bild 77
Drei Beilfischarten (Sternoptychidae): 1 *Argyropelecus gigas* (8,5 cm lang), 2 *Polyipnus laternatus* (4 cm lang), 3 *Sternoptyx diaphana* (6,5 cm lang) (aus *Marshall* 1957)

hochempfindlichen Aufnahmematerials). Gelegentlich sind die Augen tubusartig gebaut und entweder nach vorne oder oben gerichtet (evtl. Binokulareffekt). Unterhalb 1 000 m Wassertiefe gibt es Fische mit sehr kleinen (viele Ceratinoiden) wie auch solche mit degenerierten Augen (*Bathymicrops regis*) oder völlig ohne Augen (*Ignops*), obwohl ihre nahe der Oberfläche lebenden Larven sehr gut entwickelte Augen haben.

Die Seitenlinienorgane (sensitiv gegenüber Vibrationen im Wasser) sind meist hoch entwickelt (Myctophiden und Macruren). Von dem sowjetischen Forschungsschiff „Akademik Kurchatov" wurden 1971 im Mittelwasser des Humboldt-Stroms (ein Gebiet von hoher Produktivität) 150 Fischarten (33 Familien) gefangen. Zur Tiefe hin nimmt aber die Artdiversität auch hier ab, und ab 6 000 m tritt ein Wechsel in der Zusammensetzung der Fauna ein, der den Übergang zu einer eigenen hadalen oder ultra-abyssalen Fauna darstellt. Aus Tiefen zwischen 6 000 und 11 000 m sind bis jetzt nur wenige Fische bekannt geworden, u.a.: *Bassogigas profundissimus* bei 6 035 m im ostatlantischen Ozean, eine Art der Liparidae bei 6 660 bis 6 770 m im Kermadec-Graben („Galathea"-Expedition), *Bassogigas* spec. 7 160 m tief im Sunda-Graben („Galathea") und die „Vityaz" sammelte *Careproctus amblystomopsis* und weitere Arten desselben Genus im Kurilen-Kamtschatka-Graben zwischen 7 210 und 7 230 m und im Japan-Graben bei 6 156 und 7 587 m.

Klarer abgrenzbar ist das Vorkommen von Benthos-Tieren. Die meisten decapoden Krebse und die Bryozoa sind wahrscheinlich nicht in der Lage, in die Hadalzone einzudringen.

Mit zunehmender Tiefe dominieren die Seewalzen (vor allem Elapsidae; Bild 78), Polychaeta, Bivalvia, Isopoda, Actinaria, Amphipoda und Gastropoda. Zwischen den einzelnen Zonen des Hadals aber gibt es große Unterschiede. Eine Übersicht über die maximale Tiefenverbreitung von Benthostieren zeigt die Tabelle 5-12. Soweit die Tiere nicht vom Sediment und in ihm leben, müssen sie sich aus ihm heraushalten, was wörtlich zu nehmen ist. So sind hier langstielige Haarsterne (Crinoidea; Bild 79) typisch, ebenso wie z.B. die bis 2 m hohe Seefeder *Umbellularia encrinus*, die ihren Tentakelschopf am oberen Ende des langen Stiels hat, der mit einer knollenförmigen Verdickung im Sediment sitzt. Vom gleichen Ökotypus sind die Glasschwämme *Monoraphis chuni* und *Farrea* spec., die sich als Filtrierer 1 bis 2 m über den Boden erheben.

Die Tiefseekrabben *Platymaia wyville-thomsoni* (Decapoda) und *Plesionika longipes* (Brachyura) mit ihren langen Schreitbeinen, wie auch *Benthosaurus* spec. (Bild 80), ein epibenthischer Fisch, der mit seinen verlängerten Brustflossen und einem langen Strahl des Schwanzes stelzenartig über den Untergrund hüpft, wie es Honot durch das Fenster eines

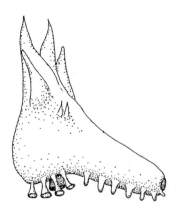

Bild 78
Die Tiefsee-Holothurie *Peniagone wyvillei* (9 cm Größe) (nach *Marshall* 1957)

5.6 Tiefsee

Tabelle 5-12: Bis jetzt bekanntes maximales Tiefenvorkommen von Tierarten im Hadal (aus Wolff 1980)

Tiergruppe	Gattung und Art	Tiefe	Tiefseegraben
Formaminifera	*Sorosphaera abyssorum* Saidova	10 415–10 687	Tonga
Porifera	*Asbestopluma occidentalis* (Lambe)	8 175– 8 840	Kuril-Kamchatka
Hydrozoa	*Halisiphonia galatheae* Kramp	8 210– 8 300	Kermadec
Scyphozoa	*Stephanoscyphus* sp.	9 995–10 002	Kermadec
Pennatularia	*Umbellula* sp.	6 620– 6 730	Kermadec
Antipatharia	*Bathypathes patula* Brook	8 175– 8 840	Kuril-Kamchatka
Actiniaria	*Galatheanthemum* sp.	10 630–10 710	Marianas
Turbellaria	1 sp.	6 200	Milne Edwards
Nematoda	1 sp.	10 415–10 687	Tonga
Nemertea	1 sp.	7 210– 7 230	Kuril-Kamchatka
Polychaeta	*Macellicephaloides* n. sp (?)	10 630–10 710	Marianas
Echiurida	*Vitjazema* sp.	10 150–10 210	Philippine
Sipunculida	*Phascollon pacificum* (Murina) und *P. lutense* (Selenka)	6 860	Kuril-Kamchatka
Priapulida	*Priapulus* sp.	7 795– 8 015	Kuril-Kamchatka
Cirripedia	*Scalpellum* sp.	6 960– 7 000	Kermadec
Mysidacea	*Amblyops magna* Birstein & Tchindonova	7 210– 7 230	Kuril-Kamchatka
Cumacea	? *Bathycuma* sp.	7 974– 8 006	Bougainville
Tanaidacea	? *Herpotanais kirkegaardi* Wolff	8 928– 9 174	Kermadec
Isopoda	*Macrostylis* sp.	10 630–10 710	Marianas
Amphipoda	2 spp.	10 415–10 687	Tonga
Decapoda	*Parapagurus* sp.	5 160	Celebes Sea
Pycnogonida	*Heteronymphon profundum* Turpaeva	6 860	Kuril-Kamchatka
Aplacophora	*Chaetoderma* sp.	8 980– 9 043	Bougainville
Gastropoda	1 sp.	9 520– 9 530	Kuril-Kamchatka
Scaphopoda	1 sp.	6 920– 7 657	Bougainville
Bivalvia	*Phaseolus* (?) n. sp.	10 415–10 687	Tonga
Bryozoa	*Bugula* sp.	8 210– 8 300	Kermadec
Crinoidea	*Bathycrinus* sp.	9 715– 9 735	Idzu-Bonin
Holothurioidea	*Myriotrochus bruuni* Hansen	10 630–10 710	Marianas
Asterioidea	*Hymenaster* sp.	8 185– 8 400	Kuril-Kamchatka
Ophiuroidea	1 sp	7 974– 8 006	Bougainville
Echinoidea	*Pourtalesia* sp. (? *aurorae* Koehler)	7 250– 7 290	Banda
Pogonophora	*Heptabrachia subtilis* Ivanov	9 715– 9 735	Idzu-Bonin
Ascidiacea	*Situla pelliculosa* Vinogradova	8 330– 8 430	Kuril-Kamchatka
Piscea	*Bassogigas* sp. (cf. *profundissimus* (Roule))	7 965	Puerto Rico

Tiefenrekord *Myriotrochus bruuni* (Holothurioidea) 10 710 m im Marianengraben

Bathyscaph beobachten konnte, bedienten sich desgleichen Prinzips. Bei Krebsen können gelegentlich auch die Antennen extrem lang sein (Bild 81). Ungeklärt ist bis jetzt, warum im Vergleich mit den meist nur wenige Zentimeter großen Fischen in der Tiefsee Krebse relativ große Formen ausgebildet haben. Dieser Gigantismus ist besonders deutlich bei den Isopoden des Hadal (Bild 72:7). Die Populationsdichten sind im Abyssal und besonders im Hadal häufig sehr unterschiedlich. Im Aleuten-Graben wurde ein Massenvorkommen von rund 500 Ophiuren in 6 300 m Tiefe festgestellt, und die „Vityaz"-Station 3 363 im NE-Pazifik ergab in 6 280 m eine Aufsammlung von nicht weniger als 615 Sipunculida. Aus Bildern, wie sie von beköderten automatischen Kameras aufgenommen wurden, konnte man in kurzer Zeit Ansammlungen von Fischen, Krebsen und Echinodermen feststellen, mit Individuenzahlen, auch in 6 000 m Tiefe, wie sie aus Trawlerhols nicht zu

134 5 Ausgewählte Lebensräume

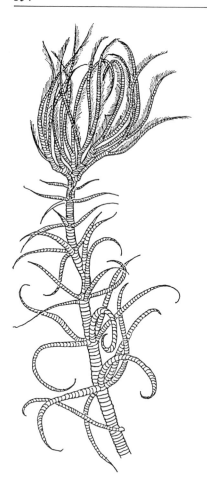

Bild 79
Die Tiefsee-Seelilie *Cenocirnus asterias*
(nach *Grzimek* 1970)

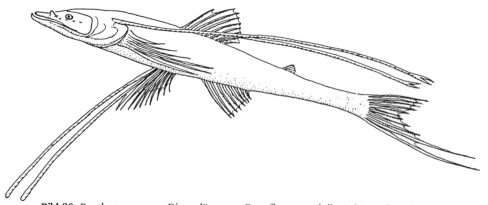

Bild 80 *Benthosaurus* spec. Die verlängerten Brustflossen und die Anhänge der Schwanzflossen dienen als „Stelzen", mit deren Hilfe die Tiere am Boden springen
(nach mehreren Autoren)

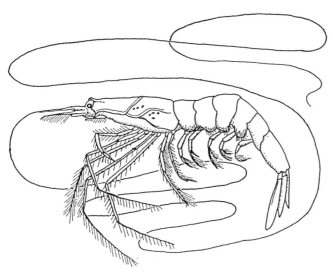

Bild 81 Die Tiefsee-Garnele *Sergestes corniculum* (Größe über 6 cm) (nach *Sund* 1920)

vermuten waren. Die Nahrungsbasis dürften größere Nahrungsbrocken (S. 126) sein, die von den vorgenannten Tiergruppen dann schnell zerlegt werden, ein Teil kommt auch den kleinen Organismen des Benthos zugute.

Die Zooplankton-Populationen erfahren mit zunehmender Tiefe eine Verminderung ihrer Biomasse, die auf 1/100 bis 1/1 000 gegenüber der im Epipelagial zurückgeht (Tabelle 5-11).

Über die Meiofauna der Tiefsee liegen bis jetzt nur wenige Angaben vor. Den höchsten Anteil stellen die Nematoden mit 60 bis 96 %. Ein Beispiel der Diversität und Tiefenverteilung gibt eine Zusammenstellung von *Thiel* aus einer Probe von 5 030 m Tiefe im Indischen Ozean: Die relativ hohe Individuenzahl der Meiofauna entspricht derjenigen mancher sublitoraler Gebiete, die allerdings keineswegs an die des Eulitorals heranreicht.

5.6.5 Warmwassergebiete der Magmareservoire

Es soll hier noch kurz auf ein spezielles Ökosystem (Bild 82) eingegangen werden, wie es im Bereich von Magmareservoiren, so in der Galapagos-Grabensenke mit Hilfe des Forschungstauchbootes „Alvin" (Bild 71) in 2 600 m Tiefe und am ostpazifischen Rücken vor der Küste von Mexiko, entdeckt worden ist. Die Magmareservoire erwärmen das Meer und bewirken eine Wasserzirkulation: Das kalte Meerwasser dringt in die Erdkruste ein, wird dort aufgeheizt und durch den dabei entstehenden Druck durch das poröse Lavagestein in das freie Wasser zurückgepreßt, wo es mit Temperaturen von 300 bis 400 °C in heißen Quellen austritt. Zuvor hat es aus dem vulkanischen Gestein Gase und Mineralien (s. Erzschlämme) ausgelaugt. Besonders hohe Konzentrationen erreichen dabei Schwefelwasserstoff und Stickstoffverbindungen. Diese, in Verbindung mit im Wasser gelöstem CO_2, bilden die Nahrungsgrundlage für chemoautotrophe Bakterien (Bd. I, S. 126).

Um die heißen Tiefseequellen der vorerwähnten Gebiete haben sich Populationen von Miesmuscheln (Mytilidae), Venusmuscheln (Veneridae) und Bartwürmern (Pogonophora) entwickelt, die ihrerseits auch wieder relativ zahlreichen Tiefseefischen als Beute dienen.

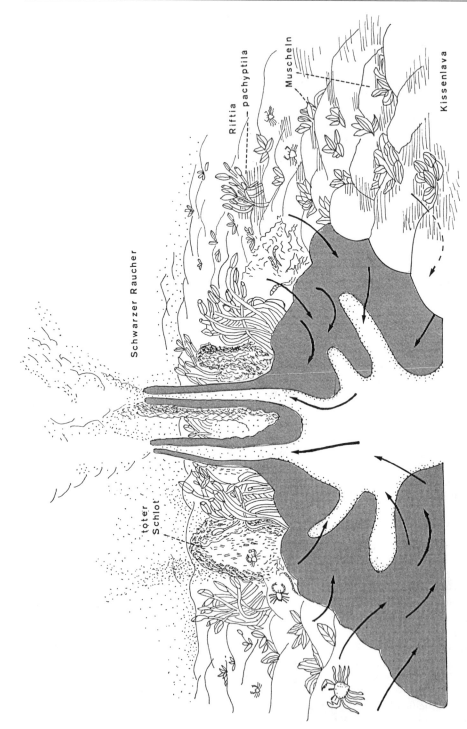

Bild 82 Schematische Darstellung einer heißen Tiefseequelle und der Fauna ihrer Umgebung (die Pfeile zeigen die Wasserbewegung)

5.6 Tiefsee

Tabelle 5-13: Anzahl der Individuen der Meiofauna für 1 cm starke Schichten (etwa 25 cm^3) in 5030 m Tiefe im Indischen Ozean (nach Kinne)

Schicht	Nematoda	Harpacticoida	Ostracoda	Nauplien
0 – 1 cm	58	1	2	
1 – 2 cm	31	2		1
2 – 3 cm	7			
3 – 4 cm	5			
4 – 5 cm				
5 – 6 cm	2			
6 – 7 cm	2			

Ursprünglich hat man angenommen, daß Muscheln und Pogonophora als Filtrierer die Schwefelbakterien direkt durch Abfiltrieren nutzten. Es zeigte sich dann aber, daß sie mit diesen eine Symbiose bilden. Bei den Venusmuscheln sitzen die Schwefelbakterien in den Kiemen. Bei *Riftia pachyptila* (eine etwa 1,5 m lange, aber, wie alle Pogonophora, sehr dünne Form, etwa 1 mm im Durchmesser) ist ein sogenanntes Trophosom ausgebildet, das mit den Geschlechtsdrüsen etwa die Hälfte des ganzen Körpers ausmacht. Das Trophosom beherbergt die Schwefelbakterien. Diese erhalten den notwendigen Schwefelwasserstoff aus dem Blut des Bartwurms, wo er an ein Eiweiß gebunden ist. Erst im sauren Milieu des Trophosoms wird das hochgiftige H_2S vom Protein abgetrennt, durch dessen Ankopplung die Atmungsenzyme vor einer Vergiftung geschützt sind. Zwar gibt es auch eine Vergesellschaftung von Schwefelbakterien und Muscheln in schwefelwasserstoffhaltigen Sedimenten von Küstengebieten und Flußmündungen, aber die Leistungsfähigkeit der vorgenannten Tiefseegesellschaften im Grenzbereich der Magmareservoire erreichen sie nicht. Die Bakteriendichte ist hier 100 bis 1 000 mal größer als im angrenzenden Tiefseewasser. Die Besiedlungsdichte mit Muscheln erreicht den 2- bis 3-fachen Wert gegenüber den Populationen des Oberflächenwassers derselben Region. Für den sonst sehr armen Tiefseebereich ist das außerordentlich viel. So ist es nicht verwunderlich, daß in der Woods Hole Oceanographic Institution Laborversuche zur Simulation des beschriebenen Ökosystems angelaufen sind mit dem Ziel, die in der Tiefe lebenden Muscheln für Marikulturanlagen zu nutzen.

Aus den heißen Quellen am Meeresgrund wurden Archebakterien isoliert, die noch bei 110 °C wachsen. In vulkanischen Quellen im Mittelmeer kommen begeißelte Arten vor, die 92 °C ertragen, bei 83 °C gutes Wachstum zeigen und bei 64 °C in eine Kältestarre fallen.

6 Nutzung des Meeres durch den Menschen

6.1 Seefischerei

6.1.1 Fischfang und Nahrungsversorgung aus dem Meer

Sieht man ab von der noch in den Anfängen stehenden Marikultur, dann ist die Seefischerei immer noch eine primitive Art des Nahrungserwerbs, auch wenn die Fangmethoden (Bild 83) vom Fischspeer bis zur hochtechnisierten Ausrüstung reichen. Die Ausbeutung des Meeres ist gleichsam im Stadium des „Jägers und Sammlers" geblieben. Der Mensch nimmt, was ihm die Natur bietet, und manchmal auch mehr, als ihrem Gleichgewicht gut tut. Es gibt keine ausgereiften Kulturmethoden und keine Herdbuchzuchttiere wie auf dem Festland.

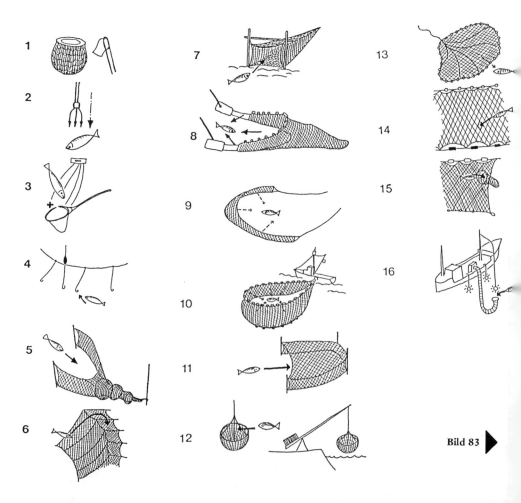

Bild 83

5.6 Tiefsee

Bild 83 Fischereimethoden. Ihre Anwendungsbereiche:
U = Ufer-, K = Küsten-, H = Hochsee-, F = Fernfischerei.
1. Sammelfischerei: Auflesen mit behelfsmäßigen Geräten, aber meist mit typischem Sammelkorb. Genutzt beim Einsammeln von Muscheln (U, K), Tauchen nach Korallen, Schwämmen, Perlmuscheln (K, F).
2. Fang mit verwundenden oder klemmenden Geräten: Speer, Harpunen, Zangen und Harken. Harpunen im Walfang (K, H, F) – Klemmen für Muscheln, Schnecken, Seeigel, Krebse, Fische (K) – Harken für Muscheln.
3. Fang nach Betäubung durch Fischgifte (z. B. Kokkelskörner), Unterwasserexplosionen oder Elektrizität. Dynamitfischerei (U, K) meist verboten, aber leider immer noch gehandhabt – Elektrofischerei (K, H).
4. Angelfischerei: Anbieten eines Köders an stehender, treibender oder geschleppter Angel mit ein- oder vielfachem Hakenbesatz. Langleinen am Grunde stehend für beispielsweise Kabeljau (K) oder Heilbutt (K, H) oder treibend für Thune (H) und Schwertfische (H) – Reißangeln für Störe (K) – Pieke für Kabeljau (K, F).
5. Fang mit Fallen (meist Reusen): die Beute kann in diese leicht eindringen, aber nur schwer wieder herauskommen. Großreusen für Thune im Mittelmeer und an den japanischen Küsten (K) – Bundgarne für Heringe und Aale (K) – Hölzerne Körbe und Reusen aus Netzwerk für Fische und Krebse (K).
6. Fang mit Luftfallen: springende Fische und Krebse, evtl. aufgescheucht, werden über Wasser gefangen. Meeräschenfischerei mit Veranda – Netzen (K) – auch Aufscheuchen vom Boot aus (vor allem in Südasien (K)).
7. Hamenfischerei: die Beute wird in Netzsäcken gefangen, die in die Strömung gestellt werden. Stell- und Bootshamen besonders in Flußmündungen auf Aale, Krabben und Heringe (K), auch gelegentlich Hochseehamen (H).
8. Schleppnetzfischerei: mit über den Grund oder durch das freie Wasser (pelagisch) geschleppten Netzsäcken. Meist ergiebigste, aber technisch aufwendigste Fangmethode. Dredgen für Muscheln (K) – Baumkurren für Plattfische und Krebse (K) – Grundschleppnetze oder semipelagische Schleppnetze (K, H, F) – Schwimmschleppnetze (K, H, F).
9. Zugnetzfischerei: ein von der Größe des Netzes abhängiges Gebiet wird mit dem Netz umstellt und die Beute durch Heranziehen des Netzes gefangen. Strandwaden (U) – Bootswaden (K) und sogenannte Danish-seine-nets in vielen Teilen der Welt (K).
10. Fischerei mit Umschließungsnetzen: pelagische Fischansammlungen werden von den Seiten und von unten mit Netzwerk umgeben und durch dessen Zusammenziehen gefangen. Lamparanetze und Ringwaden besonders für Sardinen und Verwandte, Thune und andere makrelenartige Fische, Lachse, aber auch Kabeljau. Mengenmäßig wichtigste Fangmethode (K, H, F).
11. Fischerei mit Jagenetzen: die Fische werden in die Geräte gescheucht, meist Kiemennetze, auch schaufelförmige Spezialnetze (K).
12. Fang mit Senknetzen (Hebenetzen): waagrecht ausgelegte Fanggeräte werden schnell hochgezogen, wenn die Beute sich über ihnen befindet. Kleine Senknetze von Brücken und Molen (U) – größere mit Galgen evtl. von Flößen und Booten (K) – Großgeräte wie das Basnig der Philippinen und das Stick-held-dipnet der Japaner (K, H).
13. Fang mit Stülpgeräten: Das Fanggerät wird über die Beute gestülpt. Stülpkörbe der Asiaten für krautiges Flachwasser – Wurfnetze für hakfreies Gewässer, evtl. auch für größere Tiefen (K).
14. Kiemennetzfischerei: Fische versuchen Netzwände zu durchschwimmen und bleiben evtl. in den Maschen stecken, sie „maschen" sich. Stehende, treibende und schwebende Netzwände – Stellnetze – z. B. für Kabeljau (K) – große Treibnetzreihen (Fleete) z. B. für Heringe, Sardinen, Makrelen usw. (H).
15. Fischerei mit verwickelnden Netzen: Fische oder Krebse verwickeln sich in losem, meist kleinmaschigem Netzwerk. Einwandige Netze für Störe (K) – Dreiwandige Netze für Plattfische (K) – Zweiwandige Netze (K).
16. Fischerei mit Erntemaschinen: automatisches Einsammeln mit Hilfe von Pumpen und Förderbändern. Fischpumpen im Kaspischen Meer (K) – Muscheldredgen mit Spüleinrichtungen, Saugrohren oder Förderbändern (K) – Algen-Schneide-, Sammel- und Transportfahrzeuge (K)

(nach *Victor* 1973, umgezeichnet)

Drei Wege des Fischfangs werden wie eh und je beschritten:
a) man holt die Fische mit Kescher oder Netz aus dem Meer (primitives Handnetz bis zum modernen Trawl);
b) man lockt sie durch Köder, an einen Haken anzubeißen;
c) man stellt ihnen Fallen (Hummerkörbe, Aalreusen).

Fischpumpen sind vorerst für den direkten Fang, von Ausnahmen abgesehen (s. S. 138), noch nicht üblich. Dynamitfischerei ist weltweit verboten und nicht nur die primitivste Fangmethode, sondern wegen ihres Schadens an den Fischbeständen auch die dümmste. Doch diese Dummheit ist offensichtlich nicht auszurotten. In den Gebieten mit ausreichend großem Gezeitenbereich, besonders an den pazifischen Küsten, erbringt auch heute noch die Sammelwirtschaft (vor allem „Marisco"-Fischerei) weithin die Nahrungsgrundlage für die Küstenbevölkerung. Die Fischerei hat sich in vier Zweigen entwickelt, deren Arbeitsbereiche sich aus den Namen ergeben: Uferfischerei, Küstenfischerei, Hochseefischerei und Fernfischerei. Ihnen entsprechen auch Größe und Ausrüstung der Fahrzeugeinheiten. In der Fernfischerei zeigen sich heute Ansätze zum Einsatz multinational finanzierter Fangflotten. Andererseits stoßen bei der Hochseefischerei die nationalen Interessen (s. auch S. 213, „Internationales Seerecht") hart aufeinander. Die Schwierigkeiten zur Festsetzung von Fangquoten im „EG-Meer" zeigen dies deutlich; ebenso wie früher der „Kabeljau-Krieg" zwischen England und Island.

Objekt der Seefischerei sind verhältnismäßig wenige Fischarten, über deren Verbreitung bzw. Fanggebiete im Nordostatlantischen Ozean die Farbtafel eine Übersicht gibt (s. a. Bd. I, S. 48–57). Da Fischfang und -absatz einander bedingen, haben Eßgewohnheiten darauf einen wesentlichen Einfluß. Auffällig für die Bundesrepublik ist, abgesehen von Hering in jeder Form, der bevorzugte Konsum von Rotbarsch (*Sebastes marinus*).

Der Weltfangertrag an Fischen, Krebsen und Muscheln, der zu 70 % der Ernährung des Menschen dient (Rest: Fischmehl), kam 1980 zu 95 % aus den Schelfgebieten. Dies geschieht nicht deswegen, weil sie hier leichter zu erreichen wären, sondern weil beim Abfall der Meerestiefe unter 300 m die Nährstoff- und Biomassekonzentrationen so gering sind, daß dort keine nennenswerten Mengen fischbarer Tiere mehr vorkommen. Die Areale der Schelfgebiete sind rund 6 mal größer als die von der Landwirtschaft genutzten Flächen auf der Erde. Trotzdem ist allein die Welterzeugung an Getreide, unserer wichtigsten Kohlenhydratquelle, mengenmäßig rund 26 mal größer als der Fischereiertrag. An Geflügel- und Säugetierfleisch wird z. Z. mehr als das Doppelte (rd. 160×10^6 t) produziert, als uns die Anlandungen an Fischen aus dem so großen Meer liefern, von dem viele erwarten, es könnte eine wachsende Erdbevölkerung mit Eiweiß versorgen.

Aus den relativ genauen Registrierungen der Food and Agriculture Organisation (FAO) der Vereinten Nationen in Rom geht hervor, daß gegenüber den frühen 50er Jahren die heutigen Fischereierträge mehr als 300 % höher liegen. Trotzdem machen sie wertmäßig nur 1/10 der Gewinne aus der Erdölwirtschaft, nämlich rund 15 Millionen US$ aus, und seit Jahren stagnieren die Erträge der Fischerei bzw. sind teilweise rückläufig. Die Entwicklung der weltweiten Seefischerei zeigt Tabelle 6-1.

Läßt sich durch entsprechende Anstrengungen das Meer als Produktionsareal für unsere Nahrungsmittel besser nutzen, als es z. Z. der Fall ist? Läßt sich eine Steigerung der Fischanlandungen, wie sie die letzten 50 Jahre brachten, fortsetzen?

Gegenwärtig sieht es nicht so aus!

Während von 1970 bis 1980 die Weltbevölkerung um rund 20 % wuchs, nahmen die Fischereianlandungen nur etwa 8 % zu, die Produktion landwirtschaftlicher Erzeugnisse (Fleisch, Getreide und Geflügel) aber stieg relativ stärker an als die Bevölkerung, nämlich zwischen 25 % und 45 %. Dabei zeichnen sich für den Bereich der Entwicklungsländer noch erhebliche Steigerungsmöglichkeiten ab. Worin sind diese Unterschiede begründet?

6.1 Seefischerei

Tabelle 6-1: Erträge der marinen Fischerei, weltweit in Tausend Tonnen (nach FAO)

	1976	1977	1978	1979	1980
Fische	55 211	53 486	44 030	55 179	55 462
Krebse	2 419	2 709	2 834	3 016	3 157
Weichtiere	4 242	4 466	4 563	4 630	4 950
Andere Meerestiere (o. Wale und Robben)	114	175	151	149	140
insgesamt	61 986	60 836	62 578	62 974	63 709

zum Vergleich: 1948 etwa 20 000

Sie liegen in historischen und biologischen Gegebenheiten, die Nellen (1980) im Rahmen der Internationalen Rundfunk-Universität wie folgt dargestellt hat:

„Eine nennenswerte Rolle als Eiweißlieferant hat das Meer weltweit erst seit ganz kurzer Zeit zu spielen begonnen. Seine Nutzung als Fischereigebiet setzte viel später ein als seine Nutzung als Verkehrsweg für Transport, Handel und Eroberungszüge. Abgesehen von kleineren Volksstämmen, wie Eskimos und Polynesiern, war das Meer mit seinen Fischen, Robben und Walen kaum für ein Volk lebensnotwendig. Trotz ihrer großen technischen Leistungen fischten die Ägypter auf Süßwasserfische im Nil und nicht auf Makrelen und Sardellen im Mittelmeer. Die see-erfahrenen Wikinger suchten nicht die Güter des Meeres, sondern neues Land und fremde Schätze."

Erst vor weit weniger als 1 000 Jahren erblühte wirtschaftlicher Wohlstand daraus, daß Menschen begannen, marines Gut, nämlich Meeresfische, systematisch auszubeuten. Mit dem Entstehen von größeren und organisierten Gemeinwesen im frühen Mittelalter wurden u. a. auch Fischereirechte verliehen. Berufsständische Organisationen und ganze Städte erfreuten sich mehr und mehr fischereirechtlicher Privilegien. Galten die Fischer in der Antike noch als arm – Plautus (um 200 v. Chr.) nennt sie spöttisch die Hungerrasse der Menschheit –, kommt die Fischwirtschaft erst im Mittelalter zu hoher Blüte. Der Kaufmannsbund der „Hanse" mit seinen weitreichenden Handelsbeziehungen monopolisierte im 13. Jahrhundert die Ausbeute der damals sehr großen Heringsbestände im Öresund. Durch den Export von Salzheringen in fast alle europäischen Länder machte die Hanse ansehnliche Gewinne.

Gegen Ende des 15. Jahrhunderts kam diese Fischerei nach 200jähriger Blüte zum Erliegen. Aus nicht bekannten Gründen – möglicherweise war es eine Überfischung – blieben die Heringe plötzlich aus. Der Bestand erholte sich auch später nicht wieder. Nun erkannten die Holländer ihre Chance, und sie entwickelten eine beachtliche Heringsfischerei in der bis dahin wenig befischten Nordsee. 400 Jahre lang, nämlich bis zum 18. Jahrhundert, war Holland die führende Fischereination der Welt. (Heute entfallen 5 % des Weltseefischfangs auf die Nordsee, die nur 0,16 % der Gesamtfläche der Ozeane umfaßt.)

Die beiden Beispiele zeigen, daß Fische zwar eine willkommene Bereicherung der Speisekarte, aber zur Linderung von Hungersnöten weniger wichtig waren. Auch war das Meer nur an seinen Rändern Wirtschaftsraum, der erst heute eine ständige Ausdehnung erfährt. Kann das nicht auch eine Steigerung der Fischereierträge zur Folge haben? Zweimal stiegen die Fischanlandungen sprunghaft an, einmal, wie schon erwähnt, in der Zeit der Hanse, die sich die Möglichkeit der Salzpökelung von Heringen zu Nutzen machte, und zum anderen, als Motorkraft und die um 1870 aufkommende Schleppnetzfischerei eine hohe Ertragssteigerung pro Fahrzeugeinheit brachte. Hinzu kamen die Fortschritte in der Kühltechnik und der Marktorganisation. Erst in unserer Generation wurde es möglich, Fisch, der um 16 Uhr in Bremerhaven zur Auktion kam, am nächsten Morgen in München ab 8 Uhr dem Käufer anzubieten. Technisch unterentwickelte und wirklich unter Nahrungsknappheit leidende Länder tun sich auch heute noch schwer mit der Lösung von Transport- und Marketingproblemen. Indien z. B. kann zwar eine Atombombe bauen, aber seine Einwohner nur mit 4,5 kg Fisch pro Kopf und Jahr versorgen. Die beiden deutschen Staaten zusammen fangen 9 kg pro Einwohner, aber niemand ist hier unbedingt auf Fischeiweiß angewiesen, das nur etwa 10 % des Gesamteiweißverbrauchs deckt. Lediglich Portugal, Thailand und Japan beziehen rund 80 % ihres Eiweißbedarfs aus dem Meer. Von letzterem werden ca. 100 kg Fisch pro Einwohner im Jahr gefangen. Japan ist die bedeutendste Fischerei-Nation (Tabelle 6-2). Nur ein Land ernährt sich nicht nur weitgehend vom Fisch, sondern lebt auch davon: Island. Jedem Einwohner stehen hier jährlich fast 5 000 kg Fisch zur Verfügung, und die Einkünfte aus der Fischerei machen einen wesentlichen Teil des Bruttosozialprodukts von Island aus. So wird es verständlich, daß es die Fischgründe vor seinen Küsten zunächst durch einseitige Erweiterung seines Hoheitsgebiets (die mittlerweile Teil des Internationalen Seerechts geworden sind) und durch Waffengewalt zu schützen suchte.

Tabelle 6-2: Fangerträge der Hauptproduktionsländer für das Jahr 1980 im Vergleich zur Bundesrepublik Deutschland

Japan	10 410 442
UdSSR	9 412 147
China	4 240 000
USA	3 634 526
Chile	2 816 706
Peru	2 731 358
B.R. Deutschland	296 931

Die Steigerung des Fischfangs im Vergleich zu der der landwirtschaftlichen Produktion hat aber auch noch ein biologisches Handicap. Landwirtschaftliche Ernten erfolgen praktisch in einer Ebene und können auf konzentrierten Flächen betrieben werden. Fische verteilen sich im dreidimensionalen Raum, und selbst da, wo sie in dichten Schwärmen auftreten, ist ihre Ortung technisch aufwendig und von Tag zu Tag erneut notwendig. Im allgemeinen ist die Biomasse Fisch auch wesentlich geringer konzentriert als die Biomasse auf normalen landwirtschaftlichen Nutzflächen; erstere ist nicht das Primärprodukt. Auf dem Land sind das meist große, mehrzellige Pflanzen, im Meer sind es fast ausschließlich einzellige Algen. Auch wenn hier wie da die Größenordnung der Primärproduktion pro Boden- bzw. Meeresoberfläche etwa gleich sein kann, steht der Fisch je nach Art mehr oder weniger weit von den Primärproduzenten in der Nahrungspyramide entfernt, die bei jeder Stufe nur etwa 10 % der Biomasse von der darunterliegenden ausmacht. Betrachtet man die Erträge der Fischerei (Tabelle 6-1; Bild 84), so sieht man, daß sie teilweise rückläufig waren, bzw. sich größenordnungsmäßig stabilisiert haben. Bedeutet dies, daß die Fischbestände optimal genutzt werden oder sogar überfischt sind? Regional ist dies für einige Arten der Fall, weltweit sind die Fischreserven im Augenblick noch nicht alle beansprucht. (In der gesamten Nahrungsmittelproduktion der Welt macht der Fischfang nur ca. 1 % aus). Die FAO schätzt unter der Voraussetzung, daß sich Fangmethoden und Auswahl der befischten Bestände nicht wesentlich ändern, das zugängliche Potential

6.1 Seefischerei

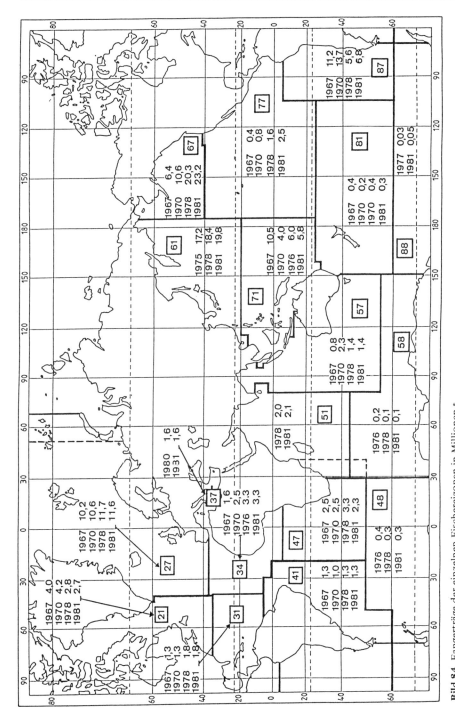

Bild 84 Fangerträge der einzelnen Fischereizonen in Millionen t (nach *FAO-Bericht* 1983)

der Weltmeere auf rund 120 Mio. t pro Jahr (Atlantik 53,7 Mio. t, Pazifik 55,5 Mio. t, Indischer Ozean 7,3 Mio. t, Mittelmeer 1,7 Mio. t).

Für 1985 rechnete die FAO unter Berücksichtigung des Bevölkerungszuwachses und der Einkommensentwicklung mit einem Bedarf von 107 Mio. t. Das bedeutet, daß das Potential der Seefischerei noch in diesem Jahrzehnt an seine Grenzen stoßen dürfte. Eine Erweiterung ist möglich durch die Binnenfischerei und die Teichwirtschaft mit Erträgen von ca. 20 Mio. t in den 80er Jahren. Für die Zukunft wird es erforderlich werden, nicht nur die bereits befischten oder leicht befischbaren Bestände zu nutzen, sondern auch auf andere Meerestiere zurückzugreifen, deren Fang heute noch wirtschaftlich unrentabel, bzw. deren Verwertung problematisch ist (z. B. Krill, Tiefseecephalopoden). Zunächst aber könnte bessere Ausnutzung der Bestände durch Optimierung der Fangtechniken und der Weiterverarbeitung möglich sein.

Die Erträge der weltweiten Fischerei werden von der FAO für die von ihr festgelegten Fischereizonen (Bild 84) erfaßt. Daran sind die einzelnen Staaten sehr unterschiedlich beteiligt. Tabelle 6-2 zeigt die sechs wichtigsten Fischerei-Nationen und die Anlandungen in der Bundesrepublik.

Im Vergleich zu den Fischen spielen die übrigen Meerestiere eine untergeordnete Rolle. Von ihnen erreichen die Weichtiere immerhin etwa ein 1/10 der Fischmengen. Es sind vorzugsweise Muscheln (Austern, Kamm-, Mies-, Herz- und Venusmuscheln) und Tintenfische (*Octopus*, *Sepia* und große Kalmare). Erstere müssen fast ausschließlich vom Boden oder im Sand auf- bzw. von Felsen abgesammelt werden, und zum Fang letzterer bedient man sich einfacher Speere oder Harpunen und für die schnellschwimmenden Kalmare entsprechender Netze. Das Sammeln von Meeresschnecken, wie z. B. das der relativ großen, wohlschmeckenden *Concholepas concholepas* an der peruanischen und chilenischen Küste, hat nur regionale Bedeutung.

Krebse machen jährlich ca. 3 000 000 t Fanggewicht aus, wobei die großen, wie Hummer und Langusten, in Reusen geködert werden. Es ist eine umständliche und zeitaufwendige Fangart, bei der aber der hohe Preis der geschätzten Delikatesse meist die Mühe lohnt. Garnelenfang geschieht mit dem Ottertrawl oder mit Balken-Schleppnetzen.

6.1.2 Heringsfischerei

Auf die Fischerei und Biologie des Herings (*Clupea harengus*) sei hier noch kurz eingegangen, einmal wegen seiner großen Bedeutung am Gesamtfischfang (1980: Hering, Sardinen, Anchoveta rund 16 Millionen t weltweit bei etwa 52 Millionen t des Gesamtfischfangs), aber auch wegen seines Schwarmverhaltens und weil er einer der am besten untersuchten Wanderfische ist.

Der Hering ist im gesamten Nordatlantischen Ozean und bis in die Ostsee verbreitet. Im Pazifischen Ozean hat die nahe verwandte Art *Clupea pallasii* ein ähnlich großes Verbreitungsgebiet. Es gibt mehrere Heringsrassen, die unterschiedliche Lebensräume haben und zu unterschiedlichen Zeiten laichen. Die wichtigsten Rassen mit ihren Laich- und Freßgebieten sind in Bild 85 angegeben (Bd. I, 49—50). Der Hering ist der einzige wirtschaftlich wichtige Knochenfisch, der bodenhaftende Eier ablegt, je Weibchen und Jahr um 22 000 Stück. In den Laichgebieten sind sie auf flachem Geröll in ungleichmäßigen Klumpen verteilt, die mit Dredschen nur schwierig hochzuholen sind, obwohl sie meistens in nur 40 m Tiefe abgelaicht werden. Indirekt kann man ihr Vorkommen durch den Fang sogenannter Laichschellfische (Schellfische, die zeitweise ausschließlich vom Heringslaich leben) erschließen. Die beiden Haupttypen, der ozeanische Hering und der Schelfhering, vermischen sich praktisch nicht. Ersterer hat sein Hauptverbreitungsgebiet im tiefen Wasser des Atlantischen Ozeans, des Arktischen Meeres und in der Norwegischen See. Die Tiere dieser Population vereinigen sich zu Laichschwärmen, die im Winter und Frühjahr

6.1 Seefischerei

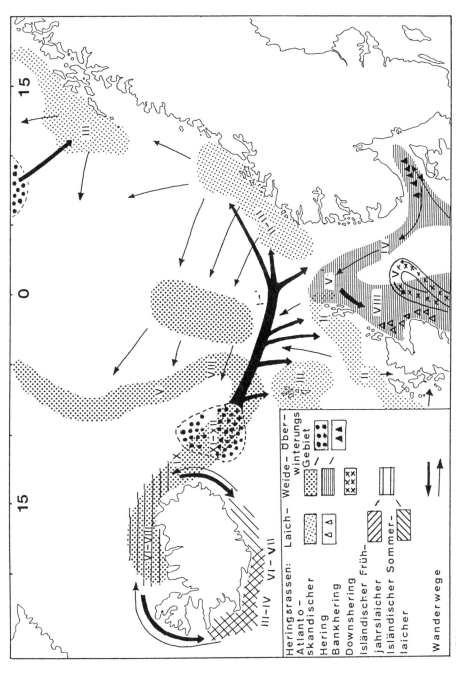

Bild 85 Heringsrassen mit ihren Laich-, Weide- und Überwinterungsgebieten im Bereich der Grönland-, der Norwegen- und der Nordsee; I–XII: Laich-, Weide- bzw. Überwinterungszeit (nach mehreren Autoren aus *Gierloff-Emden* 1975, verändert)

vor die Shetland- und Orkney-Inseln ziehen, ebenso wie in die Irische und Schottische See. Sie bevorzugen ozeanisch-neritisches Mischwasser mit Temperaturen von 6 bis 8 °C. Der Schelfhering (Bankhering) der Nordsee bildet Laichschwärme vor allem im Sommer und Herbst (Bild 85), mit einer Präferenz für neritisches Wasser von 8 bis 12 °C. Die Rassenunterschiede zeigen sich in der Zahl der Wirbel (Ozeanischer Hering über 57, Schelfhering unter 57), bei den Kiemen und den Otolithen.

Bei Temperaturen von 5 bis 6 °C schlüpft der Hering nach 22 Tagen, bei 8 bis 12 °C schon nach 8 bis 10 Tagen. Die „Larven" ernähren sich 3 bis 4 Wochen lang aus dem Dottersack. Danach beginnen sie, Diatomeen, Copepodeneier und Nannoplankton zu fressen. Mit zunehmendem Wachstum sind *Calanus*-Arten (Copepoda) ihre bevorzugte Nahrung. In den ersten Lebenswochen sind Heringslarven ziellos der Strömung ausgeliefert. Am Ende des ersten Lebensjahres, wenn sie etwa 4 bis 8 cm lang sind, wandern sie aktiv aus der Küstennähe in tieferes Wasser. Erst im zweiten Jahr sind die Heringe, je nach Rasse, in ihren Hauptweidegründen zu finden. Sie wachsen auf 13 bis 18 cm heran, sind aber noch sehr dünn. Am Ende des dritten Jahres hat der Jungfisch das Stadium des Fetherings mit ölig mildem Fleisch erreicht, was vor allem auf den Verzehr von *Calanus* (Bild I, 13-4) zurückzuführen ist, während Heteropoden(planktische Schnecken, Bild I, 14-6)-Nahrung fettärmeres Fleisch ergeben. Phytoplanktonreiches Wasser wird im allgemeinen von Heringen gemieden. Ihr Kiemenapparat kann das kleine Phytoplankton nicht abfiltern. Im vierten oder fünften Jahr erreichen Heringe ihre Geschlechtsreife. Sie haben dann meist die Größenklasse III* erreicht. Die ozeanischen Heringe erreichen ihre Geschlechtsreife erst in den Gruppen IV und V.

Die Heringsbestände im Bereich des nordöstlichen Atlantischen Ozeans sind spätestens ab 1970 überfischt worden. Zu ihrer Erholung wurden von den EG-Ländern drastische Fangbeschränkungen eingeführt, und jährlich werden die Fangquoten nach meist erbittertem Ringen um die Anteile neu festgesetzt. Die Anlandungen in der Bundesrepublik Deutschland (Tabelle 6-3) spiegeln das deutlich wieder. Seit 1981 zeichnet sich eine leichte Erholung der Heringspopulationen durch diese Regulierungsmaßnahmen ab.

6.1.3 Fischereiwirtschaft der Bundesrepublik Deutschland

Sie befindet sich zur Zeit in einer schwierigen Situation. Betriebs- und Personalkosten haben erheblich zugenommen, die Anlandungen aber fast aller wirtschaftlich wichtigen Fischarten sind stark zurückgegangen (Tabelle 6-3), teils durch Verminderung der Bestandsgrößen, wie z. B. beim Hering, zum anderen durch Beschränkung der Fanggebiete und durch Quotenregelung. Noch ist der Durchschnittserlös in den letzten 10 Jahren nahezu gehalten worden, aber beliebig lassen sich die Verbraucherpreise für die einzelnen Arten nicht steigern. Bismarck wird die Bemerkung nachgesagt: Der einzige Nachteil des Herings wäre, daß er so billig sei. Aber das ist leider 100 Jahre her, und mit Wehmut werden Wirtschaftsminister daran denken, daß einst der Reichtum der Hanse weitgehend auf dem Handel mit Heringen beruhte.

Die Entwicklung der deutschen Fischereiflotte spiegelt die augenblickliche Situation deutlich wider: 1955 waren 213 Fischdampfer (112 000 BRT) im Einsatz, 1981 noch 32 (70 000 BRT). Die Zahl der Frischfischfänger ist bis Ende 1985 auf sieben Einheiten gesunken.

---

* Heringe werden zur Kontrolle der Bestände und für die Vorausberechnung zu erwartender Fänge in Größenklassen von I−VIII eingeteilt.

Tabelle 6-3: Anlandungen der See- und Küstenfischerei (Eigenfang und Importe) in der Bundesrepublik Deutschland nach Fischarten
(n. Statistisches Bundesamt, BML-223)

Jahr	Hering	Rotbarsch	Seelachs (Köhler)	Kabeljau (Dorsch)	Schellfisch	Krabben u. Krebse	Sonstige	Insgesamt
			Mengen in 1 000 t					
1965	108	127	33	151	6	30	92	546
1970	166	72	60	174	9	38	72	591
1975	53	54	77	120	23	23	84	434
1976	23	55	102	106	20	27	93	426
1977	8	82	68	88	8	18	121	395
1978	8	59	44	73	3	17	190	395
1979	8	48	35	51	3	20	166	330
1980	10	53	24	59	3	15	123	287
1981	14	57	17	59	4	15	135	300
1982	–	–	–	–	–	–	–	193
1983	–	–	–	–	–	–	–	192
Eigenfang		1982	(Frost- u. Frischfisch 34)					99
		1983	(Frost- u. Frischfisch 29)					87
			Wert (Erzeugererlös) in Mill. DM					
1965	45	89	23	101	5	10	55	329
1970	73	60	35	106	5	17	49	345
1975	42	67	71	117	23	29	62	411
1976	20	69	100	112	24	29	82	437
1977	6	108	75	103	10	31	99	433
1978	7	78	49	77	4	32	149	395
1979	5	60	41	55	4	30	149	343
1980	7	62	32	63	3	28	109	304
1981	11	71	24	71	4	35	127	343
1982	–	–	–	–	–	–	–	402
1983	–	–	–	–	–	–	–	381
Eigenfang		1982						243
		1983						191

Die Zahl der kleineren Einheiten hat um mehr als die Hälfte abgenommen (1955: 3 213, 1981: 1 054). Die Logger (100 im Jahr 1955) sind praktisch verschwunden: 1981 gab es noch zwei. Gerade umgekehrt liegen die Verhältnisse bei den großen Fischfang-Nationen UdSSR und Japan. Der gegenwärtige Bestand der Fischereiflotte der Bundesrepublik Deutschland kann wahrscheinlich nur gehalten werden, wenn es gelingt, Konzessionen für fremde Fischereigebiete zu erwerben. Dies wird vor allem für die Schelfgebiete um Grönland (Grönland schied 1984 aus der EG aus) und Canada angestrebt, auch für Fanggebiete auf der Südhemisphäre. Von der Beteiligung an der Krill-Forschung erhoffen sich manche ebenfalls für die Zukunft einen wirtschaftlichen Nutzen.

6.1.4 Fischfang in den Auftriebsgebieten

Ebenso wie das Festland zeigt auch das Meer große regionale Produktionsunterschiede. Die euphotische Schicht, an deren Untergrenze sich Photosynthese- und Respirationsrate der Pflanzen im Tagesdurchschnitt die Waage halten, liegt je nach Eintrübungsgrad des Wassers zwischen wenigen Metern bis über 100 m. Wie weit sie für die tatsächliche Produktion ausgenutzt werden kann, hängt im wesentlichen von dem Angebot an Nährsalzen ab (hauptsächlich N-, P- und Si-Verbindungen). Durch deren Fehlen bzw. bei unzureichender Konzentration sind weite Gebiete des Meeres so produktionsarm, daß sie auch als Wüstenregionen des Meeres bezeichnet werden. Durch die thermische Schichtung (S. 31), wie wir sie vor allem in den wärmeren Meeresgebieten beobachten können, wird auch der vertikale Stoffaustausch weitgehend unterbunden, und die euphotische Schicht verarmt an Pflanzennährsalzen. In den subtropischen und tropischen Regionen ist dies ein permanenter Zustand.

Diese mehr oder weniger statische Situation wird in den Auftriebsgebieten (s. Kap. 3.1.3) unterbrochen. Sie liegen in der Passatwind- bzw. Monsunwindregion. Auftriebsgebiete haben die höchsten biologischen Produktionsraten (Tabelle 6-4) und zugleich auch den größten Fischreichtum (Tabelle 6-5). Insbesondere gilt dies für den Humboldtstrom (Bild 87) vor den Küsten von Nordchile (30 °S) bis Nordperu (3 °S). Wegen der fast einzigartigen ökologischen Zusammenhänge soll auf ihn noch etwas näher eingegangen werden.

Das aus aphotischen Tiefen stammende Wasser (aus 200 bis 300 m und zusätzliches polares Tiefenwasser) ist durch die Mineralisation abgestorbenen Planktons und toter Makroorganismen sowie durch die Austauschprozesse mit dem Boden reich an Pflanzennährsalzen. So können im Humboldtstrom in 100 m Tiefe Konzentrationen von Phosphor (als PO_4^{3-}) über 2,5 mg/l erreichen, das ist das 10fache des Normalwerts. Entsprechend hoch ist in dem relativ kalten und durchschnittlich 150 km breiten Humboldtstrom die tägliche Phytoplanktonproduktion in der Wassersäule (auf Kohlenstoffgehalt bezogen 0,5 bis 3 g C pro m²). Vor Peru sind sogar Maximalwerte von 10 g C pro m² und Tag gemessen worden, obwohl aus dem rund 4 000 km langen Wüstenstreifen kein Nährstoffeintrag durch Flüsse oder Watten erfolgt. Die Stromgeschwindigkeit der Wasserversetzung nach Norden beträgt rund 2,5 bis 3,5 Knoten pro Stunde.

Das vorwiegend einzellige Phytoplankton (Primärproduzent) wird von herbivorem Zooplankton (Copepoden und Euphausiaceen – Konsumenten I. Ordnung) gefressen, das hier seinerseits fast ausschließlich einer einzigen Fischart, der Anchoveta (*Engraulis ringens* – Konsument II. Ordnung) als Nahrung dient. Nach neueren Untersuchungen scheint die direkte Verwertung von Phytoplankton bei der Anchoveta nur eine untergeordnete Rolle zu spielen. Von dem Massenvorkommen dieser kleinen, 12 bis 16 cm großen Sardellenart kann man sich nur dann eine rechte Vorstellung machen, wenn man vom Schiff aus gesehen hat, wie stundenlang die großen Schwärme vorbeiziehen, und man den Eindruck hat, das Meer sei von blinkendem Silber erfüllt und seine Oberfläche koche. Von unten her von den Raubfischen gejagt (Seehecht, Bonito u. a. – Konsumenten III. Ordnung) und aus der Luft attackiert von Kormoranen und Pelikanen (Konsumenten II. bzw. IV. Ordnung), suchen die Fische ihr Heil in schneller Flucht. Aber in diese Schwärme dringen

Tabelle 6-4: Nettoprimärproduktion in einigen Hauptökosystemen der Erde (aus Streit 1980, auszugsw.)

Ökosystem	Produktivität in g C m^{-2} Jahr^{-1}	Flächenausdehnung in %
Erde, insgesamt	ca. 150– 180	100
Weltmeer	ϕ ca. 75	71
Auftriebsgebiete	200– 500	0,1
Kontinentalsockel	100– 300	5
Korallenriffe	250–2 000	0,1

6.1 Seefischerei

Tabelle 6-5: Kommerzieller Fischfang (in 1000 t) in den wichtigsten Auftriebsgebieten im Jahr 1979. In Klammern: Jahr und Höchstertragsquoten (n. Gulland in Kinne 1983, verändert)

		Kalifornien		Peru/Chile		N.W. Africa		Benguela	
Seehecht	(Merluccius)	M. productus	142	M. gayi (500, 1978)	186	M. merluccius M. sengalensis M. cadenati (102, 1976)	37	M. capensis M. paradoxus (804, 1976) M. polli	454 16
Anchoveta	(Engraulis)	E. mordax	303	E. ringens (12 300, 1970)	1413	E. encrasicholus unspezifiziert	2 44	E. capensis unspezifiziert	570 14
Sardine, (Sardinops, Sardina) Kleinsardinen		S. caerulea (791, 1936)	186	S. sagax	3347	S. pilchardus (983, 1976) S. aurita S. maderensis	387 203	S. ocellata (1632, 1968) S. maderensis	96 207
Bastardmakrelen (Tracburus) (Stöcker) (Caranx)		T. symmetricus	17	T. murphyii	1287	T. tracburus T. trecae C. rhoncus (492, 1977)	247	T. capensis T. trecae unspezifiziert	465 272 30
Jap. Makrele	(Scomber)	S. japonicus	36	S. japonicus	213	S. japonicus (170, 1977)	112	S. japonicus	35
Gesamtfang der Region			1616		6899		1632		2519

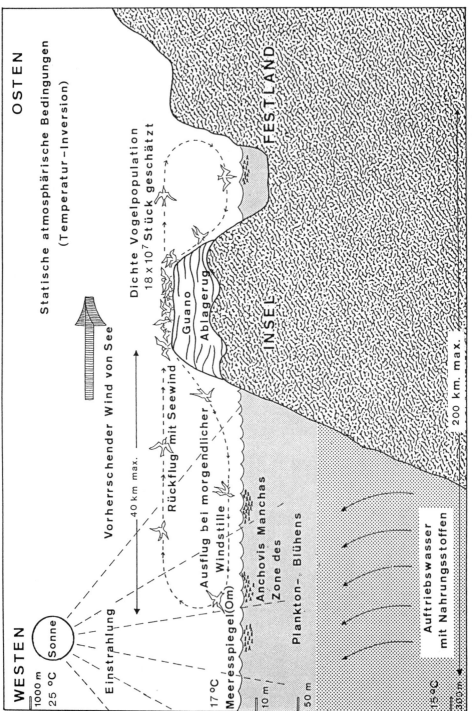

Bild 86 Tagesrhythmische Beziehungen zwischen Guanovögeln und Anchoveta-Population vor der peruanischen Küste (nach *Gierloff-Emden* 1982)

6.1 Seefischerei

die Fischkutter ein, neuerdings vom Flugzeug aus dirigiert, und füllen in wenigen Stunden ihre Laderäume nicht nur randvoll, sondern oft bis zum Überquellen. Förderbänder entleeren an der Mole die Schiffe in kürzester Zeit auf Lastwagen, die ihre Fracht zur nächsten Fischmehlfabrik bringen, und wieder laufen die Kutter aus zum nächsten schnellen Hol. In guten Fangjahren sind so in den peruanischen Häfen (zwischen Mollendo und Paita) bis über 100 Millionen t pro Jahr angelandet worden (das sind rund 1/5 des augenblicklichen Welterträges an Seefischen) und die chilenischen Häfen zwischen Coquimbo und Arica wollten dem nicht viel nachstehen.

Tabelle 6-6 Die weltweite Fischmehlproduktion im Vergleich mit Peru, das den höchsten nationalen Anteil daran hat (nach FAO)

	Weltweit	Peru
1977	4 445 577 t	447 500 t
1978	4 820 523 t	669 700 t
1979	4 942 232 t	688 000 t
1980	4 751 300 t	452 100 t

Aber nicht alle Jahre sind gute Fangjahre. Wenn von Norden her ein äquatorialer Gegenstrom anormal weit nach Süden vordringt und sich über das kalte Auftriebswasser schichtet – das geschieht meist um die Weihnachtszeit im Südsommer – dann weichen die Anchoveta-Schwärme vor dem El Niño-Strom in größere Tiefen oder weiter westwärts aus. Für Kutter und Vögel sind sie dann nur schwer erreichbar. El Niño-Jahre (Bild 87) sind für die kapitalschwache Wirtschaft und vor allem für die Seevögel eine Katastrophe. Ihrer Futterbasis beraubt, verenden sie zu Millionen. Der Fischreichtum des Humboldtstroms wird auch indirekt demonstriert, wenn in stundenlangem ununterbrochenem Vorbeizug die Seevögel nach neuen Anchoveta-Schwärmen suchen. Sie nutzen dazu die windstillen Morgenstunden und fliegen vom mittäglichen Seewind unterstützt wieder zu ihren Wohn- und Nistfelsen zurück (Bild 86). An der weitgehend menschenleeren Wüstenküste taten sie dies Jahrtausende hindurch. So überzogen sie die vorgelagerten Inseln und die Felsen der Küste mit meterdick aufgeschichtetem Dung, dem Guano (Guano rojo werden die tiefliegenden prähistorischen Schichten genannt, Guano blanco sind die rezenten Kotdeponien).

Der Guanoabbau war die erst indirekte Nutzung des Fischreichtums vor der peruanischen Küste. Die Anchoveta spielte als Speisefisch keine große Rolle. In der 2. Hälfte des vergangenen Jahrhunderts war die Haupteinnahmequelle Perus der Export von Guano, gewonnen unter teils unmenschlichen Bedingungen für die Arbeiter, unter ihnen viele Chinesen und aus dem Hochland stammende Indios, die dies meist mit einem nur kurzen Leben bezahlen mußten. Die Anchoveta-Erträge sind unabhängig von den El-Niño-Jahren seit 1970 deutlich verringert (Bild 87), sie haben sich aber in den drei letzten Jahren wieder etwas stabilisiert. Überfischung mag dabei einer der Gründe sein, aber die ungenügende Kenntnis der Biologie von *Engraulis ringens* spielt sicher auch eine Rolle.

Die hohe Produktivität der Auftriebsgebiete ist mit einer raschen Remineralisierung in der Wassersäule und am Boden verbunden, die zu einer starken Sauerstoffzehrung in der Tiefe führen. Dies ist in dem zum Humboldtstrom in der Tiefe entgegengesetzt laufenden Güntherstrom sehr ausgeprägt. Bei völligem O_2-Schwund kann es zur Bildung von H_2S kommen; eine Benthosfauna kann dann nicht mehr existieren. Häufig sind auch Fischsterben in solchen Gebieten beobachtet worden.

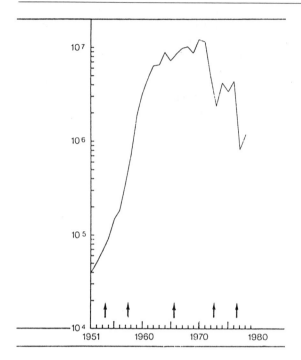

Bild 87
Fangerträge des Peruanischen Anchovis (*Engraulis ringens*), Pfeile kennzeichnen El Niño-Jahre (aus *Lenz* 1981)

Unter anoxischen Bedingungen kann es unter den Auftriebsgebieten zu extrem hohen Werten (bis 17 %) von organischem Kohlenstoff im Sediment kommen. Es ist denkbar, daß sie zur Bildung von Erdöl und Phosphatlagern beigetragen haben.

6.1.5 Fischereiregulierung

Die Fischerei ist ein risikoreicher Industriezweig, bei dem es Interessenkollisionen zwischen Ökonomie und Ökologie gibt, im nationalen wie im internationalen Bereich. So wird versucht, durch Festlegung von Fangquoten eine Fischereiregulierung zu erreichen, die dem Erhalt und, wenn möglich, der Steigerung der Fischereierträge dienen soll. Davon möchten sich die einzelnen Staaten einen möglichst großen Anteil sichern. Schließlich gibt es auch Gruppen, für die jegliche Industrialisierung des Teufels ist. All dies erschwert einen klaren Blick auf die biologischen Gegebenheiten. Besonders problematisch sind die nordostatlantischen Gewässer, weil hier viele Nationen auf den gleichen Fanggründen fischen oder fischen wollen und weil eine sehr große Zahl von Arten befischt wird. Für den Bereich der Europäischen Gemeinschaft werden deswegen die jährlichen Fangquoten, vor allem den Hering betreffend, nach oft schwierigen Verhandlungen festgelegt.

Biologische Voraussetzung dafür ist, daß die Bestandsgröße und ihre voraussichtliche Entwicklung ausreichend genau berechnet werden können. Dafür gibt es mehrere mathematische Modelle. Russel hat 1942 für die optimale Befischung die wesentlichen Faktoren in einer einfachen Gleichung zusammengefaßt:

$$S_2 = S_1 + (A + G) - (C + M)$$

S_1 = Bestand zu Jahresbeginn
S_2 = Gewicht des Bestandes zu Jahresende
A = jährlicher Zuwachs durch Jungfische
G = jährlicher Zuwachs durch Fische, die weiterwachsen
C = Gesamtgewicht, das dem Bestand durch Fischerei im Laufe des Jahres entzogen wird
M = Gewichtsverluste, die dem Bestand durch andere Gründe (Fraß und natürliche Mortalität) entzogen werden.

Parameter der vorstehenden Gleichung wurden auch für die Voraussage von Größe und Zusammensetzung von Heringsschwärmen benutzt, die bei richtiger Prognose eine wesentlich verbesserte Optimierung der Fangstrategien bringt. So wird Fischereiforschung nicht nur zunehmende Bedeutung gewinnen, sondern eine absolute Notwendigkeit werden. Die moderne Computertechnik ermöglicht Simulationsmodelle, die wesentlich detaillierter auf artspezifische und regionale Faktoren eingehen können, als dies mit früheren Methoden der Fall war. Da eine Auswertung der Fangbücher kommerziell arbeitender Schiffe nur bedingt möglich ist, müssen für die Aufnahme eines Fischbestandes repräsentative Proben von jeder Population mit verläßlichen und reproduzierbaren Methoden genommen werden. Immerhin zeigt das Großexperiment des zum Erliegen gekommenen Fischfangs in der Nordsee während der beiden Weltkriege, daß sich einzelne Bestände in dieser Zeit (z. B. Plattfische, Hering, Dorsch, Schellfisch) stark erholt haben (Bild 88), d. h. daß sie davor und später wieder deutlich überfischt wurden. Die Analysen der Fänge in den so ertragreichen Jahren 1919–21 und 1946–47 zeigen aber auch, daß die Populationen in den „Schonjahren" der Kriege überaltert waren und der Anteil kranker Fische zugenommen hatte. Für die Schollen war auch ihre Nahrungsbasis offensichtlich an die Grenze der Erschöpfung gelangt. Die Verbreiterungsgebiete der wichtigsten Speisefische sind seit Generationen durch die Beobachtungen von Fischern bekannt. Genauere wissenschaftliche Analyse der Bestände ergab aber, daß diese oft inhomogen sind, wobei der Zuzug aus verschiedenen Brutgebieten (Bild 85) eine große Rolle spielt. Fischereiregulierung ist zwar eine notwendige biologische und wirtschaftliche Maßnahme, die aber von dem davon betroffenen Fischer oft mit Mißtrauen aufgenommen wird.

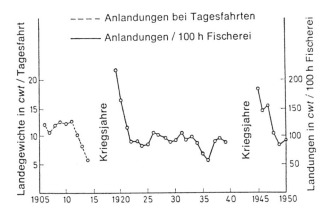

Bild 88

Anladungen von Fisch aus der Nordsee zwischen 1905 und 1950

Maßnahmen zum Schutz eines Fischbestandes umfassen einzelne oder verschieden zu kombinierende Möglichkeiten (Tait 1951):
1. Beschränkung der gesamten Fischerei durch
   a) Beschränkung der jährlichen Gesamtfangquote
   b) Begrenzung der Größe der Fischereiflotte
   c) Begrenzung der Länge der Fischereisaison
   d) Begrenzung von Typ und Größe der Netze und Geschirre
   e) Begrenzung der Gebiete, in denen Fischfang gestattet ist.
2. Schutz der Jungfische, damit möglichst alle Jungfische zu einer wirtschaftlich optimalen Größe heranwachsen können durch
   a) Verbot des Anlandens zu kleiner Fische
   b) Ausschluß der Aufwachsgebiete von der Fischerei
   c) Festlegung von Mindestgrößen für Maschenweiten und Angelhaken.

6.1.6 Fischereimethoden

Die im Bild 83 dargestellte Übersicht zeigt Fischereimethoden, die in ihren primitiven Formen regional auch heute noch zur Anwendung kommen. Aber Fischereigeräte sind im allgemeinen arbeitsintensiv. Es werden nicht nur Arbeitskräfte in großer Anzahl benötigt, sondern diesen wird auch erhebliche körperliche Anstrengung abverlangt, um ein Großgerät in Fangposition zu bringen. Aus kosten- und arbeitsökonomischen Gründen nimmt die Mechanisierung des Fischfangs in steigendem Maße zu. Frühzeitig schon wurden dabei Hebel, Rollen und handbetriebene Winden eingesetzt. Mechanisch und hydraulisch angetriebene Winden bestimmen heute die Deckseinrichtungen der Fischereifahrzeuge. Für das Holen der riesigen Ringwadennetze wurden mechanisch angetriebene Blöcke (Powerblöcke) entwickelt. Powerblöcke können auch für das Holen von Schleppnetzen, Kiemennetzen und schwerem wissenschaftlichen Gerät verwendet werden. Für Netze großer Länge wurden außerdem hydraulisch angetriebene Triplex-Rollen und Transportrollen zum Leiten der Netze an Deck entwickelt. Netztrommeln, eventuell mehrfach übereinander angeordnet, sollen Netze ständig fangbereit halten. Die Fischerei mit Leinen ist besonders arbeitsaufwendig. So werden neuerdings auch Geräte benutzt, mit deren Hilfe die Haken bzw. Hakenschnüre ebenso wie die Köder maschinell befestigt werden. Selbst für das Pilken, d. h. das Auf- und Abbewegen der Angeln, sind Maschinen entwickelt worden. Selbst das Abnehmen großer Mengen von Fischen in Kiemennetzen kann mit Schüttelmaschinen erfolgen, ohne daß die relativ weichen Fische beschädigt werden. Mittels Saugpumpen holt man Fische aus Ringwaden. Gelegentlich werden Saugpumpen auch zum direkten Fang genutzt, z. B. bei der Anchoveta-Fischerei und beim Fang von Fischen und Kalmaren, die durch Licht angelockt werden. Lichtfang spielt an den Mittelmeerküsten immer noch eine große Rolle und ergibt nachts oft ein bunt illuminiertes Bild.

Von den Netztypen (Bild 83) seien hier nur drei etwas eingehender vorgestellt.

Mit der *Ringwade* können die größten Fänge getätigt werden, aber nur im pelagischen Bereich. Optisch oder mit Echolot geortete Schwärme (Lachse, Makrelen, Thunfische, Sardinen, Heringe und Heringsartige) sind damit zu erbeuten. Für das Setzen des Netzes sind entweder zwei Fahrzeuge, von denen eins mit großer Geschwindigkeit den Schwarm umfahren muß, oder ein Fahrzeug und eine stationäre Boje erforderlich. In einer Kreisbahn wird das bis 500 m lange Netz ausgefahren. Sein Obersimm, an Schwimmern befestigt, schwebt an der Wasseroberfläche. Der Untersimm ist beschwert und hängt in 50– 100 m Tiefe; am unteren Rand läuft über Ringe die Schnürleine. Wenn das umfahrende Boot oder Schiff seinen Ausgangspunkt erreicht hat und der Schwarm im Innern der nach unten offenen Ringwade ist, werden über einen Powerblock die Schnürleine und der

6.1 Seefischerei

untere Netzteil eingeholt, so daß das Netz napfförmige Gestalt erhält und die Beute im Zentrum zusammengedrängt wird. Dort kann sie dann ausgeschöpft werden.

Der *Ottertrawl* ist ein Schleppnetz, dessen trichterförmiger Beutel seitlich in zwei Flügel ausläuft. Das Grundseil hat Kugeln bzw. Rollen als Gewichte, und das Kopfseil trägt Schwimmer. Von den Flügeln geht über einen Hahnepot je eine einfache Trosse (bis 2 1/2 cm ⌀ und bis 90 m lang) zu den beiden Scherbrettern (starke Bohlen, mit Eisen beschlagen), von ihnen aus verlaufen die Kurrleinen zum Schiff. Die Zugkräfte müssen so ausbalanciert sein, daß jedes Scherbrett sich im Winkel zur Zugrichtung stellt und das Netz durch den Widerstand gegen das Wasser offenhält.

Das *Schwimmschleppnetz* kann so eingestellt werden, daß es in beliebiger Tiefe fischt. Für seine „Handhabung" sind starke Maschinen erforderlich. Die Kurrleinen laufen über Rollen am Deck und dann zur Winsch. Viele Trawler arbeiten mit Galgen auf beiden Seiten oder sind als Heckfänger mit einer entsprechenden Aufschleppe versehen. Die Netze werden an Deck entleert und der Fang sofort sortiert.

6.1.7 Fischereifahrzeuge

Die Entwicklung ging von zunächst unspezialisierten Flößen, Einbäumen und fellbespannten Kanus aus — die auch heute von Fischern nicht technisierter Küstengebiete benutzt werden — und führte zu hochentwickelten und auf bestimmten Fangtechniken spezialisierte Einheiten. Bild 89 gibt Beispiele für deutsche Fischereifahrzeuge von den Pfahlewern bis zu modernen Motorschiffen. Mit hoher Spezialisierung sinkt allerdings die Flexibilität der Einsatzmöglichkeit, was gerade bei der Unsicherheit der für die deutsche Hochseefischerei verfügbaren Fanggründe besonders problematisch ist. Für kleinere Einheiten wird deswegen die Zukunft in der Entwicklung von Mehrzweckschiffen gesehen.

Die Bedeutung der Fischerei als Nahrungsquelle und ökonomischer Faktor in den einzelnen Volkswirtschaften spiegelt sich auch in der Zahl und Größe der Fangeinheiten wider (Tabelle 6-7). Wenn auch eindeutig ein Trend zu Fahrzeugen mittlerer Größe (100–999 t) besteht, so wird doch immer noch ein erheblicher Teil des Fischfangs von Fischern eingebracht, die allein oder in Gruppen von 2 oder 3 auf kleinen Booten arbeiten. Fischerei ist unfallträchtig, auch auf modernen Schiffen. Von 1 000 Beschäftigten erleiden 2 bis 4 tödliche Unfälle (bei Grubenarbeiten 0,3 bis 0,4 Fälle pro 1 000).

Während vor 40 bis 50 Jahren Fischdampfer zur Arbeit in den arktischen Gewässern noch mehr Kohle laden mußten als ihre Fangkapazität betrug (in 10 Fangtagen konnte man mit etwa 100 t Fisch rechnen, die auf dem schnellsten Wege zu den Häfen gebracht werden mußten), kann ein moderner Heckfänger 15 bis 20 t Fische je Hol an Bord bringen. Dort werden sie sofort verarbeitet. Sogenannte Froster mit Tiefkühleinrichtungen sind von Transportzeiten unabhängig geworden. Die umfangreiche Instrumentierung der Brücke eines Frosters (mehr elektronisches Gerät als auf der Brücke der „Queen Elisabeth II") zeigt den hohen technischen Aufwand. Japan, die UdSSR und auch Spanien (letzteres seit 1965) setzen ganze Fischereiflotten zum Fang in vorher durch Probefänge ausgemachten Seegebieten ein. Sie bestehen aus einem oder mehreren Mutterschiffen von 10 000 bis 40 000 t, Transportschiffen (2 000 bis 15 000 t), die die konservierten Fische ins Heimatland bringen, Fabrikschiffen zwischen 3 000 und 9 000 t, die fangen und verarbeiten können; dazu kommen Froster (1 000 bis 1 500 t), die den gefrorenen Fisch für einige Zeit aufbewahren, und eine größere Anzahl von Fangschiffen mit etwa 50 t Größe. Das russische Schiff „Michail Tuchatschevsky" z. B. kann 15 bis 20 seiner Fangboote an Deck hieven, wenn es zu neuen Fanggründen fährt. Solche Fischereiflotten nutzen bis zu 60 % ihrer jährlichen Seezeit für den Fischfang, was häufig mehrmonatliche Seezeit ohne Landgang auch für die Besatzungen bedeutet. In den westlichen Industrienationen ist ein solcher Einsatz von Fangflotten bisher nicht üblich, zumal es auch schwierig sein dürfte, dafür Besatzungen anzuheuern.

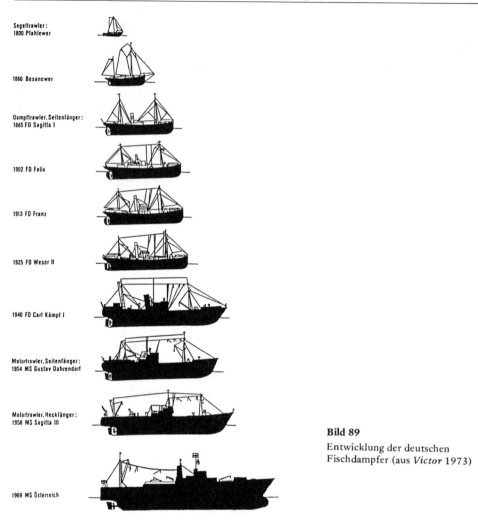

Bild 89

Entwicklung der deutschen Fischdampfer (aus *Victor* 1973)

Tabelle 6-7: Fischereifahrzeuge der wichtigsten Fischfangnationen. Bestand 1975, der in den letzten Jahren erheblichen Veränderungen unterworfen war. Für Fahrzeuge unter 100 Tonnen gibt es keine verläßlichen Angaben.

	Anzahl der Schiffe	
	mit 100 – 999 t	über 1 000 t
Süd-Korea	500	20
Peru	600	–
Norwegen	600	10
Frankreich	580	30
Großbritannien	580	40
USA	1 700	40
Spanien	1 660	80
Japan	2 980	110
UdSSR	2 900	400

6.2 Wal- und Robbenfang

In keinem anderen Bereich der Fischerei sind ökonomische Interessen, oder wenn man will, auch Notwendigkeiten, so heillos verquickt mit emotional beladenen Argumenten wie beim Wal- und Robbenfang. Und um es gleich deutlich zu sagen, auch der Autor möchte sich an keinem Pelz wärmen, der einem an das „Kindchenschema" erinnernden Robbenbaby (*Phoca groenlandica*) über die Ohren gezogen worden ist. Eine starke Lobby hat das Verbot der Einfuhr von Robbenfellen (oder nur Babyfelle?) in die Bundesrepublik durchgesetzt.

Zunächst einmal bezahlen das die Hochseefischer, die vor Kanada deswegen nicht mehr fischen dürfen (vgl. die Problematik des EG-Meeres S. 146). Fische, von denen weltweit rund 55 Millionen Tonnen im Netz zusammengedrückt ersticken oder am Haken sich zu Tode winden, haben keine Lobby. Als „Kumpan" sind sie ja auch nicht sonderlich geeignet. Ein hungernder Mensch sollte allerdings auch unsere Hilfe haben. – Man könnte einwenden, daß statistisch gesehen der Weltfischfang keine 10 % des Eiweißbedarfs der Menschheit deckt, und daß wir gut auf einen Teil davon verzichten könnten, aber 70 % der Bevölkerung Japans und viele Millionen Menschen anderer Gebiete leben direkt oder indirekt vom Fisch.

Die biologische Problematik des Walfangs liegt etwas anders als die der übrigen Meerestiere. Es gibt keine Jagd, bei der man eine so große Beute mit einem Schuß erlegen kann, und den anzubringen, ist relativ einfach. So hat denn die Dezimierung der großen Wale diese an den Rand der Gefahr ihrer Ausrottung gebracht, und vielleicht ist für den Blauwal eine Erholung der Restbestände schon nicht mehr möglich. Kein Mensch wird leichtfertig den Artentod der größten Säugetiere in Kauf nehmen wollen.

Die 1946 wieder ins Leben gerufene „International Whaling Commission" hat schließlich eine Konvention für die Begrenzung, bzw. ein Fangverbot der gefährdeten Arten (Blauwal, Grönlandwal, Nordkaper) erreicht, an das sich aber die UdSSR, Japan, Norwegen und China vorerst nicht gebunden fühlen. Das erklärte Ziel der Walfangkommission war die Sicherung eines optimalen Ertrages, wobei man ausging vom Begriff des „auf die Dauer haltbaren Höchstertrages". Das heißt, die Fangquoten wurden erst dann reduziert, wenn dieser durchschnittliche Höchstertrag absank, und man hoffte, durch die verminderten Quoten wieder eine Erholung der Bestände zu erreichen.

1974 traten neue Richtlinien in Kraft, durch die das Weltmeer in sechs Zonen mit Unterregionen eingeteilt wurde, für die die Höchstzahlen der Jahresfangquoten beschränkt wurden. Tabelle 6-8 gibt eine Übersicht für die Fangsaison 1980/81. Wenn in diesen Regionen oder im Gesamtbestand einer Art die Erträge um 10 % sinken, dann soll diese

Tabelle 6-8: Abschußquoten (sie sind zusammengefaßt aus den einzelnen Zonen) der durch die Internationale Walfangkommission freigegebenen Wal-Arten für die Fangsaison 1981. Im Detail wird dabei unterschieden zwischen auswertbaren Beständen (IMS = Initial Management Stock) und geschützten Beständen (PS = Protection Stock).

		geschätzter Bestand
Finnwal (*Balaenoptera physalus*)	762	125 000
Seiwal (*Balaenoptera borealis*)	100	230 000
Grauwal (*Eschrichtius glaucus*)	179	
Brydewal (*Balaenoptera edeni*)	708	
Zwergwal (*Balaenoptera acutor*)	10 874	

Art ganz aus der Befischung herausgenommen werden. Es wird angestrebt, nach 1986 den Walfang ganz einzustellen, wofür es aber noch keine Zustimmung der vorgenannten, hauptsächlich am Walfang beteiligten Nationen gibt.

Man schätzt, daß der mit allen technischen Hilfsmitteln betriebene Walfang die Bestände an Bartenwalen auf etwa 1/6 der ursprünglichen Nettobiomasse reduziert hat. Darin besteht auch wieder eine gewisse Chance für die Wale, indem ihr Fang unrentabel wird, wenn der relativ große technische Aufwand ihres Fanges und der Verarbeitung den Ertrag übersteigt. So erbrachte zum Beispiel der erst um 1930 in der Antarktis aufgenommene Walfang durch übermäßigen Abschuß 1961/62 noch 37 000 Tiere, aber 1969/70 nur noch 15 000. 1969/70 waren nur noch die Sowjetunion und Japan am antarktischen Walfang beteiligt, für die anderen Nationen war er unwirtschaftlich geworden.

Verläßliche Zahlen über einen bestimmten Walbestand gibt es leider nicht, und noch weniger Informationen über die Sterblichkeit und Fruchtbarkeit der Tiere in den einzelnen Populationen. Die meisten Angaben stammen von Walfängern selbst, oder sind indirekt erschlossen. Man kann aber annehmen, daß in nicht bejagten Populationen Geburten- und Sterbeziffern sich im Mittel die Waage halten. Vieles spricht dafür, daß sich beträchtliche Veränderungen in den bejagten Populationen der Bartenwale vollziehen; vor der Jahrhundertwende wurden jährlich nur etwa 630 Wale gefangen. Die Bestände der Zahnwale sind bis jetzt nicht ernsthaft gefährdet. In der Untersuchung aus dem Bereich der Zone IV (Bild 84) beobachtet man eine Zunahme der Fruchtbarkeit bei Reduzierung der Populationsdichte. Die Weibchen von Blau-, Finn- und Seiwalen wurden häufiger trächtig und die Jungtiere früher geschlechtsreif. Jede erwachsene Walkuh gebar hier jedes zweite Jahr ein Kalb. Ein ähnliches Verhalten läßt sich aus den Fangdaten der antarktischen Blau- und Finnwale erschließen. Die erst neuerdings stark verfolgten Zwergwale haben einen jährlichen Fortpflanzungszyklus, so daß man für die Beurteilung ihrer Populationsentwicklung absolute Zahlen haben müßte, die es leider nicht gibt.

Für die Einschränkung bzw. ein Verbot des Walfanges spricht auch, daß Walfleisch nur zum geringsten Teil und nur regional zur menschlichen Ernährung genutzt wird. Der Großteil wird zu technischen Ölen und Fetten bzw. Viehfutter verarbeitet. Das wäre durch andere Produkte ersetzbar. Einer sachgerechten Regelung des Walfangs stehen wirtschaftliche Interessen entgegen: In Japan wird gegenwärtig für Walfleisch ein Marktpreis von etwa DM 25/kg erzielt. Japan will künftig Wale nicht mehr aus wirtschaftlichen Gründen jagen, sondern „Walfang zu Forschungszwecken" betreiben. 1988 sollen 825 Zwerg- und 50 Pottwale erlegt werden. Fachleute bestreiten den wissenschaftlichen Wert dieser Art von Forschung, wie sie auch von Island durchgeführt wird (1986: Erlegung von 76 Finn- und 40 Seiwalen). Die Bestandesstruktur der Wale ließe sich auch ohne Tötung von Tieren untersuchen, nur würde dann kein verkäufliches Fleisch als Nebenprodukt der „Forschung" anfallen.

Das Fleisch der Robben wird praktisch nur von der Eskimobevölkerung verzehrt, die allerdings auch auf ihre Felle angewiesen ist. Die übrige Bevölkerung könnte leicht darauf verzichten.

6.3 Nutzung der Seeschildkröten

Der Fang von Seeschildkröten spielt für die allgemeine Nahrungsversorgung keine große Rolle. Sie haben lediglich Bedeutung als Delikatesse, und vom 16. bis zum 19. Jahrhundert wurden sie von allzuvielen Segelschiffen auf den tropischen Routen als praktisch monatelang haltbare Frischfleischreserve eingelagert, wodurch man schon damals die Bestände stark dezimierte und teilweise vernichtete. Die Angaben über gefangene Seeschildkröten sind sehr unsicher. Die FAO schätzt für 1980 einen Fang von 6 248 t, der sich fast ausschließlich aus der Suppenschildkröte (*Chelone mydas*), der Unechten Karette (*Caretta caretta*) und der Lederschildkröte (*Dermochelys coriacea*) (Bd. I, S. 58) zusammensetzt. Die Populationen der Algen und Seegras fressenden Suppenschildkröte sind so stark dezimiert, daß ihre endgültige Ausrottung zu befürchten ist. Die kleinste der Meeresschildkröten (bis 80 cm groß), die Echte Karettschildkröte (*Eretmochelys imbricata*), die jahrhundertelang das begehrte Schildpatt liefern mußte, hat vielleicht eine Chance durch die moderne Kunststoffindustrie. Den Meeresschildkröten wird zum Verhängnis, daß ihr Preis — da sie als Delikatesse geschätzt werden — sehr hoch ist und daß sie bei der Eiablage in Gebieten, die fast ausschließlich an tropischen Küsten liegen, ohne Mühe gefangen werden können. Dazu kommt, daß die einheimische Bevölkerung auch die Eier verwertet und so noch den Nachwuchs vernichtet. Zudem werden durch häufige Störungen der Brutgebiete diese von den Tieren aufgegeben. So erscheint die Zukunft der großen Seeschildkröten, trotz „Roter Liste", fast hoffnungslos.

6.4 Schwamm- und Perlfischerei

Zu den wirtschaftlich genutzten Meerestieren gehören auch die Badeschwämme, und dies seit der frühesten Antike. Ihr auch heute noch durch kein Kunstprodukt übertroffenes Vermögen, Flüssigkeit aufzusaugen, haben sie zum begehrten Hygiene- und Industrieartikel werden lassen. Die Schwammfischerei, ursprünglich von den griechischen Küstengewässern ausgehend, beschränkt sich auf die beiden Arten *Spongia officinalis* und *Hippospongia communis*, von denen es vielfältige Handelssorten gibt. Bild 62 zeigt die Gebiete der heutigen Schwammfischerei, die weitgehend durch Tauchen betrieben wird und von deren Erträgen z. B. die Bundesrepublik Deutschland 1982 noch rund 12 000 kg im Wert von DM 2 737 000 importiert hat.

Die Perlfischerei, sicher ebenso alt wie die der Badeschwämme, dient ausschließlich menschlichem Schmuckbedürfnis, bringt aber wesentlich mehr Gewinn, vor allem im Handel, als die Schwämme. Als Nebenprodukt fällt dabei noch Perlmutter an, die hauptsächlich zur Perlmuttknöpfen verarbeitet wird. Viele Muscheln sind in der Lage, Perlen zu bilden, aber nur wenige sogenannte Perlmuscheln des Meeres bringen sie in ausreichender Anzahl und Qualität hervor. Man findet sie hauptsächlich vor den Küsten des Indischen Ozeans — so zum Beispiel am Roten Meer, im Persischen Golf, bei Ceylon, im ostindischen Archipel und an der Nordküste von Australien —, aber auch bei den japanischen Inseln und an einigen Stellen des tropischen Amerika. Früher mußten die Perlmuscheln, wie die Schwämme, von Tauchern eingesammelt werden, die 1 bis 2 Minuten unter Wasser blieben. Heute bedient man sich fast ausschließlich der Helmgeräte bzw. der SCUBA-Technik. Dabei müssen normalerweise einige tausend Muscheln hochgebracht werden, bis man eine verkaufsfähige Perle findet. So ist die gesamte australische Perlmuschelfischerei auf den Gewinn von Perlmutter abgestellt; die Perlen selbst stellen nur ein Nebenprodukt dar.

Durch die von dem Japaner Mikimoto ab 1913 entwickelte Methode der Induktion von Perlbildung mittels eingepflanzter Schalenstückchen in den Mantel von Perlmuscheln konnte die Zufälligkeit des Fundes zum kalkulierbaren Ertrag gesteigert werden. Die japanische Zuchtperlenindustrie nahm ihren Anfang. Zuchtperlen sind äußerlich nicht von natürlich induzierten Perlen unterscheidbar, aber um ein Mehrfaches billiger.

6.5 Algenernte

6.5.1 Algen als Nahrungsmittel

Als Quelle wichtiger Nahrungsmittel spielen Meeresalgen in Ostasien, besonders in China und Japan, seit langem eine große Rolle. In geringerem Maße wurden und werden sie auch in Europa und auf dem amerikanischen Kontinent gegessen. Mit zunehmendem Wohlstand verschwanden Algen mit wenigen Ausnahmen vom Speisezettel der Bewohner der europäischen Küsten. In größeren Mengen wird auf Island seit dem 8. Jahrhundert bis heute *Palmaria palmata* (Rhodophyceae) verzehrt. Durch Vergären von *Palmaria*-Thalli stellt man in der UdSSR ein alkoholisches Getränk her. Im Frühjahr neugebildete Thallusabschnitte von *Cystoseira barbata* (Phaeophyceae) werden auf Kephallinia (Ionische Inseln) zu Salaten verwendet.

Weitere Algen, die in Westeuropa als Nahrungsmittel eine Rolle spielten (oder örtlich noch spielen), sind die Grünalge *Ulva lactuca*, die Braunalgen *Alaria esculenta*, *Fucus vesiculosus*, *Laminaria digitata* und *L. saccharina* sowie die Rotalgen *Porphyra laciniata*, *P. perforata*, *P. umbilicalis*, *Chondrus crispus*, *Gigartina stellata*, *Gracilaria compressa* und *Laurencia pinnatifida*. *Porphyra laciniata* stellt eine Delikatesse in Teilen Großbritanniens dar; in Südwales werden noch etwa 200 t jährlich geerntet. Nur *Alaria esculenta*, *Chondrus crispus* und *Palmaria palmata* (in Kanada als Knabberei zum Bier) sind an den Ostküsten des nordamerikanischen Subkontinents noch von Bedeutung, während an seinen Westküsten eine größere Anzahl von Arten genutzt wird. Genannt seien *Ascophyllum mackai* (wird im gedünsteten Zustand genossen), *Enteromorpha* (als roher Salat), *Fucus vesiculosus* (als Tee), *Nereocystis luetkeana* (sauer oder kandiert), *Pleurophycus gardneri* und *Polyneura latissima* (als Salat, gedünstet oder als Suppe), *Porphyra*-Arten (in unterschiedlicher Form) und Cauloide von *Postelsia palmaeformis* (kandiert oder gekocht). *Porphyra* wird hauptsächlich in chinesischen Restaurants verwendet und wurde früher sogar aus den USA nach China ausgeführt. Auf einigen Westindischen Inseln finden *Ulva*-, *Gracilaria*- und *Eucheuma*-Arten Eingang in den Speiseplan. Ein neuerwachtes Interesse an Meeresalgen als Nahrungsmittel äußert sich in mehreren in den USA neuerdings erschienenen Algenkochbüchern. In Südamerika werden besonders in Chile Tange verzehrt. Hier sind es in erster Linie *Durvillea antarctica*, *Macrocystis* und *Ulva*. In Südaustralien spielten *Durvillaea antarctica* und *Sarcophycus potatorum* als Nahrungsmittel der Ureinwohner eine Rolle, während die Maoris aus Neuseeland bis heute Grünalgen und *Porphyra* essen. (Bilder von Algen: 90; I: 5—8).

Von erheblicher Bedeutung sind Algen als Nahrungsmittel auf den Hawaii-Inseln, in Japan und in China. Etwa 75 Arten wurden auf Hawaii als „Limu" verwendet, eine größere Anzahl wird noch heute geerntet, so etwa die weit verbreiteten und auch im Mittelmeer vorkommenden *Ulva fasciata* und *Grateloupia filicina* (Rhodophyceae) als Limu papahapapa bzw. Limu hula hula waena, wobei Namen auf den einzelnen Inseln unterschiedlich sein können. In der Regel erfolgt der Verzehr der Algen zusammen mit anderen Nahrungsmitteln. Über 20 verschiedene Arten von Meeresalgen dienen in China der menschlichen Ernährung; der Kombu-Verbrauch (*Laminaria*-Arten) betrug im Jahr 1959 über 2 400 t. Auf den Philippinen (wie auch auf Hawaii) werden Angehörige der siphonalen Grünalgengattung *Caulerpa*, besonders *C. racemosa*, roh als Salat oder Salatgewürz verzehrt. Die in den Algen (in einigen Fällen nur zeitweise) enthaltenen niedermolekularen Stickstoffverbindungen (Caulerpin und Caulerpicin) können allerdings eine starke Giftwirkung entfalten. Etwa 20 verschiedene Meeresalgenarten werden in Indonesien gegessen.

Die Nahrung der Japaner besteht zu etwa 10 % aus Algen, von denen sechs Arten seit dem 8. Jahrhundert in Gebrauch sind. Am wichtigsten sind Nori (*Porphyra*-Arten),

6.5 Algenernte

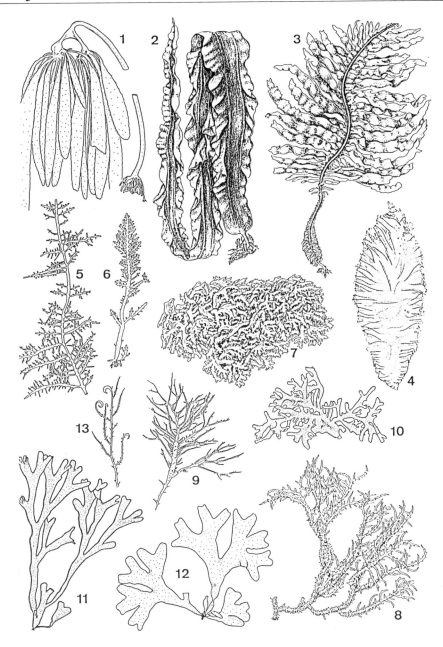

Bild 90 Beispiel für Braun- und Rotalgen von wirtschaftlicher Bedeutung oder deren Nutzung möglich erscheint. Braunalgen: 1 *Ecklonia* spec. (etwa 1,5 m lang), 2 *Laminaria japonica* (etwa 4 m lang), 3 *Undaria pinnatifida* (etwa 1,2 m lang); Rotalgen: 4 *Porphyra tenera* (etwa 0,5 m lang), 5 *Pterocladia* spec. (etwa 20 cm lang), 6 *Gelidium* spec. (etwa 20 cm lang), 7 *Eucheuma gelatinae* (abgebildetes Polster 12 cm breit), 8 *Eucheuma denticulatum* (etwa 15 cm hoch), 11 *Gracilaria mammillaris* (etwa 10 cm hoch), 12 *Gracilaria* spec. (etwa 15 cm hoch), 13 *Hypnea musciformis* (bis über 30 cm lang) (1 n. *Suringar*, 2, 3, 4, 7, 8 aus *Tseng* in *Lobban* und *Wynne* 1981)

Kombu (*Laminaria*-Arten) und Wakame (*Undaria*). Daneben spielen Arame (*Eisenia bicyclis*), Brick-Arama (*Ecklonia stolonifera*) (Bild 90), *Hijikia fusiforme*, Ao-Nori (*Enteromorpha* spp.), Aosa (*Ulva* spp.), Jade Nori (*Monostroma* spp.) neben anderen eine Rolle. An wildwachsenden Algen (ohne *Laminaria* und *Undaria*) wurden zwischen 1968 und 1976 jährlich 37 000 bis 47 000 t geerntet.

Etwa zehn *Porphyra*-Arten dienen in Japan in größerem Umfang der menschlichen Ernährung. Der größte Teil der Algen stammt heute aus Kulturen (s. S. 166), deren Anfänge bis in die erste Hälfte des 17. Jahrhunderts zurückreichen. Die Thalli werden nach der Ernte in Seewasser gewaschen, insbesondere um Diatomeen und verfärbte Teile zu entfernen, und anschließend in kleine Stücke zerhackt (maschinell), die dann in Süßwasser suspendiert werden. Die Suspension wird in etwa 18 cm × 21 cm große Rahmen gegossen und anschließend in heißer Luft getrocknet, wonach ein papierdünnes Blatt Nori entsteht; die Blätter kommen zu 10 gebündelt in den Handel.

6.5.2 Algen als Viehfutter

An vielen Küsten werden Algen zur Viehfütterung verwendet, so in Island und Finnland (*Laminaria, Alaria*), in Schottland (Schafe weiden an der Küste; *Pelvetia* als Schweinefutter) und in China (Verfütterung von *Sargassum* an Schweine). Verbreitet ist der Zusatz von Algenmehl zum Viehfutter, das bei Kühen die Jodversorgung sichert und bei Schafen eine gute Wollqualität und ein dichteres Winterfell garantiert. Algenmehlfabriken bestehen in Dänemark, Finnland, Irland, Norwegen, Schottland und in den USA.

6.5.3 Soda-, Pottasche- und Jodgewinnung aus Algen

Fucus und besonders *Laminaria* und *Saccorhiza* wurden vom 17. bis etwa Mitte des 19. Jahrhunderts in größerem Umfang in Frankreich und England zur Soda-, Pottasche- und Jodgewinnung herangezogen. Entsprechendes gilt für *Macrocystis, Nereocystis* und *Alaria* in Nordamerika. In Japan wurde Jod aus Algen bis etwa 1930 hergestellt. Die im Schwarzen Meer reichlich vorkommende Rotalge *Phyllophora nervosa* diente in Rußland als Jodquelle; 1930 wurden monatlich etwa 2,2 t Algen verarbeitet. Die Jodgewinnung aus Algen beruht auf der Fähigkeit vieler Arten, dieses Element in ihren Thalli anzureichern. Der Jodgehalt im Thallus von *Laminaria hyperborea* kann eine Konzentration von 0,88 % des Trockengewichtes erreichen, die Jodkonzentration im Seewasser beträgt 0,06 mg/l. Ursprünglich wurden die Algen zur Jodgewinnung verbrannt und die Substanz durch Sublimation gewonnen.

Die Verbrennung hatte einen großen Jodverlust zur Folge. Durch französische Anlagen war im letzten Jahrhundert der Jodgehalt der Luft bis in das Gebiet von Mitteleuropa erhöht, was zu einer erheblichen Verminderung der Kropferkrankungen führte. Durch andere Gewinnungsverfahren (Verkohlung, Naßextraktion) läßt sich die Jodausbeute um über 100 % steigern.

Jod fällt gegenwärtig als Nebenprodukt bei der chilenischen Salpetergewinnung in einer Menge von etwa 90 t im Jahr an, die fast dem Weltbedarf entspricht.

Neben Jod werden in Algenthalli weitere Elemente angereichert, etwa Strontium. Als Folge von Atombombenexplosionen kann daher über die Verwendung von Algen als Viehfutter radioaktives Strontium in erhöhten Konzentrationen in die menschliche Nahrung gelangen. Die Verwendungsmöglichkeit von Algen als Indikatoren für eine radioaktive Verseuchung des Seewassers wurde diskutiert.

6.5.4 Algen als Dünger

In vielen Ländern der Erde werden in Küstennähe Algen direkt als Dünger für landwirtschaftliche Kulturen verwendet. Da hierbei auch Salz mit auf das Land gebracht wird, bietet sich das Verfahren nur in humiden Klimazonen an, da sonst eine Versalzung des Bodens zu befürchten wäre.

Mit den Algen gelangen insbesondere Stickstoff, Spurenelemente, organische Substanz und Phytohormone auf die Kulturflächen, während der Gehalt an Phosphorverbindungen gering ist. Die Düngung mit unbehandelten Algen hat zunächst allerdings einen Rückgang des Stickstoffgehalts im Boden zur Folge, da die die Thalli zersetzenden Bakterien Stickstoff binden. Erst mit dem Nachlassen der bakteriellen Tätigkeit steigt dann der Bodenstickstoffgehalt an. Die in den Algen enthaltene organische Substanz wirkt sich günstig auf die Bodenstruktur aus, die Phytohormone fördern das Wachstum der Kulturpflanzen.

In der Bretagne werden in Küstennähe jährlich etwa 30 bis 40 m^3 Algen je ha auf das Kulturland gebracht. Verwendung finden angeschwemmte oder im Gezeitenbereich abgeerntete Thalli. Bei Roscoff dient *Himanthalia lorea* zur Düngung der Artischockenkulturen, wobei keine Bodenmüdigkeit auftritt. In 8 m Tiefe gewonnene *Phymatolithon calcareum* und *Lithothamnion coralloides* (Corallinaceae) spielen meist gemahlen als Kalkdünger (Maerl) eine Rolle.

Fucus vesiculosus und *Fucus serratus* werden in Irland und Großbritannien zur Düngung genutzt, in den USA, Neuseeland, Chile und Südafrika sind es Laminariales. Thalli von *Hypnea* (Rhodophyceae) und *Ulva* dienen in Brasilien, *Sargassum* in China und *Gracilaria*-Arten in Indien und Sri Lanka dem gleichen Zweck.

Neben unbehandeltem Tang werden Algenmehl und flüssige Algenextrakte als Düngemittel eingesetzt, die ihre Wirkung rascher entfalten. Flüssige Dünger werden u.a. aus *Ascophyllum nodosum* nach alkalischer Hydrolyse oder aus *Laminaria* hergestellt; Phosphor wird bei manchen Produkten zugesetzt. Sie werden bei einer Vielzahl von Kulturen (z. B. Obst, besonders Zitrusfrüchte, Wein, Orchideen) eingesetzt. Der Spurenelementgehalt von *Ascophyllum nodosum* im Vergleich zu Gras ist aus Tabelle 6-9 (S. 168) zu ersehen.

6.5.5 Phykokolloide

Phykokolloide sind aus Algen gewonnene Polysaccharide, die in Wasser kolloidale Lösungen bilden. In den Algenthalli sind die Phykokolloide meist in den Zellwänden lokalisiert. Zur Gewinnung dieser Substanzen werden Rot- und Braunalgen verwendet.

Carrageenan

Unter Carrageenan wird eine Gruppe natürlicher Gummi und Schleime verstanden, die sich aus Angehörigen von etwa 30 Rotalgengattungen, z. B. *Chondrus crispus* (= Karraghen; I, Bild 8), *Gigartina*-, *Furcellaria*-, *Eucheuma*-, *Hypnea*- und *Phyllophora*-Arten gewinnen lassen (Extraktion mit kaltem und heißem Wasser). Die aus Thalli der letzten vier Gattungen gewonnenen Substanzen werden auch als Furcellaran, Eucheuman, Hypnean und Phyllophoran bezeichnet. Es handelt sich überwiegend um Galaktansulfate mit breiten Anwendungsbereichen in der Medizin, bei der Nahrungsmittelherstellung u.a. Wichtige Erzeugerländer in Europa sind Dänemark, Frankreich, Spanien, Portugal und die Sowjetunion. Bedeutendstes Ausfuhrland getrockneter Algenthalli zur Carrageenan-Erzeugung ist Kanada (1976 etwa 10 000 t). Natürliches, nicht zersetztes Carrageenan hat ein hohes Molekulargewicht von 100 000 bis 800 000. Niedermolekulare Abkömmlinge (Molekulargewicht 5 000 bis 30 000) können bei Warmblütern schwere physiologische Schäden hervorrufen und sogar Tumorbildungen auslösen.

Agar-Agar

Auch dieses Phykokolloid wird aus Rotalgen gewonnen. Die wichtigsten Gattungen, deren Angehörige Agar-Agar liefern, sind *Gelidium, Pterocladia, Suhria, Gracilaria* und *Ahnfeltia*. Solche Algen werden auch als Agarophyten bezeichnet. Echter Agar bildet bereits in sehr geringer Konzentration (0,5−1 %) ein festes Gel; ähnliche Substanzen, bei denen Gelbildung erst bei mittlerer Konzentration oder nach Elektrolytzusatz erfolgt, werden als Agaroide bezeichnet. Der Agar-Gehalt getrockneter Agarophyten beträgt je nach Art, Herkunft und Erntezeit 15 bis 58 %. Die Extraktion erfolgt mit heißem Wasser. In Europa werden Agarophyten in Portugal, Spanien, der UdSSR, in Frankreich und in Italien geerntet; es handelt sich überwiegend um angetriebene oder um im Eulitoral gesammelte Algen. Weitere wichtige Herkunftsländer sind Argentinien, Chile, Japan, Südafrika, Brasilien und Südkorea. Die jährlichen Welterntemengen schwanken zwischen 10 000 und 20 000 t. Größter Agar-Produzent ist mit jährlich etwa 2 300 t Japan; für diese Produktion werden getrocknete Algen auch importiert. Agar-Agar ist in der Bakteriologie ein begehrtes Produkt zur Herstellung von Nährböden, die die meisten Bakterien nicht verflüssigen können. Agar wird weiterhin in der Medizin und in der Nahrungsmittelindustrie (z. B. zur Herstellung künstlicher Kirschen) verwendet. Auch Kunststoffe und Textilfasern lassen sich daraus herstellen.

Alginsäure, Alginate

Alginsäure kommt in Tangen als Natrium-, Kalium, Calcium- und Magnesium-Mischsalz vor, die Zusammensetzung ist in einzelnen Algenarten verschieden. Alginate sind Salze der Alginsäure, die eine komplexe chemische Verbindung darstellt. Das Molekulargewicht von Calciumalginat variiert zwischen 35 000 und $1,5 \cdot 10^6$. Kristalline natürliche Alginate haben einen großen Anteil von Polyguluronsäure; weiterhin wichtig ist Polymannuronsäure.

Als Rohstoff für die Gewinnung von Alginsäure und Alginaten dienen Braunalgen der Gattungen *Laminaria, Alaria, Ascophyllum, Fucus, Himanthalia, Halidry, Ecklonia, Macrocystis, Nereocystis, Sargassum* u.a. Insbesondere bieten sich die großen Thalli von *Macrocystis pyrifera* an, deren Bestände vor der kalifornischen und nordmexikanischen Küste mit besonderen Schiffen geerntet werden.

Die Weltalginatproduktion betrug 1976 19 500 t, wovon 6 600 t auf Großbritannien, 5 590 t auf die USA, 3 050 t auf Norwegen, 1 450 t auf Japan und 1 200 t auf Frankreich entfielen. Von 1973 bis 1976 hat sich die Weltproduktion fast verdoppelt. Zur Extraktion der Alginsäure aus den Thalli gibt es mehrere Verfahren, die hier nicht besprochen werden können.

Die Alginate werden in der Lebensmittelindustrie in großem Maße eingesetzt, z. B. bei der Herstellung von Instant-Puddings, zur Speiseeisbereitung (in den USA wird die Hälfte der Produktion hierfür verwendet), weiterhin in der Textilindustrie, der Papierindustrie, bei der Herstellung von Sprengstoffen usw. Auch Kunstfasern lassen sich aus Alginaten herstellen, dem Bier werden Alginate zugesetzt, um den Schaum zu stabilisieren (in Deutschland sind derartige Zusätze gegenwärtig nicht zulässig.

6.5.6 Algen in Pharmazie und Medizin

Eine größere Anzahl von Algenarten spielt in der Volksmedizin bei Küstenbewohnern verschiedener Länder eine Rolle, so *Cladophora*-Arten bei Verbrennungen, *Codium-, Ulva-* und mehrere Rotalgenarten gegen Wurmbefall des Verdauungstraktes sowie *Laminaria*-Arten gegen hohen Blutdruck. Von den aus Algen gewonnenen Produkten hat Agar bei der Herstellung von Abführmitteln und, wie Carrageenan und Alginate, bei der Arzneimittelherstellung (oft als Emulgatoren) Bedeutung. Für Caulerpicin konnte eine neurotrope Wirkung nachgewiesen werden. Eine Reihe von Autoren beschäftigt sich mit Inhaltsstoffen, die bakterizide Eigenschaften zeigen. Das $CaCO_3$-Zellwandgerüst von Kalkalgen (Corallinaceae) kann nach chemischer Umwandlung in eine Hydroxylapatit-Biokeramik [$\sim Ca_{10}(PO_4)_6(OH)_2$] als Granulat bei Knochenimplantationen Verwendung finden. Die hohe interkonnektierende Mikroporosität des Materials (spezifische Oberfläche 50 m^2/g) wird als Ursache eines besonders guten Einheilungsverhaltens angesehen. In der Kiefer- und Gesichtschirurgie hat das Granulat schon eine weite Verbreitung gefunden.

6.6 Aquakultur

Die Landwirtschaft wird den Bedarf an tierischem Eiweiß für die wachsende Menschheit allein nicht decken können, und es ist fraglich, ob in absehbarer Zeit biologisch hochwertiges Eiweiß zu vertretbaren Kosten und in einer für die menschliche Ernährung annehmbaren Form synthetisch hergestellt werden kann.

Da schon heute die Erträge der Fischerei stagnieren oder sogar rückläufig sind und nur rund 1 % der gesamten Nahrungsmittelproduktion der Welt ausmachen, sollen die Anstrengungen zur Ergänzung der Seefischerei durch Aquakultur verstärkt werden. Allerdings liegen bis jetzt die Kosten für die Produktion von 1 kg Eiweiß bei keiner Art der Aquakultur unter den Kosten für den Fang der gleichen Menge im Meer.

Die gleichmäßig hohen Temperaturen in den Tropen und Teilen der Subtropen bieten gute Voraussetzungen für die Aquakultur. Sie könnte auch von Entwicklungsländern ohne hohe Investitionen in geschützten Küstengewässern betrieben werden. Voraussetzung ist, daß schnellwüchsiges und resistentes Zuchtmaterial zur Verfügung steht. Aus Kulturanlagen könnte in Zukunft die Nachfrage von Industrieländern nach hochwertigen Meeresprodukten (Langusten, Austern, Garnelen, Edelfisch) gedeckt werden, und für überfischte Meeresgebiete ließe sich zusätzlicher Nachwuchs für die Wildbestände gewinnen.

Besonders intensiv betrieben wird heute die marine Aquakultur (= Marikultur) in Japan. 1968 wurden dort Erträge von 267 000 t Speiseaustern, 203 000 t Algen und 32 000 t Fischen und Krebsen erzielt. Neben Japan sind heute die Volksrepublik China, Indien, Indonesien und Thailand die Länder, die nach Schätzungen der FAO jährlich etwa 4 Mio. t Wassertiere (einschließlich der Süßwassertiere) züchten. In Europa wird der Aufbau von Marikulturen erschwert durch die klimatischen Verhältnisse, durch die Belastung der Küstengebiete mit Abwässern, mit Fremdenverkehr und durch die Schiffahrt, und nicht zuletzt sind Widerstände von Naturschützern zu erwarten. Die Beanspruchung von Küstenflächen für einen wirtschaftlichen Betrieb dürfte nicht unerheblich sein. Mit einer Eutrophierung der betreffenden Zuchtgebiete dürfte nicht nur zu rechnen sein, sondern sie ist die Voraussetzung für eine sinnvolle Marikultur. In Einzelfällen könnte auch in Verbindung mit Kraftwerken aufgewärmtes Kühlwasser genutzt werden, und für die z. Z. in einem Strukturwandel begriffene deutsche Hochsee- und Küstenfischerei ließen sich vielleicht zusätzliche Erwerbsquellen erschließen.

6.6.1 Algen

Planktonalgen spielen in der Marikultur keine große Rolle. Eine Ausnahme bildet *Dunaliella* (Bild I: 5), die am Toten Meer zur Karotingewinnung kultiviert wird. In Versuchs- und Pilotanlagen werden Planktonalgen weiterhin zur Futtergewinnung vor allem für Muscheln und Kleinkrebse vermehrt.

Die einfachste Form der Kultur von Benthosalgen stellt das Angebot eines geeigneten Substrates dar. In der Regel vermögen sich größere Thalli nur auf felsigem Substrat zu entwickeln. So werden von irischen Bauern in sandige Buchten Felsblöcke gebracht, die dort teilweise einsinken. Auf den aus dem Sand herausragenden Teilen der Blöcke siedelt sich oft *Fucus vesiculosus* an, der als Dünger verwendet wird. Stellen sich unerwünschte Algen ein, werden die Blöcke einfach gedreht. Einen ähnlichen Zweck verfolgt man in Japan mit dem Versenken von Felsblöcken oder besonders gestalteten Betonrohren, auf denen sich *Laminaria*-Thalli ansiedeln sollen. Die Betonrohre haben seitlich große Öffnungen, die eine Wasserzirkulation erlauben und durch die die Rohre leicht zur Kontrolle des Bewuchses und zur Ernte aus dem Wasser gezogen werden können. In China wird *Laminaria* an Stellen, wo sie natürlicherweise nicht vorkommt, in geringer Wassertiefe an horizontal gespannten Tauen gezogen. Hier hat sich auch eine Düngung der Kulturen durch Versprühen von Mineraldünger bewährt. Der größte Teil der versprühten Düngesalze soll schnell von den *Laminaria*-Thalli aufgenommen werden.

Die gegenwärtig umfangreichsten und wirtschaftlich bedeutendsten Algenkulturen werden in Japan (Nori-Industrie) betrieben und dienen der Erzeugung von *Porphyra*-Thalli. *Porphyra* wird in der Bucht von Tokyo seit der ersten Hälfte des 17. Jahrhunderts kultiviert. Bis etwa 1957 bestand die Technik der *Porphyra*-Kultur darin, in den 3 bis 4,5 m tiefen schlammigen Grund von Flußmündungen Bündel von Bambus oder Eichenästen einzurammen, auf denen sich dann die Thalli entwickelten. 1901 wurden von der Bucht von Tokyo auf diese Weise über 8 km^2 durch *Porphyra*-Kulturen eingenommen, die 2300 t Trockensubstanz lieferten. Weitere große Kulturen bestanden bei Hiroshima.

Nach der weitgehenden Klärung des Enwicklungszyklus von *Porphyra* nahm die Kultur von Arten dieser Gattung einen weiteren Aufschwung. Die sich aus den Karposporen der *Porphyra*-Thalli entwickelnden fädigen und kalkbohrenden *Conchocelis*-Stadien werden auf Muschelschalen in Tanks gezogen, in denen Salinität, Temperatur und Nährstoffgehalt des Wassers entsprechend den Ansprüchen der *Conchocelis*-Thalli eingestellt sind. Die *Porphyra*-Pflanzen werden nicht mehr wie früher auf Bambus- oder Reisigbündeln kultiviert, sondern auf Kokosfaser- oder Kunststoffnetzen (Bild 91) von meist 1 bis 2 m Breite und 18 bis 45 m Länge. Daneben sind 1 bis 2 m breite und 18 m lange Bambusmatten in Gebrauch. Netze und Matten werden horizontal meist so ausgespannt, daß sie während der Ebbe rund 4 Stunden trockenfallen. Die von den *Conchocelis*-Stadien abgegebenen Conchosporen, aus denen die *Porphyra*-Thalli entstehen, können sich an diesen Netzen festsetzen. In der Regel wird das Festsetzen der Conchosporen heute nicht natürlichen Zufälligkeiten überlassen. Muschelschalen, die *Conchocelis*-Thalli enthalten, werden dicht unterhalb der Netze in Plastikbeuteln (damit sie bei Ebbe nicht trocken liegen) oder in etwas größerer Tiefe in grobmaschigen Beuteln angebracht. Die Netze können auch in Tanks mit *Conchocelis*-Kulturen beimpft werden. Hierbei werden die Conchosporen durch Rühren des Wassers aufgewirbelt. Mit einem etwa 1000 Muschelschalen enthaltenden Tank lassen sich in 24 Stunden 2000 m^2 Netzfläche mit Sporen versehen. Die Netze kommen anschließend noch für 24 Stunden in Seewasser, dann werden sie im Meer ausgespannt. Nach 15 bis 20 Tagen erscheinen die jungen *Porphyra*-Thalli, die sich nach vorherigem leichten Trocknen auf den Netzen bei -20 °C bis 4 Monate lang aufbewahren lassen. Das Auftauen der Netze erfolgt dann durch Einbringen in Seewasser. Die *Porphyra*-Kulturflächen erreichten 1972 etwa 210 km^2. Außer in Japan wird *Porphyra* in ähnlicher Form auch in Süd-Korea und auf den Philippinen kultiviert.

Von einer weiteren Rotalgengattung, *Eucheuma*, gibt es auf den Philippinen umfangreiche Kulturen zur Gewinnung von Rohstoffen für die Carrageenan-Herstellung. Die Vorarbeiten (Untersuchung der ökologischen Ansprüche, Selektion ertragreicher Stämme, Ausarbeiten des Kulturverfahrens) nahmen etwa 10 Jahre in Anspruch. Die Jahresproduktion beträgt gegenwärtig 3000 bis 4000 t. In geringerem Umfang wurde mit einer *Eucheuma*-Kultur in Tansania begonnen.

6.6 Aquakultur

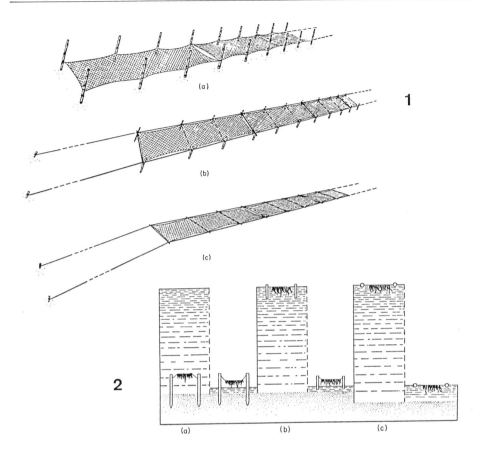

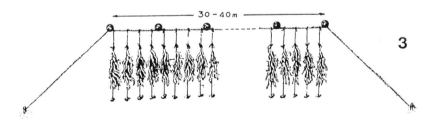

Bild 91 Einrichtungen für die Kultur von Meeresalgen. 1, 2 Netze für die Zucht von *Porphyra*-Thalli; (a) mit Pfählen am Meeresboden befestigt, bei Ebbe trockenfallend, (b) halb flottierendes Netz, bei dem Stelzen während der Ebbe für das Trockenfallen sorgen, (c) flottierendes Netz, Thalli stets wasserbedeckt. 3 Floß für die Kultur von *Laminaria*-Thalli: an einem 30–40 m langen Tau, welches durch Schwimmer an der Wasseroberfläche gehalten wird, sind nach unten hängende, mit einem Gewicht beschwerte Leinen befestigt, die der Aufnahme von jungen *Laminaria*-Sporophyten dienen. Statt eines Taues kann auch eine leiter- oder netzförmige Konstruktion an der Wasseroberfläche schwimmen. Bei 1b, 1c, 2b, 2c und 3 erfolgt die Verankerung durch am Meeresboden befestigte Taue. (1, 2 aus *Tseng*, nach *IOEP* 1976 und *IOESP* 1978, in *Lobban* und *Wynne*, 3 nach *Tseng* in *Xth International Seaweed Symp.*)

Auf Taiwan zieht man *Gracilaria verrucosa* in Becken, die zur Fischzucht angelegt worden waren. Infolge Preisverfalls für trockene Algenthalli ist die Produktion in den letzten Jahren allerdings wieder zurückgegangen, und die Anlagen dienen wieder weitgehend der Fischzucht. Gegenwärtig wird auf der Erde an mehreren Stellen versucht, *Gracilaria*-Kulturen im Freien anzulegen.

Ebenfalls in ursprünglich zur Fischzucht errichteten Becken wird auf den Philippinen *Caulerpa racemosa* kultiviert, die frisch als Salat verzehrt wird.

Algenkulturen sind meistens Monokulturen, und es stellen sich auch hier, wie bei der Landwirtschaft, bakterielle und pilzliche Erkrankungen ein, die sich rasch ausbreiten können. Abweiden der Algen durch Tiere kann ebenfalls erhebliche Ertragseinbußen zur Folge haben.

Die Kultur der Algen beschränkt sich gegenwärtig auf wenige Arten. Es sollte angestrebt werden, die Anzahl der kultivierten Arten zu vergrößern, um die Basis für die Gewinnung begehrter Rohstoffe zu verbreitern und um die Gefahr der Vernichtung der Kulturen durch wenige Krankheitserreger zu vermindern. Eine Übersicht über die Algenernte vermittelt Tabelle 6-10.

Tabelle 6-9: Spurenelemente in Gras und *Ascophyllum nodosum* in g/t Trockensubstanz (nach Chapman & Chapman 1980)

Element	Gras	*Ascophyllum*	Element	Gras	*Ascophyllum*
Vanadium	0,06	0,59	Bor	10	39–164
Kobalt	0,14	1–10	Eisen	55	148–1114
Jod	0,5	500–1200	Zink	55	49–197
Molybdän	0,81	0,3–1,23	Mangan	94	10–49
Kupfer	4,5	1–60			

Tabelle 6-10: Algenernte im Jahr 1980 (nach FAO), Erträge aus der Marikultur und Nutzung natürlicher Bestände, in t Trockensubstanz

Weltertrag	3 316 800		
davon			
China	1 575 650	Philippinen	115 652
Japan	695 000	Norwegen	106 000
USA	162 809	Chile	74 523

Weltalgenernte im Jahr 1981 (nach FAO), in t Trockensubstanz			
Braunalgen	ca. 2 183 104,	davon China	1 317 108
Grünalgen	ca. 4 483,	davon Korea	4 111
Rotalgen	ca. 798 526,	davon Japan	349 498

6.6.2 Weichtiere

Austernzuchten sind an der deutschen Küste versuchsweise wieder im Aufbau. Sie waren fast verschwunden, da die für die Fortpflanzung der Tiere erforderliche Minimaltemperatur nicht in jedem Jahr erreicht wird und die Einfuhr von Satzaustern teuer ist. Die Herzmuschel wird in Deutschland nicht verzehrt, erfreut sich aber z. B. in England und Frank-

6.6 Aquakultur

reich großer Beliebtheit. Versuchsweise durchgeführtes Abfischen läßt für die deutschen Küsten auf einen jährlichen Ertrag von 1000 t schließen. Während des zweiten Weltkrieges spielte die Nutzung der Bestände der Sandklaffmuschel (*Mya arenaria*) eine gewisse Rolle.

Miesmuscheln und Verwandte

In der Bundesrepublik Deutschland hat die Miesmuschel *Mytilus edulis* die größte wirtschaftliche Bedeutung. Die im Jahr angelandeten Mengen (ohne den lokalen Verbrauch an den Anlandeplätzen, der in die Statistik nicht eingeht) liegen zwischen etwa 10 000 und 23 000 t. Die jährlichen Erträge in den Niederlanden betragen etwa 100 000 t, weitere wichtige europäische Erzeugerländer mit je 45 000 bis 65 000 t sind Frankreich, Dänemark und Spanien. In vielen Küstenländern gibt es umfangreiche Projekte zur Miesmuschelkultur, wobei vor allem Chile mit den dort vorkommenden, sehr wohlschmeckenden Arten, von denen *Choromytilus chorus* 20 bis 25 cm Länge erreicht, besonders günstige Bedingungen hat.

Während die Miesmuscheln zunächst ausschließlich auf natürlichen Muschelbänken geerntet wurden, hat man bereits im 18. Jahrhundert damit begonnen, junge Muscheln aus natürlichen Beständen abzufischen und an Stellen mit festem Boden wieder auszusetzen. Hierdurch können gleichmäßig gewachsene, wenig verschmutzte Tiere geerntet werden. In manchen Gebieten wurden in den Meeresboden Pfähle eingerammt, die den Muschellarven zusätzliche Ansatzmöglichkeiten boten. Von den Pfählen wurden später die Speisemuscheln (Pfahlmuscheln) abgeerntet.

Von natürlichen Bänken geerntete Tiere sind oft in ihrer Größe uneinheitlich und mit Seepocken bewachsen. Eine Sortierung und Reinigung ist daher notwendig. Wirtschaftlich günstiger ist die Zucht der Muscheln an geeigneten Stellen, die sich durch festen Boden, Schutz vor schwerem Seegang, Wasserbedeckung bei normalem Niedrigwasser und Planktonreichtum auszeichnen müssen. Solche Gebiete befinden sich an der deutschen Küste vor der Emsmündung, im Jadebusen und zwischen den nordfriesischen Inseln. Daumennagelgroße Saatmuscheln werden aus natürlichen Beständen gewonnen, in den Muschelzuchtgewässern ausgebracht und nach 2 bis 3 Jahren als Speisemuscheln mit mindestens 5 cm Länge geerntet. Sogenannter Halbwachs ist 2 bis 4 cm lang und schon nach 1 bis 2 Jahren marktfähig.

Foto 9 *Mytilus*-Kultur auf Holzgestellen an der nordspanischen Küste

Foto 10 *Mytilus*-Kulturen an Tauen. Schiff dient als Floß (Aufn. Dr. A. *Figueras*)

Foto 11 *Mytilus*-Kulturen (Anlage wie Foto 8): Ernte (Aufn. Dr. A. *Figueras*)

An der französischen Atlantikküste werden junge Miesmuscheln in Beuteln an großen Reisigflechtwänden aufgehängt. In Italien, Spanien, Portugal und Jugoslawien erfolgt die Zucht an im freien Wasser verankerten Flößen (Foto 9–11), an denen Stricke oder Ketten mit eingeflochtenen Muscheln befestigt sind. Der versuchsweise Einsatz dieses Verfahrens in der Flensburger Förde ergab, daß für Speisezwecke geeignete Muscheln bereits nach 1 bis 1 1/2 Jahren geerntet werden können.

6.6 Aquakultur

Miesmuscheln gedeihen am besten in eutrophem bis verschmutztem Hafenwasser. Hier besteht dann aber die Gefahr, daß beim Verzehr der dort geernteten Tiere Muschelvergiftungen auftreten, bei denen es sich häufig um Salmonelleninfektionen handelt. Die Anreicherung von Saxitoxin in den Muscheln ruft ebenfalls Vergiftungen hervor (I, S. 14).

Die weltweiten Miesmuschelerträge betrugen 1980 1 176 771 t.

Austern

Die für Speisezwecke verwendeten Austern gehören den Gattungen *Ostrea, Crassostrea, Pycnodonta* und *Lopha* an, die in warmen und gemäßigten Meeren vorkommen. *Crassostrea angulata* (Portugiesische Auster) hat ihr natürliches Vorkommen an den Küsten von Portugal, Spanien, Frankreich und Südengland im Gezeitenbereich und in Ästuaren mit schwacher Strömung. Kultiviert wird diese Art in Portugal, Spanien, an der französischen Atlantikküste, in Tunesien, Japan und den USA. Die Sydney rock oyster (*Crassostrea* spec.) kommt an den australischen Küsten bis 28° südl. Breite vor und gedeiht vom Gezeitenbereich bis etwa 3 m unterhalb der Niedrigwasserlinie. Kulturen dieser Art gibt es in Australien (südliches Queensland, östliches Victoria) und an den neuseeländischen Küsten. Eine Auster des Eulitorals ist auch die pazifische *Crassostrea eradile,* die auf den Philippinen kultiviert wird.

Crassostrea gigas (Pazifische Auster) ist an den Küsten von China, Japan und Korea verbreitet und dringt bis 45° nördl. Breite vor. Sie besiedelt das Eulitoral. Diese Art hat gegenwärtig die größte Bedeutung als Kulturauster. Umfangreiche Kulturen werden in Japan, Korea, auf Taiwan, an der Pazifikküste der USA und Kanadas, in Thailand und Australien betrieben. In Europa wird die Art in Portugal, Frankreich, wo sie die Kulturen von *Ostrea edulis* weitgehend verdrängt hat, Holland und Großbritannien erfolgreich kultiviert, neuerdings auch auf Sylt. Die Bundesforschungsanstalt für Fischerei in Hamburg arbeitet gegenwärtig an der Zucht eines für deutsche Verhältnisse besonders geeigneten Stammes von *Crassostrea gigas.* – *Ostrea chilensis* tritt an der chilenischen Küste auf.

Die im karibischen Raum vorkommende *Crassostrea rhizophorae* (Mangrove-Auster) lebt auf den Wurzeln von *Rhizophora mangle* im Gezeitenbereich und im oberen Sublitoral und dringt in Ästuare ein. Sie ist lokal für die Ernährung der Küstenbevölkerung von großer Bedeutung. Kulturen dieser Art auf Kuba, in Kolumbien und in Venezuela befinden sich weitgehend noch im Versuchsstadium. Den Gezeitengürtel und das Sublitoral bis 30 m Tiefe besiedelt die auch in Ästuaren vorkommende *Crassostrea virginica* (Amerikanische Auster) an der nordamerikanischen Küste bis 47 °N. Kulturen gibt es in den USA, in Kanada und in Japan.

Ostrea edulis (Gemeine Auster) hat ihre Verbreitung an den europäischen Küsten. Sie kommt von Nordafrika bis zum Polarkreis vor. Vor den deutschen Küsten gibt es keine regelmäßig abgefischten Austernbänke mehr, die früher bei Helgoland sowie den Ost- und Nordfriesischen Inseln vorkamen. Starke Befischung sind neben der Konkurrenz und der Dezimierung durch andere Tiere (Seesterne) wahrscheinlich die Hauptgründe für den Rückgang der Art. *Ostrea edulis* läßt sich erfolgreich in Ästuaren kultivieren, solange diese nicht zu stark verschmutzt sind.

An Stellen mit dichtem natürlichen Austernbesatz oder in Austernkulturen setzen sich frei im Seewasser lebende Austernlarven auf geeignetem Substrat in großer Anzahl fest. In Japan werden zu diesem Zweck an Tauen oder galvanisierten Eisendrähten befestigte Austernschalen an Holzgestellen oder Flößen in das Wasser gehängt. Wichtig für einen guten Ansatz ist der Zeitpunkt für das Ausbringen der Fangeinrichtungen. Vorzeitiger Einsatz führt zum Besatz der Schalen mit unerwünschten Organismen, etwa Seepocken, die den Ansatz der Austernlarven verhindern. Beachtet werden muß weiterhin eine ausreichende Wasserströmung, die mindestens 60 cm/s betragen sollte.

Die jungen Austern können durch besondere Behandlung bei der Weiterkultur abgehärtet und widerstandsfähig für den Transport gemacht werden. Saatmuscheln von *Crassostrea gigas* werden auf ihren Unterlagen von Japan aus sogar in die USA exportiert.

Als Substrat für das Festsetzen der Austernlarven kommen in Frankreich häufig Halbröhren aus gebranntem Ton zum Einsatz, die mit ihrer konvexen Seite nach oben gestapelt werden. Diese Tonziegel werden vor ihrer Verwendung mit einer dünnen Schicht Kalkmörtel versehen, wodurch sich später die Muscheln leicht abnehmen lassen.

Die eigentliche Austernmast erfolgt entweder am Meeresboden in 1 bis 10 m Wassertiefe, oder die „Austernsaat" wird mit geeigneter Unterlage an Tauen oder Drähten befestigt, die von fest verankerten Gestellen oder verschieden gestalteten Flößen in das Wasser hängen (Foto 12).

Für die Kultur am Meeresboden kommen Stellen mit sauberem Grund und ausreichend starken Gezeitenströmungen in Betracht, an denen es jedoch nicht zu starker Schlickablagerung kommen darf, unter der besonders frisch eingebrachte Saat stark leidet. Austern am Boden sind Räubern stärker ausgesetzt als an hängenden Tauen. Andererseits sind Kulturen am Boden im Eulitoral während der Ebbe leicht zugänglich und gut zu pflegen. Umfangreiche Kulturen dieser Art gibt es an der Küste der Bretagne und im Becken von Arcachon. Typisch ist dort die Umzäunung mit Pfählen (Pignots) zum Schutz gegen Rochen.

Wegen ihrer hohen Produktivität, ihrer leichten Zugänglichkeit, der geringen Schlammsedimentation, der im Vergleich zu Kulturen am Boden verminderten Zugänglichkeit für Räuber und der guten Möglichkeit, das Wachstum der Tiere zu beobachten und zu kontrollieren, setzt sich jedoch trotz erhöhter Kosten die Kultur der Austern an Gestellen oder Flößen verschiedener Form immer weiter durch. — 1980 erreichte die Weltproduktion 972 885 t.

Foto 12 Austern-Kultur an Tauen: Ernte (Aufn. Dr. *A. Figueras*)

6.6 Aquakultur

Weitere Weichtiere

Als weitere Weichtiere, die für die menschliche Ernährung kultiviert werden, seien hier noch Angehörige der Pectinidae (Kammuscheln) und der Gattung *Haliotis* (Meerohr), die zu den Prosobranchia (Vorderkiemenschnecken) gehören, erwähnt.

Natürliche Kammuschel-Bestände unterliegen starken Fluktuationen der Individuendichte, die auf jährlich schwankende Voraussetzungen für die Larvenentwicklung zurückzuführen sind. In Japan werden solche Unterschiede durch die Larvenanzucht unter künstlichen Bedingungen ausgeglichen. Die Saatmuscheln werden im Meer ausgesetzt. Daneben gibt es Einrichtungen, um die Muscheln von der Larve bis zum marktfähigen Tier in künstlichen Anlagen zu ziehen. Wegen der Fähigkeit zu freier Ortsbewegung durch Schwimmen unterscheiden sich die Kulturmethoden von denen bei der Austernzucht. Teilweise werden die Muscheln angebohrt und festgebunden, wobei das Loch in der vorderen Seite des Schlosses der Schale angebracht werden muß, um Mantelverletzungen und dadurch bedingtes Absterben der Tiere zu vermeiden. Andere Möglichkeiten bestehen darin, Körbe, die zu mehreren übereinander angeordnet sind, oder flache Netztaschen, die zu vielen an großen Rahmen angebracht sind, mit Saatmuscheln zu beschicken. Taue, Körbe, Netze und ähnliche Einrichtungen werden an Flößen befestigt und hängen in das Seewasser. Wegen der unterschiedlichen Ansprüche lassen sich an solchen Installationen übereinander Austern (in geringerer Wassertiefe) und Kammuscheln (in größerer Wassertiefe) ziehen, wodurch die entsprechenden Anlagen besser genutzt werden.

Haliotis-Arten werden in künstlichen Teichanlagen gezogen (in Japan), wobei bisher noch von im Meer (Eulitoral) eingesammelten Jungtieren ausgegangen wird.

6.6.3 Krebse

Garnelen

Von den Crustaceen, die weltweit gefischt werden (1961–1964 etwa 1 100 000 t jährlich) entfallen 47 % auf die Penaeidae, insbesondere auf die Gattung *Penaeus*. Die höchsten Erträge werden im Golf von Mexico, an der indischen Westküste und in Japan erzielt. Wegen der großen Nachfrage und eines dementsprechend hohen Preises ist die Kultur von Penaeidae, die zuerst in Japan erfolgreich durchgeführt worden ist, lohnend. Extensive und intensive Kulturen gibt es heute auch in anderen Ländern, besonders in den USA.

In Japan werden gegenwärtig im Zusammenhang mit der Anzucht von Penaeidae – es handelt sich hier um *Penaeus japonicus* – zwei Ziele verfolgt: a) das Heranziehen von marktfähigen Tieren in eigens dafür errichteten Anlagen (Tanks) unter kontrollierten Bedingungen und b) die Erhöhung der Individuenzahlen an geeigneten Stellen im freien Meer. Letzteres Ziel erreicht man, indem 10 bis 15 mm lange Jungtiere aus Kulturen in ausgewählten Buchten mit Sandboden und mit nur wenigen den Krebsen nachstellenden Räubern aussetzt. Dabei hat sich eine gute Zusammenarbeit zwischen Fischereigenossenschaften und Regierungsstellen bewährt. Nach dem Heranwachsen der Tiere, die sich durch eine große Ortstreue auszeichnen, erfolgt die Freigabe entsprechender Gebiete für den Fang mit Kuttern. Ähnliche Verfahren kommen auch an der Küste von Florida und der Nordküste des Golfs von Mexico in Anwendung. Hier werden Buchten durch Netze vom freien Meer abgetrennt und anschließend die eingeschlossenen Fische (Räuber) quantitativ durch flüchtige oder kurzlebige Gifte abgetötet. Nach dem Abklingen der Giftwirkung erfolgt das Einsetzen der jungen Krebse, die später mittels Schleppnetzen gefangen werden. Es wird ein einmaliger Ertrag je Jahr erzielt, der bei diesem extensiven Verfahren bei 90 g/m^2 liegt. Bei intensiver Mast in künstlichen Teichanlagen lassen sich bei dreimaligem Abfischen im Jahr dagegen bis zu 340 g/m^2 erzielen. Schwierigkeiten bereitet die Anzucht der Jungtiere, auf die besondere Anzuchtbetriebe spezialisiert sind.

Unter günstigen Bedingungen (26 bis 29 °C, Salinität 32 bis 35 ‰) dauert bei *Penaeus japonicus* die Entwicklung vom Ei zum Nauplius 14 Stunden, vom Nauplius zur Zoea-Larve (mit 6 Häutungen) 36 Stunden. Nach weiteren 3 Häutungen und 5 Tagen entsteht aus dieser die Mysis-Larve, die sich abermals nach 5 Tagen und 3 Häutungen zum ersten postlarvalen Garnelen-Stadium umwandelt und damit vom planktontischen Leben zum Leben am Boden übergeht. Nach etwa 20 Häutungen sind die Tiere in 40 Tagen zu 6 cm langen Adulti herangewachsen. Während der Entwicklung vom Ei zum 17 mm langen Tier, welches in Mastanlagen oder im Meer ausgesetzt werden kann, gehen etwa 2/3 der Individuen, selbst unter günstigen Bedingungen, zugrunde.

Die Aufzucht der *Penaeus*-Larven kann in Becken erfolgen, deren Seewasser mit Nitrat, Phosphat und Silikat angereichert worden ist. In diese Becken werden eiablagereife Weibchen eingesetzt. Die ersten Larvalstadien ernähren sich von dem entstehenden (Phyto-)Plankton. Nach Erreichen des Mysis-Stadiums muß zusätzlich gefüttert werden. Hierzu eignen sich *Artemia salina,* Muschel- und Krabbenfleisch. Treten die ersten postlarvalen Stadien auf, ist eine zusätzliche Fütterung mit kleinen Stücken von Ringelwürmern, Muscheln, Krebsen und Fischfleisch zweckmäßig. Zur Verwendung kommt auch Fertigfutter, das wegen der Freßgewohnheiten von Krebsen granuliert sein muß. Das Wachstum der Tiere hängt wesentlich von der Nahrungszusammensetzung ab, wobei sich hohe Anteile an Krebsfleisch als am günstigsten erwiesen haben.

Pnenaeus monodon wird auf den Philippinen und auf Formosa kommerziell angezogen, teilweise zusammen mit Milchfischen (*Chanos chanos*). Weitere *Penaeus*-Arten dürften sich für eine kommerzielle Zucht eignen.

An der nordamerikanischen Ostküste kommt *Penaeus setiferus* vor, dessen Verbreitungsgebiet von North Carolina bis zum Golf von Mexiko reicht. Die Tiere sind Allesfresser und leben in der Jugend in Buchten mit niedrigem Salzgehalt und flachem Wasser. Nach Erreichen der Geschlechtsreife wandern sie ins Meer hinaus. Der jährliche Fang der bis 18 cm langen Krebse beträgt etwa 100 000 t.

Vielversprechend für eine Aquakultur erscheinen die euryhalinen, im Süß- und Brackwasser warmer Zonen lebenden *Macrobrachium*-Arten. Die Kultur von *Crangon crangon* ist zwar möglich, das Produkt würde jedoch so teuer, daß es auf absehbare Zeit nicht mit dem im Meer gefangenen „Granat" konkurrieren könnte.

Hummer und Langusten

Hochgeschätzt und als Delikatesse sehr gut bezahlt wird das Fleisch von Hummer und Languste. Trotz der ökonomisch günstigen Ausgangssituation hat sich eine Zucht dieser Tiere bisher noch nicht erfolgreich durchsetzen können. Bei der Gattung *Homarus* (*H. americanus* und *H. gammarus* der nordwestlichen und nordöstlichen Atlantikküsten) sind die hierfür notwendigen Bedingungen gut bekannt, das Wachstum der Tiere ist jedoch zu langsam und die Zucht unrentabel. Aussetzen von Jungtieren war bis jetzt ebenfalls wenig erfolgreich. Langusten durchlaufen während ihrer Entwicklung mehrere außerordentlich empfindliche Larvenstadien (Phyllosoma-Stadien), wodurch die Anzucht der Tiere sich bisher als zu schwierig erwiesen hat.

Andere Krebse spielen in der Marikultur gegenwärtig keine Rolle, mit Ausnahme des Salzkrebschens *Artemia salina,* welches in großen Mengen als Futterorganismus angezogen und dessen Eier zum selben Zweck verkauft werden.

6.6.4 Fische

Marikultur von Fischen erfolgt in künstlich angelegten Fischteichen oder in Käfigen (aus Holz, Netzen oder Drahtgeflecht), die an geeigneten Stellen (in Buchten oder auch in

Fischteichen) schwimmend oder am Grund angebracht werden. Eine extensive Form besteht im Einbringen von Fischbrut an geeigneten Stellen, um den Bestand erwünschter Arten zu erhöhen, was allerdings in vielen Fällen nicht gelungen ist (z. B. beim Hering). Wegen des verhältnismäßig geringen finanziellen Aufwandes für die notwendigen Einrichtungen dürfte der Haltung in Käfigen unterschiedlicher Bauart in Zukunft größere Bedeutung zukommen. Gegenwärtig gibt es Käfighaltung in kommerziellem Maßstab oder im Rahmen einer Subsistenzwirtschaft bei folgenden Lachsartigen:

Amerikanische Lachse, *Oncorhynchus*-Arten, in Kanada und in USA;
Regenbogenforellen, *Salmo gairdneri*, in Großbritannien und Norwegen;
Echter Lachs, *Salmo salar*, in Norwegen.

In Becken werden mit Erfolg gehalten:

Milchfisch, *Chanos chanos,* in Indien, Indonesien, Malaysia, auf den Philippinen, in Taiwan und Thailand; die jährlichen Erträge liegen zwischen 0,2 und 6,6 t/ha, in einem durch Zäune abgeteilten Lagunenabschnitt wurden bis 18 t/ha erzielt;
Meeräschen, *Mugil* spp., in Hongkong und Indien mit Erträgen von 1,5 bis 4 t/ha;
Seriola quinqueradiata, in Japan; Ertrag etwa 3 t/ha im Jahr;
Fugu, *Fugu rubripes,* in Japan: Ertrag 0,23 t/ha im Jahr;
Aal, *Anguilla anguilla,* in Japan mit Erträgen von 5,5 bis 26 t/ha im Jahr.

Versuche mit weiteren Fischarten werden weltweit durchgeführt.

Bei der Marikultur von Tieren ist noch längst nicht der Stand erreicht, der für die Tierhaltung auf dem Land charakteristisch ist. In der Regel können die Meerestiere nicht über mehrere Generationen hinweg gezüchtet werden, sondern es müssen dem Meer jeweils wieder laichreife Tiere entnommen werden. Es handelt sich also nur um ein Aufziehen der jeweiligen Organismen, welches auch nicht in allen Fällen vom Ei an erfolgt.

Durch die große Zahl von Individuen einer Art in einem verhältnismäßig kleinen Wasservolumen kommt es oft zu Erkrankungen und zu Parasitenbefall, die meist nicht ausreichend bekämpft werden können. Krankheiten und Parasitenbefall lassen sich mit Hilfe eines geschlossenen Wasserkreislaufsystems eindämmen oder verhindern. Solche Systeme sind zwar technisch möglich, ihre Unterhaltung ist jedoch so kostspielig, daß ihr Einsatz unwirtschaftlich wäre.

6.7 Das Meer als Rohstoff- und Energiequelle

Von jeher hat der Mensch, wenn auch zunächst nur der relativ kleine Teil der Küstenbewohner, das Meer in seinen Lebensraum einbezogen: als Nahrungsquelle (Fischerei und Sammeltätigkeit), zur Rohstoffgewinnung (ursprünglich vorzugsweise Salz) und, spätestens seit der Antike, als Verkehrsweg. Dies blieb für das Gleichgewicht des größten unserer Ökosysteme ohne Belang, solange die Erdbevölkerung kaum eine Milliarde überschritten hatte und die technischen Einwirkungsmöglichkeiten beschränkt waren. Bevölkerungswachstum und technologische Entwicklung stellen heute eine Herausforderung dar, deren Beherrschung über die Zukunft der Menschheit und ihres Lebensraumes, einschließlich des Meeres, entscheidet.

Nur Emotion als Antriebsmotor und absolute Sachlichkeit zu dessen Lenkung bieten Aussicht auf eine Lösung der anstehenden Probleme. Sie darzustellen, soweit das in dem gegebenen Rahmen möglich ist, soll nachstehend versucht werden.

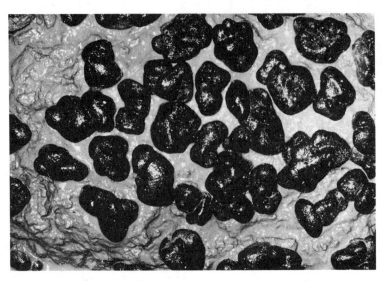

Foto 13 Manganknollen (Aufn. Metallgesellschaft A.G.)

6.7.1 Rohstoffe vom Meeresboden

1873 wurden von der „Challenger" die ersten Tiefseemanganknollen hochgebracht. Es hat fast 100 Jahre gedauert, bis der Tiefseebergbau sich für diese schwarzen Erzknollen (Foto 13) intensiv interessierte.

Die Rohstoffe des Meeresbodens lassen sich in zwei Gruppen unterteilen: 1. Lockergesteine auf oder unmittelbar unter dem Meeresboden (z. B. Manganknollen und Mineralsande); 2. Festgesteine des tieferen Untergrundes (Erze, Kohle, Schwefel, Salze), aber auch Erdöl und Erdgas. Diese Rohstoffe haben eine ähnliche Entstehungsgeschichte wie entsprechende Vorkommen auf dem Festland.

Schwermineralsande

Die Gesamtlänge der Küsten um Kontinente und Inseln, an denen eine beständige Brandung nagt, beträgt ein Vielfaches des Erdumfanges. Das so entstehende Feinmaterial wird durch die Wasserbewegungen entsprechend seiner Dichte sortiert. Leichte Minerale, vorwiegend Quarzkörner, werden vor allem durch küstenparallele Strömungen abtransportiert. Die Anreicherung nutzbarer Schwerminerale (Seifen) entsteht im wesentlichen im strandnahen Flachwasserbereich. Da aber in den letzten 2 Mio. Jahren durch die wechselnde Wasserbindung an die polaren Eiskappen (S. 10) der Meeresspiegel sich mehrmals um maximal 150 m gesenkt bzw. gehoben hat, finden wir solche Schwermineralseifen heute häufig als ertrunkene Lagerstätten weit draußen auf dem Schelf.

In bedeutendem Umfang wird z. Z. nur *Zinngestein* bis zu 50 m Tiefe vor den Küsten von Indonesien und Thailand gewonnen, vorzugsweise mit Schwimmbaggern. Großbritannien und Japan decken bereits etwa 20 % ihres Bedarfs an *Sand und Kies* aus dem Meer. Im Gegensatz zu den vorgenannten, vom Festland stammenden Mineralen, werden im Meer u. a. Manganknollen und Erzschlämme neugebildet.

6.7 Das Meer als Rohstoff- und Energiequelle

Tabelle 6-11: Stand der Kenntnisse über marine Mineralvorkommen (außer Energieträger). Aus Victor (1973)

			Kenntnisse über die Mineralvorkommen			
		im Abbau	Exploriert (sicher)	Prospektiert (wahrscheinlich)	Voruntersucht (möglich)	Bislang noch weitgehend unbekannte Vorkommen (Kenntnisse aufgrund von Einzelproben)
Kenntnisse über die Bauwürdigkeit (wirtschaftliche Ausbeutbarkeit als Funktion des technischen Entwicklungsstandes) / bauwürdig	im Abbau	**Gelöste Mineralien:** NaCl (div. Orte d. Erde, 20 % der Weltprod.), Brom (USA u.a. 70 % der Weltprod.), Magnesium (USA, 60 % der Weltprod.) **Seifenerze:** Zinn (Südostasien, Ostsibir. Meer), Magnetit u. Hämatit (Philippinen, Japan), Rutil-Ilmenit-Zirkon (Indien u. Australien, Ostsee), Gold-Platin (Alaska, Australien), Schwarzsand m. seltenen Erden (Indien, Australien, Barentssee) **Sonstige Seifenmineralien:** Sand u. Kies (div. Orte der Erde), Kalkschalen aus Austern u. Muscheln (Island, Golf v. Mexico), Diamanten (SW-Afrika) **Lagerstätten im Festgestein:** Eisenerze (Finnland), Schwerspat (Alaska), Schwefel (Golf von Mexico), Nickel-Kupfer (Kanada)				
	bauwürdig			Weitere Seifenvorkommen vor den Küsten von Alaska, Kanada, Südamerika, UdSSR (Sibirisches Meer, Japan. Meer, Barentssee, Schwarzes Meer, Asowsches Meer, u.a.), Indien (Orissa), Australien, Afrika (SO, SW, Mozambique u.a.) Aragonit (Bahamas)		
	bedingt bauwürdig			Bauxitlagerstätten (z.B. Gulf of Carpenteria/Australien) Zinnerze in Festgestein (SO-Asien)	Erzknollenvorkommen m. erhöhten Kupfer- u. Nickelgehalten (Pazifik), Phosphoritknollen (vor Kalifornien u.a.)	
	(noch) nicht bauwürdig		Gelöste Mineralien: U_3O_8, Gold, Kupfer, Silber		Erzknollenvorkommen m. erhöhten Mangan- u. Kobaltgehalten (z.B. Michigan See, Pazifik vor Kalifornien), Hydrothermalschlammvorkommen (Rotes Meer)	div. Erzlagerstätten im Untergrund des Meeres, Erzlagerstätten im Bereich mittelozeanischer Faltungen, Rote Tiefseeschlämme (Red clay), Schwarzschlämme, Barytknollen, Glaukonit

Tabelle 6-12: Vergleichsanalysen von pazifischen Erzknollen, atlantischen Erzknollen und oxidischem Nickelerz (Laterit) (aus J. Krüger 1971)

	Pazifik	Atlantik	oxidisches Nickelerz
Mn	29,8	15,7	0,4
Fe	4,8	15,5	23,5
Co	0,2	0,41	0,05
Ni	1,36	0,59	1,80
Cu	1,20	0,14	0,01
Zn	0,12	0,055	0,01
Pb	0,055	0,15	n.b.
Al_2O_3	5,7	4,9	7,1
SiO_2	13,0	2,9	25,6
Ca	1,47	7,32	0,2
Mg	1,7+	1,7+	11,5
Sr	0,07	0,19	n.b.
Ba	0,61	0,52	n.b.
K	0,79	0,31	< 0,01
Na	2,6+	2,3+	< 0,01
P	0,052	0,147	1,2
Ti	0,44	0,34	0,2
Mo	0,054	0,055	n.b.
V	0,054+	0,07+	n.b.
H_2O	16,2 ∆	15,6	2,5
Glühverlust	22,0 ∆∆	23,8	7,9

\+ Durchschnittsschätzwerte
∆ getrocknet bei 220 °C
∆∆ geglüht bei 590 °C
Analysen luftgetrockneter Manganknollen

Manganknollen

Manganknollen sind schwarze, häufig kartoffelgroße Konkretionen (Foto 13) mit konzentrisch-schaligem Aufbau. Sie treten in allen Ozeanen auf, auch in der Ostsee, aber abbauwürdig scheinen sie nur im Pazifischen Ozean zwischen der Clarion-Zerrungszone im Norden und der Clipperton-Zerrungszone im Süden (4° bis 15 °N und 110° bis 150 °W) und eventuell im Indischen Ozean zu sein. Im Pazifischen Ozean liegen die Knollen in Wassertiefen zwischen etwa 3 800 und 6 000 m auf dem Boden sedimentationsarmer Tiefseebecken.

Nach heutiger Ansicht sind für eine Abbauwürdigkeit erforderlich: Lagerungsdichte im Minimum 5 bis 7 kg/m², der Gehalt an Wertmetallen sollte bei Kupfer mindestens 1,1 % und bei Nickel 1,3 % (bezogen auf trockenes Roherz) betragen. In dem erwähnten manganknollenhöffigen Gebiet werden ca. 200 Milliarden t vermutet, von denen man 10 bis 20 % als gewinnbar ansieht. Das Bohrschiff „Sedco 445", betrieben von einem internationalen Konsortium, hat 1978 im Pazifik 600 t Manganknollen aus 5 200 m Wassertiefe gefördert.

Erprobte und/oder in Entwicklung befindliche Systeme zur Gewinnung von Manganknollen sind in Tabelle 6-13 zusammengestellt. Bild 92 zeigt ein Beispiel für eine Airlift-Anlage.

Lagerstätten, für einen Gewinnungsbetrieb über 25 Jahre, müßten etwa einen Roherzinhalt von 25 Mio. t haben, wobei eine 70 %ige Auserzung möglich sein sollte. Die

6.7 Das Meer als Rohstoff- und Energiequelle

Tabelle 6-13: Erprobte und/oder in Entwicklung befindliche Systeme zur Gewinnung und Förderung von Manganknollen aus der Tiefsee (aus Ottow 1983)

Systeme[1]	Arbeitsprinzip	Vorteile	Nachteile
1. Current-Line-Bucket (CLB)-System (Eimerkettenprinzip)	Mechanisches Abkratzen des Meeresbodens mit käfigförmigen oder Netz-Dredgen	Relativ einfach und kostengünstig	Das Offenhalten der Schürfkübel ist problematisch Nur auf ebenen, hindernisfreien Sedimenten möglich Besonders intensives Aufwirbeln von Sediment und Schlamm
2. Hydraulische Pumpverfahren	Knollen werden nach dem Staubsaugerprinzip mit Wasser und Sediment angesaugt	Gezielte Gewinnung nach genauer Positionierung (Scheinwerfer und TV-Kamera)	Hohe Belegungsdichte ist erforderlich Abstoßen von Schlamm an Wasseroberfläche hat starke Trübung und Mineralisation (Eutrophierung) zur Folge
3. Airlift-Verfahren (heute das aussichtsreichste System)[2]	Der Saugeffekt wird durch Expansion hochkomprimierter injizierter Luft mittels eines Rohrstranges erzielt	Relativ wirtschaftlich und störungsfrei Relativ geringe Sedimentaufwirbelung	Knollen, Sediment und Wasser werden gefördert und erst an Bord getrennt; Aufwirbeln und Abstoßen bewirken Trübung und verstärkte Nährstoffmineralisierung (Eutrophierung)

[1] Zum Routine-Instrumentarium von Explorationsfahrten gehören Tiefsee-Fernsehsystem, Bathymetrie (Tiefseemessung) und seismische Untersuchungen. Versuchsproben werden mit dem Freifallgreifer (teilweise mit Kamera), einem Kastengreifer und/oder einem Kastenlot genommen.

[2] Entwickelt an der TU Karlsruhe.

Feldesgröße ergäbe dann zwischen 5 000 und 20 000 km^2, etwa ein Gebiet so groß wie Schleswig-Holstein (15 600 km^2).

Die Prospektionsmethoden befinden sich noch im Versuchsstadium, wobei sich rund 20 Staaten engagiert haben. Die heutigen bathymetrischen Karten, basierend auf Echolotungen, sind für lagerstättenkundliche Untersuchungen nicht verwendbar. Im Versuchsstadium sind Geräte, die mit Holographie bzw. auch direkter Laser-Technik arbeiten. Wesentlich und kostenbestimmend sind dabei die erforderlichen Begleitschiffe und die Geräteträger, z. B. SONAR-Schleppkörper (tieftauchend). Die Arbeitsgeschwindigkeit kann durch hydrodynamische Einflüsse auf das Schleppseil sowie durch das begrenzte Auflösungsvermögen der Meßverfahren bis unter 2 kn absinken.

Erzschlämme

Die Vorkommen im Roten Meer sind in den letzten Jahren besonders interessant geworden. Dort hat man im Atlantis-II-Tief eine Erzschlamm-Mächtigkeit bis zu 25 m festgestellt. Daraus ergäbe sich eine Metallreserve von 2,5 Mio. t Zink, 500 000 t Kupfer und 10 000 t Silber. Die Schlämme liegen in isolierten Becken (rund 16 im Zentralgraben) bis zu 2 800 m Tiefe, bei einer Wassertemperatur bis zu 56 °C und bis zu 320 ‰ Salzgehalt.

180   6 Nutzung des Meeres durch den Menschen

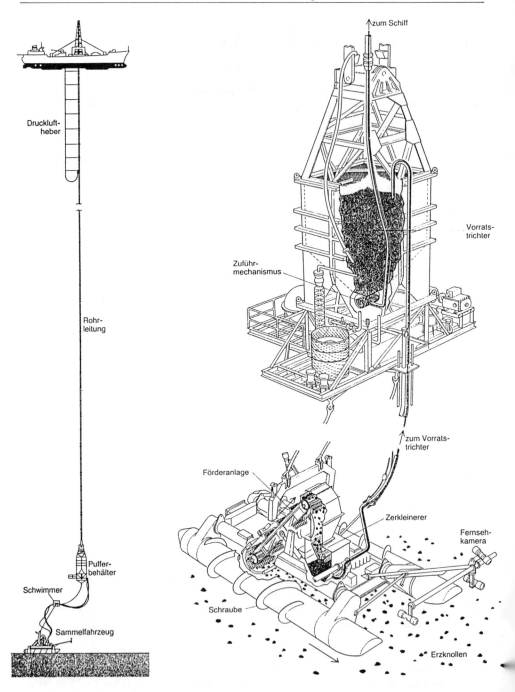

Bild 92 Airlift-Anlage zur Gewinnung von Manganknollen (Spektrum der Wissenschaft)

6.7 Das Meer als Rohstoff- und Energiequelle

Wie entstehen solche Erzschlämme? Sie treten auf an den Stellen, wo die Erdkruste aufreißt (im Roten Meer seit 25 Mio. Jahren mit einer Geschwindigkeit von 2 cm/Jahr) und vulkanisches Material ausfließt. Bei zahlreichen Verwerfungen ist Meerwasser in den Untergrund eingedrungen und hat sich im Kontakt mit dem heißen Vulkangestein erhitzt. Das heiße Wasser durchströmt dabei mächtige Sedimente, löst Salze auf und reichert sich mit Metallen an. In geschlossenen Becken erreicht die Sole eine hohe Konzentration. Im Wechsel zwischen Stagnation und stärkerer Wasserzirkulation am Boden der Becken werden durch Schwankungen der Oxidationsbedingungen einmal Metallsulfide, ein anderesmal Metalloxide gefällt: lebhaft gefärbte Sedimente zeigen sie an.

Prinzipiell sind ähnliche Verhältnisse an allen untermeerischen Bruchzonen, wie auch im mittelatlantischen Rücken, zu erwarten bzw. nachgewiesen. Im Roten Meer liegen die Verhältnisse durch die Topographie der isolierten Becken besonders günstig. Wieweit und wann hier Erzschlämme abgebaut werden, dürfte von ökologischen Risiken (S. 187) und den dortigen politischen und ökonomischen Entwicklungen kommender Jahre abhängen.

6.7.2 Energiegewinnung aus dem Meer

In der Geschichte der Menschheit hat es schon immer Energiekrisen gegeben. Sie äußerten sich in Hunger und allgemeiner Not. Durch Wanderschaft mit oft kriegerischen Verwicklungen und Eroberung fruchtbarer Landstriche versuchte man, sie zu beheben. Die eigentliche Wärmeenergiequelle bis zur Entdeckung und Nutzung der Kohlelager (ab 18. Jahrh.) war Holz. Der heute noch anhaltende Raubbau an ihm wird mit seinen negativen Konsequenzen immer deutlicher, vor allem, was den kontinentalen Wasserhaushalt anbetrifft. Mit der Entwicklung der Dampfmaschine (1812) begann das Industriezeitalter. Das exponentielle Wachstum von Industrieprodukten und Bevölkerung setzte mit gegenseitiger Beeinflussung ein (1850): 1,2 Mrd. Menschen, 1950: 2,5 Mrd. Menschen, für 2000 schätzt man über 6 Mrd. Menschen). Die Folgen daraus, wie Besiedlungsdichte, Nahrungs- und Wassermangel, Transportprobleme, Wohnungsknappheit, sind heute spürbar und bewußt, aber ernsthafte Konsequenzen werden aus dem Phänomen „Bevölkerungswachstum" weltweit noch nicht gezogen. Ohne ausreichende Energie, in welcher Form auch immer, lassen sich die negativen Folgen nicht überwinden. Vor diesem Hintergrund müssen die Bestrebungen der Energiegewinnung aus dem Meer gesehen werden.

Auf den ersten Blick besticht die Vorstellung, daß etwa 71 % der Erdoberfläche als „Sonnenkollektor Meer" die einfallende Strahlungsenergie der Sonne aufnimmt (~ 1235 J/cm^2/Tag, rund 67 % der Gesamteinstrahlung), das führt im äquatorialen Gürtel zwischen 20 °N und 20 °S zur Ausbildung einer warmen Deckschicht mit Temperaturen zwischen 25° und 30 °C. Infolge der Sonneneinstrahlung entwickelte sich ein ausgeprägtes atmosphärisches Zirkulationssystem, von dem die Passatwinde eine der bekanntesten Erscheinungen sind: Es entstehen Wellen an der Meeresoberfläche, und in Verbindung mit Temperatur- und Dichteunterschieden sowie unter dem Einfluß der Erddrehung entstehen daraus ozeanische Strömungssysteme (z. B. Golfstrom vgl. S. 44). Neben den auf Sonnenenergie basierenden Vorgängen gibt es noch ein Energiesystem, das auf der Gravitationswechselwirkung zwischen Erde, Sonne und Mond beruht: die Gezeiten mit ihren Gezeitenströmen. So können zur Nutzung der im Meer enthaltenen Energie herangezogen werden: Wellenbewegung, Meeresströmungen mit der Sonderform der Gezeitenbewegung, vertikale Temperaturdifferenz zwischen Deckschicht und Tiefenwasser.

Wie kann man sich die Gewinnung von Energie aus dem Meer vorstellen, und welche Projekte werden schon betrieben? Bei den verheerenden Wirkungen von Sturmfluten wird das in der Wellenbewegung steckende Energiepotential deutlich. Die durchschnittliche Atlantikwelle hat pro Meter Wellenfront eine Leistung von rund 50 kW, so daß bei einem Nutzungsgrad von 25 % 40 km Wellenfront für ein 500 Megawatt Kraftwerk erforderlich wäre.

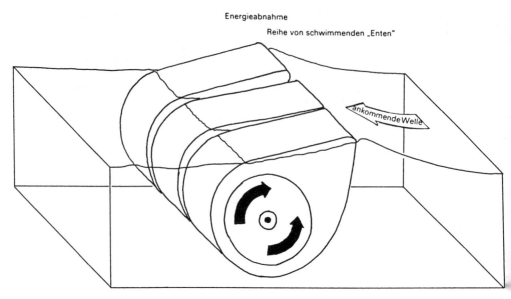

Bild 93 Projektskizze von gekoppelten schwimmenden „Enten" zur Stromerzeugung aus Wellenenergie

Bisher sind nur Kleinstanlagen für die Energieerzeugung für Bojen und Leuchtfeuer installiert worden. In Großbritannien, wo man an der Nutzung von Wellenenergie besonders interessiert ist und wo günstige Küstenabschnitte dafür vorhanden sind, ist die „Salter duck" („Salter Ente") entwickelt worden (Bild 93). Ein eiförmiger Schwimmkörper ist mit seinem breiteren abgerundeten Ende fest mit einer drehbaren, unter der Wasseroberfläche angeordneten Welle verbunden, das schmalere ist den anlaufenden Wellen zugekehrt und überragt die Wasseroberfläche. Im Auf und Ab der Wellen entsteht eine Schaukelbewegung um eine Drehachse, die über eine geeignete mechanische Anordnung in elektrische Energie umgewandelt werden kann. Derzeitige Projekte sehen eine Länge der Schwimmkörper von 20 m und die Zusammenfassung mehrerer Einheiten vor.

Weitere Planungen gehen in Richtung Gelenkflöße ("Cockerell floats"), deren Dümpelbewegung über mechanische Wandler in elektrische Energie umgesetzt werden kann. Da die einzelnen Einheiten nur etwa 50 bis wenige 100 kW liefern könnten, müßten auch hier größere Aggregate zusammengestellt werden. — Ob „Salter Enten" und "Cockerell floats" den Seegang eines Orkans unbeschädigt überstehen würden?

Ein anderes Technologie-Konzept, das sogenannte „Wellen Dom-Atoll" (Bild 94), hat die Firma Lockheed vorgestellt: Eine riesige Kuppel wird im Wasser versenkt; nur das Oberteil schaut heraus. Das hat den Effekt, daß — durch die künstlich verringerte Wassertiefe — auflaufende Wellen gebrochen werden. Die gebrochene Welle trifft im Kuppelzentrum auf Führungsflügel, die das Wasser in einen Zylinder umleiten, der unterhalb des Kuppelzentrums steht. In diesem Zylinder strömt das Wasser spiralförmig nach unten — gewissermaßen ein flüssiges Schwungrad erzeugend — und bewegt vor Wiederaustritt ins Meer ein Turbinenrad. Die Vorzüge dieser Konstruktion sollen nach Angaben der Hersteller in einer Konzentrierung der Wellenenergie und Minimierung von Energieverlusten liegen. Die Anlage soll zwei Megawatt leisten.

6.7 Das Meer als Rohstoff- und Energiequelle

All diesen Anlagen ist gemeinsam, daß ihre Energielieferung sehr unregelmäßig verläuft.

1980 wurde vor Hawaii eine *Ocean Thermal Energy Conversion* (OTEC)-Anlage in Betrieb genommen, die laufend 10 kW liefert. Pilotanlagen von 10 bis 40 Megawatt, die die Oberflächenwärme in tropischen Gewässern ausnutzen, wurden vom US-Energieministerium für 1985 geplant. Einer Schätzung von Koernschild zufolge könnten 3000 Kraftwerke, im Karibischen Meer und Golf von Mexiko verteilt (bei 7000 Betriebsstunden im Jahr), 285 000 Megawatt leisten, also das Vierfache der in der Bundesrepublik installierten Leistung. Schon bei 2000 Kraftwerken wäre der Wärmeentzug allerdings bereits so stark, daß sich die Abkühlung bis in die Mitte des Atlantiks auswirken würde. Weitere mögliche Standorte für schwimmende Wärmekraftwerke sind der Ausgang des Roten Meeres, Neu-Guinea, Java und die Philippinen.

Wie arbeiten diese Anlagen? Die Technik, mit der bereits vor einem halben Jahrhundert vor Cuba experimentiert wurde, basiert auf der Herstellung eines thermischen Kreisprozesses, bei dem das bis zu 28 °C warme Oberflächenwasser durch – aus 1000 Meter Tiefe hochgepumptes – Tiefenwasser von 5 °C abgekühlt wird. Ein Temperaturunterschied von 22 °C im Minimum ist für solche Anlagen erforderlich, damit sie mehr Strom liefern, als die Pumpen verbrauchen. Man unterscheidet zwischen einem offenen Kreislauf, bei dem das Meerwasser unmittelbares Arbeitsmedium ist, und dem geschlossenen Kreislauf, bei dem die Wärmeenergie über Wärmetauscher an ein Arbeitsmedium (z. B. Ammoniak oder Freon) abgegeben wird. Das dabei verdampfende Medium treibt eine Turbine an.

Solche Anlagen, die in den bisherigen Größenordnungen noch keineswegs wirtschaftlich arbeiten, müssen mit gravierenden Problemen fertig werden: die Algenbesiedlung (Fouling) auf der Oberfläche der Wärmeaustauscher (wenige Millimeter Aufwuchs genügen schon für eine erhebliche Verminderung des Temperaturaustausches), die Festigkeit der Kaltwasserleitung (für mehrere 100 m Tiefe!), die Baugröße der Turbinen beim offenen Kreis, schnelle Korrosion, die Verankerung schwimmender Anlagen und Sicherung gegen Sturm und Seegang (die erste Versuchsanlage an der Küste Kubas ist inzwischen durch einen Wirbelsturm zerstört worden), die Kosten des Energietransportes an Land.

Neben rund 12 schwimmenden Pilotanlagen im Golf von Mexiko, die von den USA betrieben werden, ist auf der Pazifik-Insel Nauru 1981 eine stationäre Anlage eingerichtet worden, die 100 kW liefert, von denen aber 90 kW für die Pumpen benötigt werden (Oberflächentemperatur 30 °C, Tiefenwasser aus 500 m 6 °C). Aus ihrer Leistung wird

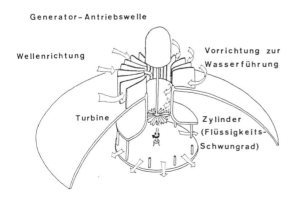

Bild 94
Skizze des Dom-Projekts zur Stromerzeugung aus Wellenenergie (nach FAZ)

geschlossen, daß solche Anlagen für kleinere Inseln auch wirtschaftlich interessant werden könnten.

Wesentlich konkreter als die vorgenannten Projekte ist die Nutzung der Gezeitenbewegung. Seit 1966 arbeitet bei St. Malo in der Mündung der Ronce ein Kraftwerk, bei dem durch einen 800 m langen Betondamm mit 24 Turbinen-Durchlässen bei einem Tidenhub von 12 m die Turbinen, die durch Verstellpropeller beide Strömungsrichtungen nutzen, je 10 MW liefern. Das Kraftwerk gibt pro Jahr etwa 600 Millionen Kilowattstunden ab. Die Investitionskosten betrugen ca. 0,5 Milliarden Franc.

Nach einer Analyse der Firma „Dornier-System" kommen weltweit, vom technischen Standpunkt aus gesehen, lediglich 37 Standorte für Gezeitenkraftwerke in Frage (für die Bundesrepublik der Jadebusen).

Die Bedeutung, die man der Energiegewinnung aus Meereswellen zumißt, findet auch ihren Ausdruck in der *International Energy Agency* der OECD (Sitz Paris). Sie koordiniert und unterstützt teilweise die Projekte der einzelnen Mitgliedsländer.

6.7.3 Offshore-Gewinnung von Erdöl und Erdgas

Erdölgewinnung

Sie ist heute der ergiebigste und technisch am weitesten entwickelte Sektor der Meerestechnologie. Mehr als 40 % der bekannten, unter wirtschaftlichen Gesichtspunkten erschließbaren Mineralöl- und Erdgasvorkommen lagern unter dem Meeresboden. 1980 wurden rund 1 Mrd. t (= 25 % der Gesamtförderung) über mehr als 500 feste oder mobile Produktionsplattformen (Foto 14) aus Offshore-Erdölfeldern gefördert. Die Explorationsaufwendungen der westlichen Welt pro Jahr für Öl und Gas im Offshore-Bereich

Foto 14 Bohrplattform, Halbtaucher, 110 Meilen vor Aberdeen, Schottland (Aufn. BP)

6.7 Das Meer als Rohstoff- und Energiequelle

betrugen 1980 rund 9 Milliarden US$ und wurden für 1985 auf 12 Milliarden geschätzt. Daran sind über 100 Gesellschaften beteiligt. Die Bohrungen in aller Welt — bis jetzt rund 2000 — konzentrieren sich bisher auf Wassertiefen zwischen 30 und 200 m. Der Welterdölverbrauch betrug 1970 rund 2,3 Milliarden t und 1982 ca. 4 Milliarden t, wobei in den letzten Jahren eine gewisse Stagnation eingetreten ist. Man muß aber für die Zukunft mit einem weiter steigenden Bedarf rechnen. Die geschätzten Welterdölreserven betragen rund 290 Milliarden t, davon 90 Milliarden im Offshore-Bereich, von denen 20 Milliarden t nachgewiesen sind. Dramatische Entwicklungen können sich aus der Verlagerung von Produktionsgebieten ergeben. So haben die Erdölfelder in Mexiko (Hauptverbrauchsgebiet USA) und die der Nordsee zu einer wesentlichen Verkürzung der Transportwege geführt. Die Folge ist eine Schrumpfung der Welttankerflotte vom Höchststand 1978 mit rund 380 Millionen dwt auf 180 bis 220 Millionen dwt. In der Nordsee wurden bis heute insgesamt etwa 500 Bohrungen niedergebracht, jede etwa mit einem Kostenaufwand von 5 bis 10 Mio. DM. Die Entwicklung begann hier mit dem ersten wirtschaftlichen Gasfund 1965 und dem ersten wirtschaftlichen Ölfund Ende 1969 im jetzigen Ekofisk im norwegischen Nordseeanteil. 1970 wurde in der englischen Nordsee das Forties-Ölfeld von BP entdeckt, dem inzwischen weitere, gut prospektierte Funde folgten.

Während die größten förderbaren Reserven je Feld in Europa auf dem Land bisher bei rund 30 Millionen t lagen, wurden im gesamten Ekofiskfeld bisher mehr als 200 Millionen t entdeckt. England hofft, ab 1990 seinen gesamten Ölbedarf aus der Nordsee fördern zu können.

Die derzeit größte Produktionsplattform "Statford C" mit über 775 000 t Gewicht und einer täglichen Förderkapazität von 44 000 t steht 200 km nordwestlich vor Bergen.

Erdgas

Erdgas wird beim heutigen Stand der Technik von Produktions- und Aufbereitungsplattformen (Foto 14) direkt über Leitungen von den Offshore-Feldern zur Küste gebracht, wo es gereinigt und gegebenenfalls auch verflüssigt wird. Die Leitungen mit einem Durchmesser von 500 bis 750 mm müssen entweder abgedeckt oder mit einer Zementummantelung so beschwert werden, daß der Auftrieb durch das Gas ausgeglichen wird. Alle in der Nordsee verlegten Leitungen wurden eingespült und abgedeckt. Das macht sie relativ sicher, und die Umweltbelastung durch die Erdgasförderung ist im Vergleich zu den Erdölanlagen gering. Bei Reparaturen an den Leitungen ist aber das notwendige Ausspülen nicht nur kostspielig, sondern führt auch zu erneuter Umlagerung des natürlichen Sediments.

Kostenübersicht: Verlegen von 1 km Gasleitung mit 600 mm Durchmesser in 25 bis 30 m Wassertiefe etwa 1 Million DM (das ist weniger, als 1 Autobahn-km kostet). Tageskosten für Schiffe und Ausrüstung 50 000 bis 100 000 DM. Reparaturkosten für eine defekte Verbindung 1 bis 2 Millionen DM. Reparaturzeiten 1 bis 3 Wochen. Im Vergleich zum Ölwert, der in der Reparaturzeit durch die Leitung fließen würde, sind dies relativ niedrige Kosten.

Man schätzt, daß die Erdgasproduktion von jetzt etwa $1,6 \times 10^{12}$ m^3 auf $2,5 \times 10^{12}$ m^3 im Jahr 2000 steigen wird. Nach den derzeitigen Kenntnissen verfügt die Sowjetunion allein über rund 40 % der Weltreserven an Erdgas. Für die Gasfelder in der britischen Nordsee (West Sole, Leman, Indefatigable, Hewett und Viking) wurden ca. 840 Mrd. m^3 Vorräte ermittelt. England hofft, ab 1990 9/10 seines Gasbedarfs aus der Nordsee fördern zu können.

6.7.4 Ökologische Probleme der Meerestechnologie

Die Erdöl- und Erdgasgewinnung

Über das Problem der Meeresverschmutzung durch Erdöl gibt es eine Flut wissenschaftlicher und technischer Literatur und noch mehr Sekundärliteratur. Einiges darüber in Kap. 6.8.3.

Die Offshore-Technik der Prospektion und Produktion von Erdöl belastet die Umwelt nur wenig, solange keine Pannen und Unfälle auftreten; die sind aber immer noch zu häufig. Das Wasservolumen ist nicht beliebig belastbar, und der Verdünnungseffekt ist nicht so groß, wie man es jahrelang angenommen hat. In Randmeeren und ausgedehnten Schelfgebieten – und das sind überwiegend die Standorte der Offshore-Förderung – ist der Wasseraustausch und damit die Möglichkeit eines schnelleren Schadstoffabbaus relativ gering.

Nach der Internationalen Seerechtskonferenz sind alle beteiligten Staaten zur Reinhaltung des Lebensraums Meer verpflichtet, aber dennoch muß ein erheblicher Teil der Ölverschmutzung des Meeres menschlicher Leichtfertigkeit oder verantwortungsloser Gewinnsucht angelastet werden.. Man schätzt, daß jährlich etwa 8 Millionen t Öl in die Weltmeere eingeleitet werden; das sind immerhin 0,2 % der Weltförderung. Daran ist die Tankerfahrt mit etwa 1 Million t durch Abgabe ölhaltiger Ballast- und Waschwässer beteiligt, während auf Unfälle (Kollisionen, Strandungen) „nur" 20 000 t entfallen. Bei solchen Unfällen richten die zur Ölbekämpfung verwendeten Detergentien häufig größere Schäden an als das mikrobiell abbaubare Erdöl selbst.

Die Erzgewinnung aus der Tiefsee

Sehr wahrscheinlich könnte in den nächsten 5 bis 20 Jahren die Metallgewinnung aus dem Meer anlaufen, wenn sich die Rohstoffpreise gegenüber dem Stand von 1987 deutlich erhöhen. Da aber die Umweltforschung der rasanten technologischen Entwicklung meist hinterherhinkt, bleibt nicht viel Zeit, sich der zu erwartenden Probleme bewußt zu werden, sie zu quantifizieren und mögliche Schäden zu verhindern.
  Was ist zu erwarten?
1. Der wirtschaftliche Druck auf die Erschließung und Nutzung der Rohstoffreserven ist außerordentlich hoch.
2. Techniker können die biologischen Konsequenzen nicht ausreichend übersehen bzw. überhaupt nicht erfassen, und den Biologen sind technische Gedankengänge meist fremd. Sie reagieren darauf häufig emotional und verlieren dann die wissenschaftlichen Maßstäbe. Das eine ist so gefährlich wie das andere.

Der Vorfluter Meer unterliegt, unabhängig davon, wieweit Meerestechnologie eingesetzt wird, natürlichen (z. B. SO_2-Einleitung aus untermeerischen Vulkanen) und anthropogen bedingten Belastungen (S. 234), und es ist die Frage, wie weit diese reduziert werden können und wie weit eine zusätzliche Beanspruchung noch toleriert werden kann.

Die ökologischen Grundlagen dazu sollten an Modellversuchen und in Simulationsrechnungen untersucht werden. Ökosystem-Modelle sind seit rund 25 Jahren mit großen Erwartungen in umfangreichen Versuchsprogrammen in Angriff genommen worden. Weit fortgeschritten sind die Ostseemodelle der Askö-Gruppe (Schweden) und das Modell Fladengrund in der Kieler Bucht (Universität Kiel). Man ist aber mit diesen Modellen nicht so weit vorangenommen wie erwartet. Die Gründe liegen in den Schwierigkeiten einer ausreichenden Erfassung biologischer Parameter.

Beim Manganknollenabbau ist die Quantifizierung der einzelnen Faktoren das ökologisch entscheidende Problem. Mögliche Störungen in den Schürfgebieten auf Mangan-

6.7 Das Meer als Rohstoff- und Energiequelle

knollen sind von Roels et al. vom Lamont-Doherty Geological Observatory der Columbia Universität für die gesamte Wassersäule zwischen Meeresboden und Wasseroberfläche untersucht worden.

Um wirtschaftlich arbeiten zu können, müssen die Knollen (s. Foto 13), mit welchem System auch immer gefördert, so flächenintensiv wie möglich „abgegrast", werden, d. h. das Förderschiff fährt mit parallel arbeitenden Hebeeinrichtungen schmale Streifen auf dem Meeresboden ab. Innerhalb dieser Streifen wird das benthonische Leben stark in Mitleidenschaft gezogen oder auch mechanisch völlig zerstört. In rund 5000 m Tiefe sind Artenvielfalt und Biomasse gering und Entwicklungszeiten ziemlich lang, und deshalb müßte man zur Wiederbesiedlung der devastierten Flächen zumindest Regenerationsstreifen bestehen lassen.

Die größte Gefahr liegt in der möglichen Störung der normalen Wasserschichtung: Zu großer Eintrag von Mineralstoffen in die phototrophe Zone und unnatürlich hohe Eutrophierung der betroffenen Region mit starken Störungen des biologischen Gleichgewichts.

Beim Pump- bzw. Airliftverfahren wird Bodenwasser mit Oberflächenwasser vermischt. Bei einem Förderversuch im Atlantischen Ozean ergaben Schätzwerte, daß die Konzentration an Bodenwasser kaum 0,3 % erreicht. Die Auswirkung der aus der Tiefe eingeführten anorganischen Nahrungsstoffe auf das Phytoplankton dürfte daher gering sein. Aber es besteht die Gefahr, daß fossile „Sporen" beim Erreichen der Oberfläche vital werden und, vielleicht weil ohne natürliche Feinde, Meeresteile verseuchen könnten. Andererseits wäre nährstoffreiches Tiefenwasser eventuell für "Ocean farming" nutzbar (Versuchsanlage von O. A. Roels auf der Insel St. Croix mit Wasser aus 800 m Tiefe).

Bei Untersuchungen über die Vermischung von hochgepumpten Tiefenwasser befand sich dieses nach 3 h noch in den oberen 10 m Wassertiefe. Die Ausbreitungsflächen lassen sich durch Fernerkundung von Flugzeugen oder Satelliten mit Hilfe von Multispektral-Scannern feststellen.

Wie groß das biologische Risiko durch Schlammwolken ("Tailings-Wolke") ist, bleibt vorerst nur schwer abzusehen. Besonders Filtriererorganismen (Schwämme, Muscheln) sind empfindlich gegen suspendierte Partikeln. Tiel et al. (1985) haben für das Gebiet des Atlantis-II-Tiefs Simulationsmodelle und Tests vorgelegt: „Über die Auswirkungen des Schlammabbaues aus dem Atlantis-II-Tief (Rotes Meer) und über diejenigen der Tailings auf das Wasser und die Organismen wird man weiter nachdenken müssen. ..., aber sichere Auskunft kann letztlich nur der Großversuch geben."

Das größte Problem des Meeresbergbaus ist die Tatsache, daß er nur wirtschaftlich arbeiten kann, wenn das Fördergut am Gewinnungsort auf den Förderschiffen bzw. -anlagen aufbereitet, d. h. angereichert und der Abraum wieder ins Meer zurückgegeben wird. Dabei dauert es Jahre, bis die Feinstpartikeln auf den Meeresboden abgesunken sind. Im zentralen Pazifik besteht ein Gleichgewicht zwischen der Sedimentationsrate von 1–3 mm/1000 Jahre und der Mineralisationsrate in den obersten 20 cm Sedimentschicht von 0,005–0,03 μg Kohlenstoff pro Gramm Sediment und Jahr. Diese äußerst geringe Rate könnte lokal oder regional verändert werden: Eine stärkere Sauerstoffzehrung und damit die Gefährdung der Benthostiere wäre die Folge. Die quantitative Erfassung dieser Problematik steht noch aus.

Die Bildung der Manganknollen in größerem Ausmaß ist offensichtlich ein sehr langsamer Prozeß: Ein Zuwachs von 1 mm in 10^6 Jahren ist die Resultante aus Aufbau- und Abbauprozessen. Sie sind also praktisch nicht renovabel. Geringe Konzentrationen an organischen Verbindungen scheinen eine Voraussetzung für den Aufbau der Knollen zu sein. In Bild 95 und 96 ist der Versuch gemacht, die Entstehung der Manganknollen und mögliche ökologische Veränderungen bei ihrem Abbau darzustellen.

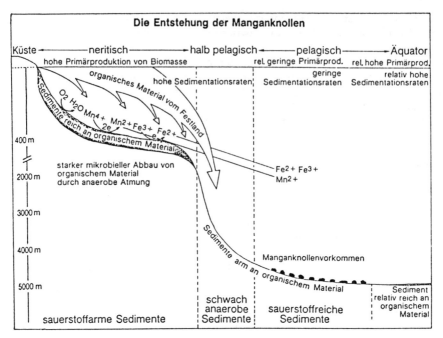

Bild 95 Redoxprozesse von Mangan- und Eisenverbindungen in der neritischen und ozeanischen Provinz. Hohes Angebot organischer Substanzen führt in Küstennähe zur reduktiven Lösung von Fe(III)- und Mn(IV)-Oxiden, die bei Sauerstoffmangel Mikroorganismen als Wasserstoffakzeptoren dienen. Die gelösten Verbindungen werden verfrachtet und im ozeanischen Sediment als Krusten oder Knollen chemisch und/oder mikrobiell ausgefällt, sofern es arm an organischer Substanz ist (aus *Ottow* 1983)

6.8 Meeresverschmutzung

Die stoffliche Zusammensetzung der Biosphäre erfährt durch menschliche Einflüsse lokal und global vielfältige Veränderungen, die unter der Bezeichnung Umweltverschmutzung (Pollution) zusammengefaßt werden. Im weiteren Sinn ist auch die Beeinflussung der Biosphäre durch Temperaturveränderungen (etwa über heiße Abwässer) hier einzubeziehen.

Bedingt durch rasche Zunahme der Erdbevölkerung, steigende Industrialisierung und intensiver betriebene Landwirtschaft hat die Belastung der Umwelt während der letzten Jahrzehnte stark zugenommen, und sie macht sich verstärkt auch in den Meeren bemerkbar. Bisher wurden Schäden allerdings überwiegend in Küstennähe und in abgeschlossenen Meeresräumen beobachtet. Dies ist einer der Gründe dafür, daß die Weltmeere heute noch in erheblichem Ausmaß zur Beseitigung nicht weiter verwertbarer, oft sehr giftiger Industrieabfälle genutzt werden. Allein in der Nordsee werden jährlich etwa 10^6 t Dünnsäure (mit 10 % Schwefelsäure und 14 % Eisensulfat), 40 000 t weitere Säuren, 60 000 t Abfälle der Kunstfaserindustrie, 18 000 t bei der Enzymherstellung anfallende Rückstände und 5 000 t Abfall der Kunstharzindustrie verklappt. Diese Art der Abfallbeseitigung in der Nordsee soll allerdings bis zum Ende dieses Jahrzehnts weitgehend eingestellt werden.

6.8 Meeresverschmutzung

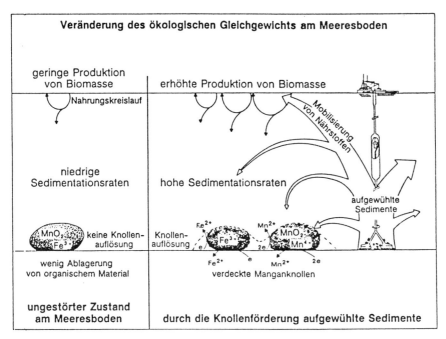

Bild 96 Knollenlyse als mögliche Folge großflächiger Knollenförderung (rechter Teil des Schemas; links: ungestörte Verhältnisse). Abdeckung der Knollen durch resedimentierten Schlamm und erhöhte Detritusmengen könnten zu einer erhöhten Sauerstoffzehrung führen und Mikroorganismen zur Verwendung von Mn(IV)- und Fe(III)-Verbindungen als alternative Wasserstoffakzeptoren veranlassen. Hierdurch käme es zu einer schnellen Auflösung von Manganknollen und -krusten
(aus *Ottow* 1983)

Noch bedeutungsvoller als die direkte Zufuhr von Substanzen ins Meer, wie sie auch durch die unmittelbare Einleitung von Abwässern der Küstenstädte erfolgt, ist der Transport über Flüsse, in die Industrie- und Haushaltsabwässer eingeleitet werden. Es wird geschätzt, daß der Rhein täglich 35 000 t Feststoffe und 10 000 t gelöste Chemikalien aus der Schweiz, Frankreich, der Bundesrepublik und den Beneluxländern in die Nordsee transportiert. Die zur Erzielung hoher landwirtschaftlicher Erträge erforderlichen großen Mineraldüngergaben und Pestizideinsätze führen teilweise über den Kontinentalabfluß ebenfalls zu einer Belastung des Meeres. Dies gilt besonders für Nitrate.

Auch über die Atmosphäre erfolgt ein Stofftransport in das Meer. Stäube können bis auf die Meeresoberfläche absinken oder zusammen mit Gasen durch Regen und Schnee aus der Luft ausgewaschen werden. Die hierdurch entstehende jährliche Belastung der Nordsee beträgt etwa 3×10^6 t SO_2, 30 t Quecksilber und 1000 t Blei; zur Zeit weltweiter DDT-Anwendung betrug die Zufuhr dieses Stoffes etwa 300 t im Jahr. Der Transport über die Atmosphäre hat globale Auswirkungen. Selbst in entlegensten Gebieten, etwa der Antarktis, lassen sich Produkte der Industriegesellschaft in den Niederschlägen nachweisen.

Förderung, Transport und Verarbeitung des Erdöls sowie die Verwendung von Erdölprodukten bedingen eine ständig zunehmende Ölpest. Die Bedrohung der Seevögel durch oberflächlich treibendes Öl ist allgemein bekannt. Sollte sich die Förderung der in einigen

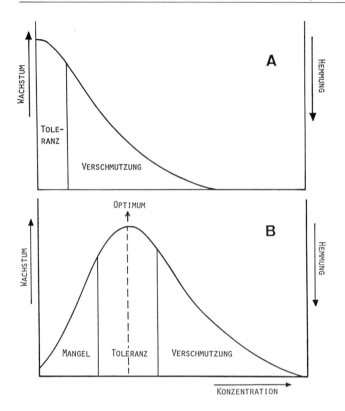

Bild 97
Schematische Darstellung der Auswirkung von giftigen Stoffen (A) und von für Lebensprozesse notwendigen Substanzen (z. B. Nährsalze; B) auf das Wachstum. Bei Einwirkung von ausschließlich giftig wirkenden Stoffen kommt es nach einem Toleranzbereich zu einer Wachstumshemmung. Für Nährsalze (Nitrate, Phosphate) liegt im Meer oft ein Mangel vor. Eine Zufuhr solcher Stoffe führt zunächst zu einer Wachstumsförderung. Nach Überschreiten eines Toleranzbereiches tritt auch hier Wachstumshemmung ein (z. T. nach *Perkins* 1974)

Gebieten auf dem Meeresgrund lagernden Manganknollen als wirtschaftlich rentabel erweisen, käme es zu neuen Beeinträchtigungen des marinen Lebensraumes (vgl. S. 186).

Eine Vielzahl von Substanzen löst Verschmutzungen aus. Einige davon sind Stoffe, die erst der Mensch geschaffen hat, wie das DDT, andere treten natürlicherweise in der Biosphäre auf. Hierzu zählen Fäkalien, für das Pflanzenwachstum wichtige Nährstoffe (wie Nitrate und Phosphate) sowie Metalle und Metallverbindungen, von denen einige Mikronährstoffe darstellen und andere nur giftig wirken. Da Nährsalze und auch Spurenelemente oft nur in unteroptimaler Konzentration für das Pflanzenwachstum vorhanden sind, hat eine zusätzliche Zufuhr zunächst eine Verbesserung der Lebensbedingungen von pflanzlichen und somit auch von tierischen Organismen zur Folge. Dies gilt besonders, wenn die Zufuhr mehr oder weniger gleichmäßig vonstatten geht. Es kommt zu einer Erhöhung der Produktivität.

Zunehmende Nährstoffanreicherung führt zunächst zu einem Optimum von Wachstum und Produktivität, nach Überschreiten des Optimums und eines gewissen Toleranzbereiches tritt dann ein Zustand ein, der als Verschmutzung bezeichnet wird (Bild 97). Bei nur giftig wirkenden Stoffen stellt sich kein Optimum ein; Konzentrationserhöhungen haben nach einem Toleranzbereich Schädigung zur Folge. Das Wachstum wird gehemmt.

6.8.1 Häusliche Abwässer, Klärschlamm

Die Verschmutzung der Meere durch das Einleiten häuslicher Abwässer ist im wesentlichen ein Verteilungsproblem. In Gebiete großer städtischer Bevölkerungsdichte werden aus dünner besiedelten Gebieten mit vorwiegend landwirtschaftlicher Struktur Lebens-

6.8 Meeresverschmutzung

mittel gebracht. Diese Lebensmittel enthalten Pflanzennährstoffe, die dem Boden in den Erzeugergebieten wieder künstlich zugeführt werden müssen, wenn seine Fruchtbarkeit erhalten bleiben soll. An den Orten des Verbrauchs der Lebensmittel fallen Abwässer an. Nach deren direkter Einleitung in Gewässer erfolgt durch bakterielle und pilzliche Zersetzung der organischen Substanzen eine Freisetzung von Nährstoffen, besonders Nitraten und Phosphaten. Auch bei biologischer Klärung der Abwässer wird nur ein Teil der Nährstoffe gefällt und dadurch im Klärschlamm zurückgehalten. Lösliche N- und P-Verbindungen gelangen über die als Vorfluter fungierenden Flüsse oder direkt mit den geklärten Abwässern ins Meer. Eine weitergehende, der biologischen folgende Abwasserreinigung ist heute noch die Ausnahme. Sie wird beispielsweise angewandt, um die Eutrophierung der Schweizer Seen zu verhindern.

Eine Verfrachtung von Nährsalzen durch den Transport von Nahrungsmitteln erfolgte bereits im Altertum. Hohe Stickstoffgehalte des Bodens nahe Rom werden als eine Folge der Lebensmitteleinfuhr aus Nordafrika angesehen.

Häusliche Abwässer enthalten zum überwiegenden Teil Fäkalien und Abfälle, die größtenteils aus organischen Substanzen bestehen. Unter hygienischen Aspekten ist der hohe Gehalt an Bakterien, besonders des Darmbewohners *Escherichia coli*, an Viren und Pilzen zu sehen. Der größte Teil der in den Abwässern enthaltenen organischen Verbindungen kann durch Bakterien abgebaut, also mineralisiert werden. Es entstehen CO_2 sowie durch autotrophe Pflanzen verwertbare N- und P-Verbindungen. Der Phosphatanteil ist in der Regel durch die Verwendung phosphathaltiger Waschmittel noch zusätzlich erhöht. Durch die Erhöhung der Nährstoffgehalte (Eutrophierung) kann es sowohl im Süß- als auch im Meerwasser zu einer üppigen Algenentwicklung kommen, wodurch weitere organische Substanz für eine bakterielle Zersetzung gebildet wird.

Die Einleitung häuslicher Abwässer in ein Gewässer bedeutet eine Sauerstoffzehrung, bedingt durch Abbauprozesse, an denen Protozoen sowie besonders Bakterien und Pilze beteiligt sind. Die je Person anfallende Menge organischer Substanz wird auch in Einwohnergleichwerten ausgedrückt, die angeben, welche Sauerstoffmenge unter Berücksichtigung der BSB_5-Werte (Sauerstoffmenge, die in 5 Tagen für den biologischen Abbau benötigt wird) täglich verbraucht wird. Dieser Wert ist mit abhängig von den Lebensgewohnheiten und Lebensumständen. Er beträgt für die Bundesrepublik 54 und für die USA 75 g O_2/Tag.

Im Experiment konnte gezeigt werden, daß der Abbau von Fäkalien bei steigender Salzkonzentration des Wassers verzögert einsetzt (Bild 98), weil sich zunächst eine geeignete Bakterienpopulation für die jeweilige Salinität ausbilden muß.

Die Wirkung der Einleitung häuslicher Abwässer hängt davon ab, wie schnell und wie stark eine Verdünnung im Meer erfolgt. Starke Abwasserzufuhr kann zu Sauerstoffmangel führen. Dann finden bakterielle Abbauprozesse statt, bei denen übelriechende Stoffe gebildet werden. Besonders in tropischen Gebieten kann bei geringer Wasserbewegung ein derartiger Zustand durch temperaturbedingt niedrigere Sauerstoffgehalte des Wassers und beschleunigte bakterielle Tätigkeit rasch erreicht werden.

Eine Vielzahl von Untersuchungen über Abwassereinflüsse auf marine Biozönosen liegt vor. In nährstoffarmen Meeren (z. B. im Mittelmeer) kann sich eine Einleitung relativ geringer Abwassermengen positiv auf die Entwicklung von Biomasse und Artdiversität auswirken, wie auf der ionischen Insel Kephallinia beobachtet worden ist. Andererseits führt eine starke Belastung durch Abwässer, wie etwa an der Küste der nördlichen Adria, zum Verschwinden zahlreicher Benthosalgen, insbesondere von Braunalgen. Gegenüber Abwässern empfindliche Phaeophyceae sind Angehörige der Gattungen *Ascophyllum*, *Cystoseira*, *Fucus*, *Pelvetia* und *Sargassum*. An der kalifornischen Küste wird *Macrocystis pyrifera* und an der englischen *Laminaria hyperborea* negativ beeinflußt. Die genannten

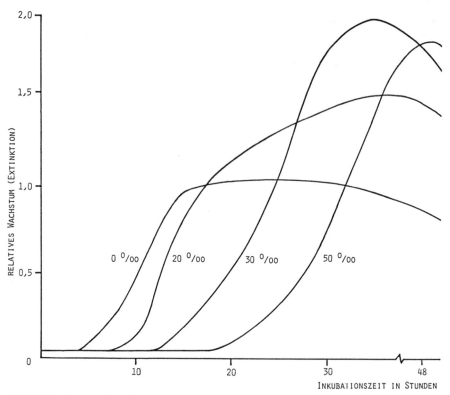

Bild 98 Verzögerung des relativen Wachstums von Bakterien, die organische Substanzen häuslicher Abwässer abbauen, durch unterschiedliche Salzkonzentrationen (in ‰) des Mediums. (nach *Gocke* aus *Gerlach* 1981, verändert)

ausdauernden Algen werden bei stärkerem Abwassereinfluß ersetzt durch kleinere, einfacher gebaute Arten mit raschem Entwicklungszyklus, wie *Ulva, Enteromorpha, Cladophora* (Chlorophyceae), *Halopteris* (Phaeophyceae), *Gelidium* und *Pterocladia* (Rhodophyceae). Solche Algengesellschaften können eine höhere Netto-Primärproduktion aufweisen als die ursprünglichen.

Ungeklärte Abwässer erhöhen den Trübstoffgehalt des Seewassers: Die Lichtintensität in größeren Wassertiefen nimmt ab, und es kommt zu einer verstärkten Sedimentation, die sich für manche Organismen schädlich auswirkt. Gleiche Wirkungen werden durch das Verklappen von Klärschlamm hervorgerufen. Die seit über 40 Jahren durchgeführte Verklappung von Klärschlamm in der Bucht von New York mit nur 37 m Wassertiefe hat in einem Gebiet von 35 km² Größe zu starken Veränderungen der Bodenfauna geführt (vgl. auch Bild 99). Jährlich werden hier bis zu 4×10^6 t Klärschlamm abgelagert. Vor Glasgow sind durch Klärschlamm 10 km² Meeresboden nicht mehr durch den Kaisergranat (*Nephrops norvegicus*) besiedelt, wodurch der Fischerei ein jährlicher Ausfall von etwa 75 000 £ entsteht. An Stellen mit kräftigen Strömungsverhältnissen treten diese nachteiligen Wirkungen sehr gemindert oder gar nicht auf. Von den Anrainerstaaten der Nordsee verklappt gegenwärtig (1987) nur noch Großbritannien dort Klärschlamm (1984: $5,2 \times 10^6$ t).

6.8 Meeresverschmutzung

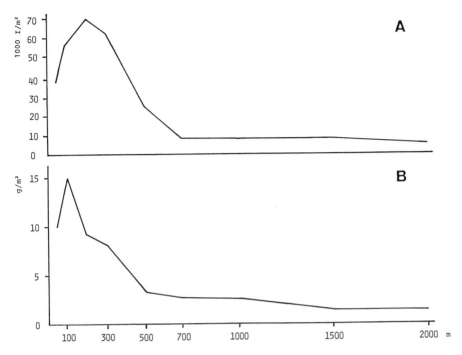

Bild 99 Individuenzahl (A) und Biomasse (B) des Zoobenthos der Kieler Bucht unter dem Einfluß ungeklärter Abwässer (50 000 m³ täglich, bis April 1972). Der Abwasseraustritt befand sich in 2,5 m Tiefe und 200 m Entfernung vom Ufer. Im gesamten untersuchten Gebiet war die Artenzahl etwa gleich hoch. In der Nähe des Abwasseraustritts dominierten anspruchslosere Arten wie der Polychaet *Pygospio*. Empfindlichere, sandbewohnende Tiere (so der Amphipode *Bathyporeia*) verschwanden bereits in 200–700 m Entfernung von der Austrittsstelle (aus *Gerlach* 1981)

In der Nähe von Badestränden oder Muschelkulturen stellt die Einleitung ungeklärter Abwässer auch ein hygienisches Problem dar. Als Anzeiger für eine mögliche Anwesenheit krankheitserregender Keime im Wasser dient das im Darm von Warmblütern zahlreich auftretende Bakterium *Escherichia coli*, welches sich im Wasser leicht nachweisen läßt. Andere Rassen von *Escherichia coli* besiedeln den Verdauungstrakt von Kaltblütern. Während Süßwasser, mit regelmäßig mehr als 1 bis 10 Zellen/ml von Warmblüter-*Escherichia coli* für Badezwecke wegen der Infektionsgefahren ungeeignet ist (Badeverbot), hat Seewasser mit mehr als 1000 *Escherichia coli*/ml bisher noch zu keinen gesundheitlichen Problemen bei Badenden geführt. Nach den Richtlinien der Europäischen Gemeinschaft sollen 20 Colibakterien/ml nicht überschritten werden. Seewasser hat eine bakterizide Wirkung (Bild 100), die allerdings bei Erhitzen auf 105 °C verlorengeht. In nicht so vorbehandeltem Wasser verringern sich die Bakterienzahlen schnell. Im Experiment konnte gezeigt werden, daß nach etwa 16 Tagen keine *Escherichia coli*-Zellen nach Ausgangswerten von 500 Millionen Bakterien/ml mehr nachweisbar sind.

Über das Verhalten von Krankheitserregern im Seewasser ist wenig bekannt. Zu Beginn dieses Jahrhunderts kam es durch den Verzehr roher Austern auf einem vom englischen Königshaus gegebenen Bankett zu Typhuserkrankungen. Danach bei Austernzucht und -handel ergriffene hygienische Maßnahmen führten zu einem deutlichen Rückgang der

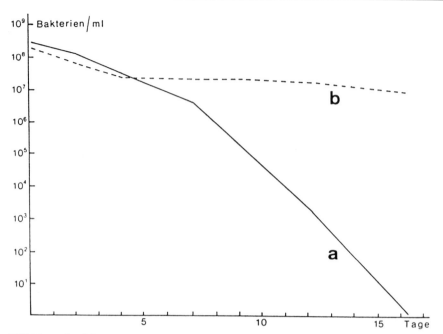

Bild 100 Bakterizide Wirkung von natürlichem Seewasser auf *Escherichia coli* (a). In bei 105°C sterilisiertem (b), künstlichem oder filtriertem (Porenweite 0,45μm) Seewasser kann dagegen kein starker Rückgang der Zellzahl beobachtet werden
(nach *Guelin* aus *Gerlach* 1976)

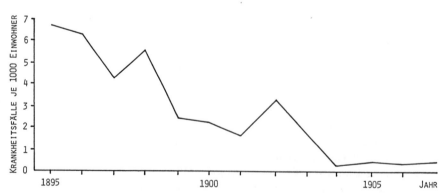

Bild 101 Rückgang der Anzahl der Typhuserkrankungen in der englischen Küstenstadt Brighton zwischen 1895 und 1907. 1895 wurden der Zusammenhang zwischen Austernverzehr und Auftreten von Typhusfällen erkannt und in der Folgezeit Tiere aus direkt von Abwässern beeinflußten Gebieten nicht mehr verwendet. 1898 erfolgte die Aufgabe der Nutzung von Austernbänken in direkter Küstennähe und 1902 die Miteinbeziehung der Herzmuschel (*Cerastoderma edule*) in die hygienische Überwachung (nach *Mosley* aus *Gerlach* 1981, vereinfacht)
(nach *Mosley* aus *Gerlach* 1981, vereinfacht).

Anzahl der Typhuserkrankungen (Bild 101). Gegenwärtig dürfen wegen mangelhafter Wasserqualität Muschelzuchtanlagen an ausgedehnten Küstenabschnitten der amerikanischen Ostküste nicht kommerziell genutzt werden.

In warmen Meeren mit Abwasserbelastung ist offenbar die Gefahr von Hautpilzinfektionen bei Badenden verhältnismäßig groß. So wurden entsprechende Erkrankungen gehäuft nach dem Baden an den Stränden von Rio de Janeiro (Brasilien) und in der Bucht von Cartagena (Kolumbien) beobachtet.

Abwässer aus größeren Städten enthalten zahlreiche weitere Substanzen, wie Abfallstoffe aus Handwerks- und Industriebetrieben, durch oberflächlichen Regenwasserabfluß eingetragene Metallverbindungen (so Zink und Kupfer von Dächern) und gelöstes Streusalz im Winter, welches seinerseits Quecksilber-, Cadmium-, Zink- und Bleiionen mobilisiert haben kann. Solche Abwässer sind daher in ihrer Zusammensetzung und Auswirkung auf im Wasser lebende Organismen mehr oder weniger stark abweichend von häuslichen Abwässern.

Die Einleitung häuslicher Abwässer ist in der Regel mit der Einleitung von Süßwasser verbunden, und es erscheint im Einzelfall schwer abschätzbar, welche Auswirkungen dies hat. Auf Kephallinia waren kaum Unterschiede zwischen der Zusammensetzung der Algenvegetation im Einflußbereich einer größeren Brackwasserquelle und in der Nähe eines Abwasserausflusses festzustellen, wie Untersuchungen 1975 und 1977 ergaben. An beiden Plätzen entwickelten sich z. B. *Enteromorpha*, *Ulva*, *Cladophora* und *Pterocladia* reichlich, während *Cystoseira*-Arten zurückgedrängt waren. Einzig die kleine Rotalge *Pterosiphonia pinnata* wurde durch Abwassereinfluß und nicht durch Süßwasser gefördert. Zu den durch Abwasser geförderten Tieren gehören die Miesmuscheln und einige Schwammarten.

6.8.2 Metalle

Metalle sind allgegenwärtig. Metallcharakter haben etwa 65 % der bekannten Elemente. Sieben der zehn häufigsten Elemente der Erdkruste sind Metalle: Aluminium, Eisen, Calcium, Natrium, Kalium, Magnesium und Titan, auf die rund 23 % der Gesamtmasse entfallen. Allein Aluminium stellt 7,5 %.

Metalle sind in lebensnotwendigen Verbindungen enthalten, manche sind nur in geringen Mengen erforderlich (Spurenelemente). Zur Chlorophyll- und Hämoglobinbildung werden Magnesium und Eisen benötigt, Kobalt ist Bestandteil von Vitamin B_{12}, in vielen Enzymen finden sich Kupfer oder Zink. Eisen, Kupfer und Molybdän spielen in Redox-Systemen eine Rolle. Weitere Metalle sind für Lebensprozesse unwichtig, andere wirken nur mehr oder weniger giftig, wie Blei, Cadmium und Quecksilber.

Die Verwitterung der Gesteine der Erdkruste bedingt eine Freisetzung von Metallen und Metallverbindungen. Auch durch vulkanische Tätigkeit gelangen Metalle in die Biosphäre. Andererseits werden diese Stoffe durch Sedimentationsvorgänge den Kreisläufen der Biosphäre wieder entzogen. Der Gleichgewichtszustand wird für eine Reihe von Metallen durch den Menschen gestört, wobei die menschliche Tätigkeit gewissermaßen die Verwitterung der Gesteine der Erdkruste beschleunigt. So führt bereits das Roden der Wälder zu einer raschen Erosion. Durch den Bergbau gelangen erzhaltige Gesteine an die Oberfläche und verwittern rasch. Viele der abgebauten Minerale liegen als Sulfite vor, oder Sulfite treten im Abraum auf. Durch Oxidationsprozesse kommt es zur Bildung von Schwefelsäure, die ihrerseits weitere Minerale in Lösung bringen kann. Hierbei werden auch giftige Metallverbindungen freigesetzt.

Im südafrikanischen Goldabbaugebiet von Witwatersrand wurden in durch Bergwerke beeinflußten Oberflächengewässern gegenüber unbeeinflußten weit über 10 000fach erhöhte Konzentrationen von Mangan, Kobalt und Nickel, über 1000fach erhöhte Eisen-, Chrom-, Zink- und Sulfatkonzentrationen sowie über 100fache Blei- und Cadmiumkonzentrationen gemessen. Eine weitere Anreicherung der Biosphäre mit Metallen erfolgt durch deren vielfältigen Einsatz, der mit Korrosion, Abrieb, Verdampfen und oft ungeeigneter Abfallbeseitigung verbunden ist.

Im Sediment der Kieler Bucht liegt Blei in 4fach höherer, in der Lübecker Bucht dagegen in 200fach höherer Konzentration (bis 5,1 g Pb/kg Sediment) vor, und Cadmium ist hier gegenüber vorindustrieller Zeit bis 80fach angereichert. Die hohe Schwermetallbelastung der Lübecker Bucht ist möglicherweise eine Folge der Waffen- und Munitionsfabrikation im Zweiten Weltkrieg.

Die Giftwirkung der wichtigsten Schwermetalle nimmt, soweit sie als anorganische Ionen vorliegen, bei den marinen Organismen in der Reihenfolge Quecksilber, Kupfer, Cadmium, Blei, Zink, Arsen ab. Doch gibt es auch Abweichungen von dieser Reihenfolge. So ist für die Diatomee *Ditylum brightwellii* Blei giftiger als Cadmium.

Quecksilber

> Folgenschwere Quecksilbervergiftungen traten ab 1953 bei den Einwohnern der japanischen Stadt Minamata auf. Eine chemische Fabrik, die seit 1952 Vinylchlorid und Acetaldehyd herstellte, leitete bis 1968 Quecksilber (wahrscheinlich insgesamt 200 bis 600 t) in die Minamata-Bucht (Shiranui-See) ein. Hierbei lag ein Teil des Metalls in Form des sehr giftigen Methylquecksilbers vor. Ein großer Teil der Bevölkerung von Minamata lebt vom Fischfang. Vergiftungen bei Personen, die viel Fisch verzehrt hatten, äußerten sich in tauben Lippen und Gliedmaßen, Störungen von Tastsinn, Sprache, Gehör und Gang sowie in einer konzentrischen Einengung des Gesichtsfeldes. Von 116 offiziell anerkannten Quecksilbervergifteten starben 46.

Außer bei der Herstellung von Vinylchlorid und Acetaldehyd wird Quecksilber weiterhin in Form von Elektroden bei der elektrolytischen Chlor- und Natronlauge-Produktion verwendet. Hierbei gelangt das Quecksilber teilweise in das Abwasser. Gegenüber einem früheren Quecksilberverlust von 150−200 g je Tonne erzeugten Chlors konnte dieser Wert durch neue Verfahrenstechniken auf 10 g herabgedrückt werden. Weitere Einsatzgebiete für Quecksilber sind die Leuchtstoffröhrenherstellung, wissenschaftliche Instrumente, Zahnfüllungen, Farben für Schiffe (als Schutz gegen Bewuchs durch Algen und Tiere), Pestizide, Batterien usw.

Wegen der Gefährlichkeit des Quecksilbers für den Menschen wurden von der WHO und der FAO Grenzwerte für die Quecksilberaufnahme festgelegt. 0,2 mg Methylquecksilber oder 0,3 mg Quecksilber wöchentlich werden als unschädlich angesehen. In der Bundesrepublik liegt die wöchentliche Quecksilberbelastung bei etwa 0,2 mg/Person. Davon entfallen 0,016 mg auf die im statistischen Mittel verzehrten 200 g Fischfleisch, in dem überwiegend Methylquecksilber enthalten ist.

Die Quecksilberkonzentrationen in für den deutschen Markt gefangenen Fischen (s. Farbtafel) sind in der Regel gering. Bei Kabeljau (*Gadus morhua*, Bild I: 19: 9), Köhler (*Pollachius virens*, Bild I: 19: 11), Schellfisch (*Melanogrammus aeglefinus*, Bild I: 19: 8), Hering (*Clupea harengus*, Bild I: 19: 6) und Makrele (*Scomber scombrus*, Bild I: 20: 11) treten meist Werte zwischen 0,005−0,1 mg/kg Frischgewicht, selten bis 0,4 mg/kg auf. Nur ausnahmsweise werden bei sehr alten Tieren bis 1 mg/kg erreicht. Etwas höher liegen die durchschnittlichen Konzentrationen bei dem langsamer wachsenden Katfisch (*Anarrhichas lupus*) und dem Rotbarsch (*Sebastes marinus*, Bild I: 20: 8) mit bis 0,25 mg/kg. Verhältnismäßig hohe Durchschnittswerte (0,1−0,2 mg Hg/kg Frischgewicht) kennzeichnen auch die Plattfische (Pleuronectidae), wahrscheinlich als Folge des engen Kontaktes mit dem Sediment. Beim Heilbutt (*Hippoglossus hippoglossus*, Bild I: 29: 3), der eine Länge von 4 m bei einem Gewicht von 300 kg erreichen kann und dann etwa 50 Jahre alt sein dürfte, treten erheblich höhere Quecksilberkonzentrationen auf. 60 kg schwere Tiere

6.8 Meeresverschmutzung

überschreiten zur Hälfte bereits den in der Bundesrepublik zulässigen Quecksilbergehalt von 1 mg/kg. Sie können dann nur zu Fischmehl verarbeitet oder in Ländern mit großzügigeren Regelungen verkauft werden.

Große Raubfische, die sich am Ende der Nahrungskette befinden, enthalten hohe Konzentrationen von Quecksilber und anderen Schwermetallen. Dies gilt besonders für den Marlin (*Makaira indica*), einen bis 500 kg schweren Verwandten des Schwertfisches (Tabelle 6-14). Hohe Quecksilbergehalte finden sich auch bei Schwertfisch (*Xiphias gladius*, Bild I: 20: 5; 1 bis 2 mg Hg/kg) und Thunfisch (*Thunnus thynnus*, Bild I: 20: 7; 0,2 bis 0,5 (bis 0,9) mg Hg/kg); das ist bemerkenswert, da der Thunfisch ein Hochseetier ist und die Flußmündungen meidet. Hohe Quecksilberkonzentrationen in unverschmutzten Gebieten gehen offenbar auf eine natürliche Quecksilberzufuhr in das Meerwasser zurück. 4 m lange Grönlandhaie (*Somniosus microcephalus*) aus den Gewässern östlich von Grönland haben durchschnittlich 0,95 mg Hg/kg, während Tiere aus dem Gebiet des Mittelatlantischen Rückens (Island, Färöer, Hebriden) im Mittel 1,45 mg Hg/kg aufweisen. Wahrscheinlich ist letzterer Wert auf Prozesse im Zusammenhang mit der Kontinentalverschiebung zurückzuführen. In 3200 m Tiefe wurden über dem Mittelatlantischen Rücken im Seewasser 1090 ng Hg/l ermittelt, während in unverschmutzten Gebieten des Atlantiks meist nur 3–110 ng Hg/l auftreten.

Tabelle 6-14: Schwermetallgehalte in Muskulatur und Leber beim Marlin (*Makaira indica*) (nach Machay et al., aus Gerlach 1981). Angaben in mg/kg Frischgewicht

Metall	Muskulatur	Leber
Zink	8,6 (5,8–14,6)	47,5 (4–375)
Quecksilber	7,3 (0,5–16,5)	10,4 (0,3–63)
Selen	2,2 (0,4–4,3)	5,4 (1,4–13,5)
Cadmium	0,9 (0,05–0,4)	9,2 (0,2–83)
Arsen	0,6 (0,1–1,6)	1,0 (0,1–2,7)
Blei	0,6 (0,1–0,9)	0,7 (0,4–1,1)
Kupfer	0,4 (0,3–1,2)	4,6 (0,5–22)

Besonders in verschmutzten Gebieten sind Seevögel und manche Meeressäuger durch das Fressen von Fischen und, weil sie relativ alt werden, durch Quecksilber belastet (Bild 102). Vor der Küste von Washington kann der Quecksilbergehalt der Leber von Seebären (*Callorhinus ursinus*) bis 172 mg/kg Frischgewicht erreichen.

Obwohl viele marine Organismen offensichtlich verhältnismäßig hohe Quecksilberkonzentrationen im Seewasser ertragen (so die meisten makroskopischen Benthosalgen, Würmer, Bryozoen; *Mytilus edulis* wird ab 10 mg Hg/l geschädigt), werden andere schon durch Gehalte geschädigt, wie sie in unverschmutzten Gebieten auftreten können. Experimentell konnte gezeigt werden, daß natürliche Quecksilbergehalte des Seewassers die Photosynthese des Phytoplanktons beeinträchtigen. Die Schädigungsgrenze einzelliger Planktonalgen liegt zwischen 0,1 und 50 µg Hg/l. Konzentrationen über 1 µg Hg/l beeinträchtigen die Larvenentwicklung von *Ostrea edulis* (die Larven einiger *Crassostrea*-Arten ertragen dagegen bis 100 mg Hg/l!), einer Reihe von Krebsarten und die Eientwicklung bei manchen Fischen. Meistens sind die embryonalen und postembryonalen Stadien die empfindlichsten. Die Giftwirkung des Quecksilbers beruht u. a. auf seiner Affinität zu den Amino- und Sulfhydrylgruppen von Aminosäuren und Enzymen.

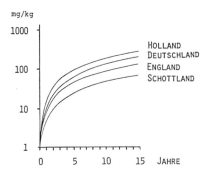

Bild 102
Abhängigkeit des Quecksilbergehaltes der Leber (in mg/kg Frischgewicht) von Alter und Lebensraum des Seehundes (*Phoca vitulina*).
(nach *Harms et al.* aus *Gerlach* 1981)

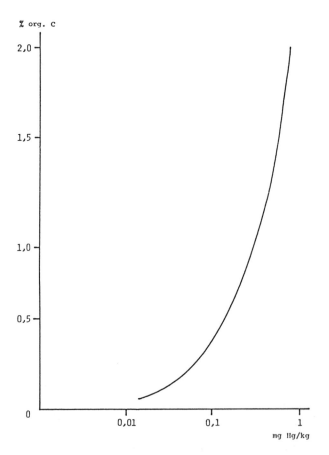

Bild 103
Abhängigkeit der Quecksilberakkumulation im Sediment von dessen Gehalt an organischer Substanz (% org. C), nach Untersuchungen in der Bucht von Swansea, Großbritannien.
(nach *Clifton* und *Vivian* aus *Gerlach* 1976, verändert)

Vergleicht man die Menge des in den Weltmeeren vorhandenen Quecksilbers mit der jährlichen Produktion von 9 000 t (Tabelle 6-15), so wird deutlich, daß hierdurch höchstens unwesentlich zu einer globalen Erhöhung der Quecksilberkonzentration in den Ozeanen beigetragen worden sein kann. Hinzu kommt, daß natürliche Quecksilberquellen bedeutender sind: Die von Vulkanen jährlich in die Atmosphäre abgegebenen Mengen, die über Regen und Schnee wieder ausgewaschen werden, belaufen sich nach Schätzungen auf

6.8 Meeresverschmutzung

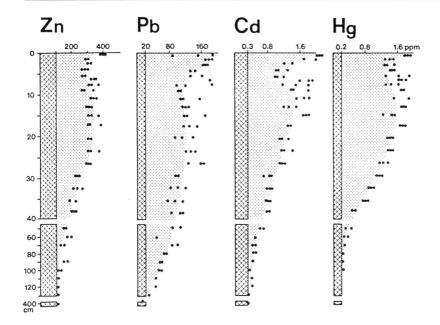

Bild 104 Konzentration von Zink, Blei, Cadmium und Quecksilber im Sediment der Deutschen Bucht. Die Schwermetallkonzentration nehmen mit zunehmender Tiefe ab (nach *Förstner* und *Wittmann* 1981)

50 000 t. Aus anderen Quellen gelangen 12 000 t in die Atmosphäre, wobei der natürliche Anteil nicht bekannt ist. Durch Verwitterung werden jährlich 3 500 t freigesetzt, die über die Flüsse ins Meer gelangen. Es ist daher nicht erstaunlich, wenn ein Einfluß der Industrialisierung auf den globalen Quecksilbergehalt der Biosphäre nicht nachgewiesen werden konnte. Der Vergleich von 70 bis 100 Jahre alten Proben (Grönlandeis; Museumspräparate von Fischen und Vögeln) mit solchen aus den letzten Jahren ergab keine signifikanten Unterschiede im Quecksilbergehalt.

Dagegen läßt sich lokal der Einfluß der Industrialisierung durchaus nachweisen. Quecksilber wird offenbar rasch im Sediment abgelagert, besonders wenn letzteres reich an organischer Substanz ist (Bild 103). Dadurch kommt es in der Nähe von Einleitungsstellen zu starken Anreicherungen. In der Minamata-Bucht wurden bis 2 g Hg/kg Sediment (Trockensubstanz) nachgewiesen. Sedimentproben unterschiedlichen Alters, die in Küstennähe entnommen werden, erlauben es, die Folgen der Industrialisierung anhand der Schwermetallgehalte zu erkennen (Bild 104).

Kupfer

Kupfer ist einerseits ein Mikronährstoff, andererseits wirkt dieses Schwermetall in höheren Konzentrationen als Gift, wobei die Empfindlichkeit der Organismen sehr unterschiedlich ist. Relativ große Kupfermengen werden von Säugetieren und dem Menschen ertragen, weshalb Kupfervergiftungen hier keine unmittelbare Gefahr darstellen. Im Gegensatz dazu sind viele im Wasser lebende Organismen gegenüber Kupfer sehr empfindlich.

Im Vergleich zu der im Weltmeer enthaltenen Kupfermenge ist die jährliche Kupfererzeugung gering. Abgesehen von küstennahen Gebieten und den Hauptschiffahrtswegen ist daher mit einer wesentlichen anthropogenen Erhöhung des Kupfergehaltes des Seewassers nicht zu rechnen.

Der natürliche Kupfergehalt des Seewassers (Tabelle 2-1) ist nicht konstant. In der Antarktis, der Beringsee und im Nordostpazifik durchgeführte Untersuchungen ergaben eine systematische Abhängigkeit der Kupferkonzentration von der Meerestiefe. Im Oberflächenwasser zeigten die Messungen Werte von etwa 0,06 µg/l, im Tiefenwasser solche von 0,34 µg/l an. Darüber hinaus konnte eine signifikante Beziehung zum Nitratgehalt mit einem molaren Verhältnis von 1 : 9200 festgestellt werden. Der Kupfergehalt der nährstoffärmsten tropischen Gebiete des Pazifiks liegt wahrscheinlich unter 0,006 µg/l, während in der Tiefsee Maximalwerte von 0,23 µg Cu/l erreicht werden dürften. Die Verarmung des Oberflächenwassers an Kupfer im Vergleich zum Tiefenwasser erreicht demnach einen Wert von 1 : 40. Aus der engen Beziehung zwischen Kupfer- und Nitratgehalt wird geschlossen, daß sich Kupfer als Nährstoff im Minimum befindet.

Im Atlantik ist der Unterschied zwischen der Kupferkonzentration des Oberflächenwassers und der der Tiefe geringer (Sargasso-See 0,12 und 0,15 µg Cu/l; Ostatlantik 0,10 und 0,20 µg Cu/l), und es besteht keine Korrelation zum Nitratgehalt.

In einer Reihe von Algen wird Kupfer angereichert, wobei teilweise eine feste Beziehung zum Kupfergehalt des Wassers festzustellen ist. Solche Arten können als Indikatororganismen dienen. Besonders hohe Kupferkonzentrationen wurden mit 123 mg/kg in der Braunalge *Ascophyllum nodosum* (Bild I: 7: 3—4) beobachtet.

Der durchschnittliche Gehalt der Speisefische liegt zwischen 0,7 und 2,5 mg Cu/kg. In dem Kopffüßer *Symplectoteuthis oualaniensis,* der ein Bewohner der Hochsee ist, wurden bis 1 900 mg Cu/kg Trockensubstanz festgestellt.

Experimentell ermittelte Schwellenwerte (jeweils in mg Cu/l Seewasser), bei denen Schädigungen zu beobachten sind, betragen bei Planktonalgen 10^{-3} bis 10^{-2}, bei Makroalgen des Benthos und Krebsen $< 10^{-2}$, bei Mollusken und Fischen 10^{-2} bis 10^{-1} sowie bei Anneliden 10^{-3} bis 10^{-1}. Durch Verschmutzung werden in Küstennähe örtlich Konzentrationen von 10^{-1} bis 1 mg Cu/l erreicht.

Cadmium

Ähnlich wie bei Quecksilber und Kupfer ist die globale anthropogene Cadmiumbelastung der Weltmeere als Folge der Verwendung des Metalls gering, wie aus Tabelle 6-15 zu ersehen ist. Eine zusätzliche Cadmiumfreisetzung erfolgt allerdings noch durch den Einsatz von Phosphatdüngern in der Landwirtschaft.

Durch vielfältigen Einsatz von Cadmium in der chemischen, petrochemischen und Metallindustrie, beim Galvanisieren, in Batterien, bei der Herstellung von Farbpigmenten, PVC und von Fernsehröhren sowie als Stabilisator von künstlichem Kautschuk kommt es jedoch über Abwässer und Flüsse zu einer Belastung küstennaher Meeresabschnitte, wo das Element im Sediment in erhöhten Konzentrationen nachweisbar ist (Bild 104).

Cadmiumvergiftung ruft beim Menschen schmerzhafte Skelettdeformationen hervor, die erstmals 1947 in Japan bei 44 Personen als Erkrankung „rheumatischer Natur" beobachtet worden sind. Die Zahl der Todesfälle als Folge von Cadmiumvergiftungen ist nicht genau bekannt, sie dürfte bis Ende 1965 etwa 100 betragen haben. Erst 1961 wurde Cadmium als Verursacher der chronischen „Itai-Itai-Krankheit" ermittelt. Cadmium ist schon in geringen Konzentrationen gefährlich, weil es vom Menschen nach Resorption praktisch nicht ausgeschieden wird.

6.8 Meeresverschmutzung

Tabelle 6-15: Verteilung mehrerer Metalle in der Erdkruste und den Ozeanen, jährlicher Eintrag in die Weltmeere sowie Angaben zur Weltjahresproduktion (nach Gerlach 1981)

	Einheit	Pb	Hg	Cd	Sb	Cr	Se	As	Cu	Zn
Konzentration in der Erdkruste	mg/kg	15	0,06	0,2	0,2	?	0,09	2	45	40
Gesamtgehalt der Ozeane	10^6 t	2,8	10	140	420	420	700	2800	2800	4200
Eintrag durch Erosion im Jahr	10^3 t	150	3,5	0,5	1,3	236	7,2	72	325	720
Eintrag als Folge der Verbrennung fossiler Brennstoffe und der Zementherstellung im Jahr	10^3 t	34	2,0	0,2	?	1,5	1,1	8,2	2,1	37
Weltjahresproduktion	10^3 t	3500	9,0	15,0	70	3000	1,2	30	7500	5000
Weltjahresproduktion in Prozent des Gesamtgehalts der Ozeane	%	125	0,1	0,01	0,015	0,7	0,0002	0,001	0,3	0,1

Die Angaben sind Näherungswerte nach verschiedenen Hochrechnungen und Quellen. Vgl. auch Tab. 2-1.

Zwischen der Cadmiumaufnahme und dem Auftreten chronischer Vergiftungserscheinungen (gelbe Verfärbung der Zähne, Verlust des Geruchsinns, trockener Mund, Verminderung der Anzahl der roten Blutkörperchen, Schädigung des Knochenmarks, Lendenschmerzen, Muskelschmerzen in den Beinen, Nierenschädigung und durch Störung des Calciumstoffwechsels hervorgerufene Knochenerweichung und -brüche sowie Skelettdeformationen, bei denen die Verminderung der Körpergröße bis 30 cm erreichen kann) vergehen 5 bis 30 Jahre.

Unter den Meerestieren zeichnen sich besonders die Mollusken durch ihre starke Fähigkeit zur Cadmiumakkumulation aus. *Symplectoteuthis oualaniensis* kann bis 1100 mg Cd/kg Trockengewicht enthalten. In der Leber des der gleichen Tiergruppe angehörenden *Loligo opalescens* wurden in Kalifornien 180 mg Cd und bei der Napfschnecke *Patella vulgata* an Exemplaren aus der Umgebung von Bristol bis 118 mg Cd/kg Trockengewicht festgestellt. Miesmuscheln (*Mytilus edulis*) aus dem Kieler Hafen erreichen 10–34 mg Cd/kg Trockengewicht, Tiere aus dem Wattenmeer 1–3 mg, während Austern auf 5 mg Cd/kg Trockengewicht kommen. Der bemerkenswert hohe Wert von 2000 mg Cd/kg Trockensubstanz wird für die Leber von *Pecten* angegeben. Im Muskelfleisch häufig verzehrter Fische sind bei Tieren aus der Ostsee im Mittel 0,120 mg, bei Tieren aus der Nordsee 0,085 mg Cd/kg Frischgewicht enthalten. Für Hochseefische am Ende der Nahrungskette (Haie, Thune) liegen entsprechende Werte bei 0,14 mg Cd/kg. Die von der WHO empfohlene Maximalbelastung des Menschen beträgt 0,5 mg je Woche, die durchschnittliche Belastung durch den Verzehr von Fisch in der Bundesrepublik Deutschland 0,008 mg/Woche.

Gegenüber der normalen Cadmiumkonzentration von 0,1 µg/l Seewasser treten regionale und tiefenabhängige Abweichungen auf. Anthropogen erhöht sind die Konzentrationen in Häfen und im Bereich von Schiffahrtsstraßen. Die Maximalwerte in der Ostsee liegen um 5 µg/l, vor der englischen Küste bei 10 µg/l, und im Mittelmeer erreichen sie 40 µg/l. Schädigungen können bei einzelligen Algen je nach Art durch 10–100 µg/l und bei *Mytilus edulis* durch 50 µg/l hervorgerufen werden. Frühe Entwicklungsstadien sind besonders gefährdet, beim Lachs (*Salmo salar*) wirkt 1 µg Cd/l schon schädlich. Auf der anderen Seite können in Gebieten mit erhöhten Konzentrationen resistentere Organismenrassen auftreten. Eine an der englischen Küste gefundene zinktolerante *Nereis diversicolor*-Rasse hatte nicht nur eine für Zink um 30 bis 35 % verminderte Membranpermeabi-

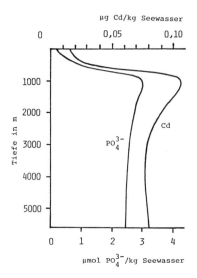

Bild 105

Cadmium- und Phosphatgehalte des Seewassers in verschiedenen Tiefen des Zentralpazifiks (30° 34′N 170° 36,5′O). Die Konzentrationen beider Stoffe weisen tiefenabhängige, gleichsinnige Veränderungen auf. Der starke Rückgang im oberflächennahen Wasser wird auf die Aufnahme von Cadmium und Phosphat durch das Phytoplankton zurückgeführt (nach *Boyle et al.* aus *Gerlach* 1981, vereinfacht)

lität, sondern auch die Durchlässigkeit für Cadmium war um 15 % gegenüber einer nicht schwermetalltoleranten Rasse erniedrigt.

Vor der niederkalifornischen Küste liegen die Cadmiumkonzentrationen im Oberflächenwasser zwischen 0,0004 und 0,07 µg/l, während in der Tiefe bis 0,1 µg/l erreicht werden. In der Sargassosee stehen Tiefenwerten von (0,016 −) 0,025 (− 0,055) µg/l Konzentrationen von < 0,01 µg/l, wahrscheinlich < 0,005 µg/l, im Oberflächenwasser gegenüber. Beobachtete strenge Korrelationen von Phosphat- und Cadmiumgehalten des Seewassers (Bild 105) sprechen für eine Aufnahme des Cadmiums durch Primärproduzenten ten als Ursache für erniedrigte Konzentrationen in der euphotischen Zone.

In Sedimenten steigt der Cadmiumgehalt mit der Zunahme an organischer Substanz an. Cadmiumkarbonat und -hydroxid sind bei höherem pH-Wert unlöslich und werden ausgefällt.

Blei

In den Weltmeeren ist die Bleikonzentration im Oberflächenwasser höher als im Tiefenwasser. Für den Atlantik werden Werte von 0,07 bzw. 0,03 µg Pb/l angegeben. Hohe Konzentrationen treten auch in Küstennähe auf, so vor der kalifornischen Küste mit 0,1 bis 0,4 µg. Diese Daten können als Zeichen für erst neuerdings aufgetretene erhebliche Belastungen angesehen werden. Eine vollständige Durchmischung des Seewassers erfolgte demnach seit der verstärkten Bleizufuhr noch nicht. Aus Tabelle 6-15 ist zu ersehen, daß die jährlich durch Bergbau gewonnene Bleimenge größer als die im Seewasser der Weltmeere enthaltene ist.

Blei wird in großem Umfang verwendet, z. B. für Batterien, Wasserleitungen, Bleiglasur, Antiklopfmittel (Bleitetraethyl) und Munition (Geschosse). Hierbei gelangt ein Teil des Metalls in die Umwelt. Beim Abbau von Bleierzen fallen stark bleihaltige Bergwerksabwässer an.

Die jährlich durch die Flüsse in die Weltmeere transportierten Bleimengen werden auf 180 000 t geschätzt; hinzu kommen 250 000 t Blei, die aus Benzinzusätzen stammen und überwiegend auf dem Weg über die Atmosphäre ins Meer gelangen.

6.8 Meeresverschmutzung

Blei wird durch marine Organismen akkumuliert. Der Bleitransport über die Weser in die Nordsee kann aus den unterschiedlichen Konzentrationen in Miesmuscheln im Weserästuar (4,3—6,4 mg Pb/kg) und bei Helgoland (1,9—2,6 mg Pb/kg Trockengewicht) abgelesen werden, wobei ein Teil der Bleifracht der Weser natürlichen Ursprungs (z. B. aus dem Harz stammend) sein dürfte. In den Thalli des Blasentangs (*Fucus vesiculosus*) erreicht die Bleianreicherung 9 mg/kg Trockensubstanz.

Bleivergiftung beim Menschen ist schon seit über 2000 Jahren bekannt. Sie wurde zuerst von dem griechischen Dichter und Priester Nikander beschrieben, der wahrscheinlich im 2. Jahrhundert v. Chr. lebte; sie ist aber bis heute schwer zu diagnostizieren. Im Altertum haben Bleivergiftungen als Folge der weiten Verwendung des Metalls zur Herstellung von Wasserleitungen und Gefäßen möglicherweise zum Abstieg der regierenden Oberklassen in Griechenland und Rom geführt. Akute Vergiftungserscheinungen äußern sich in Erbrechen, Magenkrämpfen und Kreislaufstörungen, während chronische oft Nierenleiden zur Folge haben. Beim Menschen wird aufgenommenes Blei zu etwa 90 % im Skelett abgelagert. Die Bleiaufnahme über Speisefisch spielt gegenüber anderen Bleiquellen nur eine untergeordnete Rolle.

Die Empfindlichkeit mariner Organismen gegenüber Blei ist offenbar nicht sehr hoch. Konzentrationen bis 0,1 mg Pb/l rufen in der Regel keine Schädigungen hervor. Einige Planktonalgen sollen allerdings schon durch 0,01—0,05 mg Pb/l geschädigt werden, während bei anderen Arten eine Wachstumsförderung durch Blei im Kulturmedium beobachtet worden ist.

Besonders giftig wirken organische Bleiverbindungen. Das als Benzinzusatz verwendete Tetraethylblei wird in der Luft zu dem stabileren Triethylblei umgewandelt, dessen wasserlösliche Verbindungen rasch in Zellen eindringen und hier zu einem Zusammenbrechen von Microtubuli-Strukturen führen können.

Arsen

Die mittlere Arsenkonzentration der Weltmeere beträgt etwa 2 µg/l, was einer Menge entspricht, gegenüber der die jährliche Arsenproduktion vernachlässigbar klein ist. Zusätzliche Arsenmengen werden allerdings noch durch die Verbrennung von Kohle (5 000 t As/Jahr) und im Zusammenhang mit der Zementherstellung (3 200 t As/Jahr) freigesetzt. Ein beträchtlicher Teil des Arsens kann durch Luftströmungen verfrachtet werden. Nach Schätzungen gelangen jährlich allein 1000 t Arsen über die Atmosphäre in die Nordsee.

Vom Menschen werden lösliche anorganische Arsenate und Arsenite über den Verdauungstrakt resorbiert. AsO_4^{3-} verhindert die ATP-Synthese, wird aber mit dem Urin rascher ausgeschieden und wirkt weniger giftig als AsO_3^{3-}. Letzteres zeichnet sich durch eine lange Verweildauer im Körper aus, die hauptsächlich durch seine Bindung an Eiweiß zu erklären ist, und hemmt Enzyme mit Sulfhydrylgruppen. Durch Arsenvergiftungen werden besonders der Verdauungstrakt, die Haut, die Leber und die Nerven geschädigt.

Auch Arsen wird von marinen Organismen angereichert. An einem verschmutzten Küstenabschnitt Westgrönlands wurden folgende Konzentrationen ermittelt (jeweils in mg As/kg Trockensubstanz): Zooplankton 6,0, Braunalgen 35,5, Muscheln 14,1 bis 16,7, Krabben 62,9 bis 80,2, Fische 43,4 bis 188,0.

Während 100 µg As/l Seewasser keine schädigenden Auswirkungen auf das Phytoplankton zeigen, wirkt 1 mg/l wachstumshemmend bei der Diatomee *Exuviella cordata* und der Dinophycee *Gyrodinium fissum*. 1 bis 10 mg As/l sind für Fische giftig, *Ankistrodesmus arcuatus*, *Nephrochloris salina* (Chlorophyceae) und *Microcystis*-Arten (Cyanophyceae) werden erst durch Arsengehalte über 10 mg/l Seewasser geschädigt.

Zink

Auch die jährlich gewonnenen Zinkmengen sind gegenüber den in den Weltmeeren enthaltenen gering (s. Tabelle 6-15). Anthropogene Erhöhungen der Zinkkonzentration im Seewasser und im Sediment sind daher auf begrenzte und meist küstennahe Gebiete beschränkt. Das Risiko von Zinkvergiftungen beim Menschen ist gering. Trinkwasser mit erhöhtem Zinkgehalt hat beim Menschen noch nicht zu klinisch erfaßbaren Schäden geführt.

Über die Nahrungskette wird Zink angereichert. An der amerikanischen Westküste kommen bei *Crassostrea gigas* Konzentrationen von 86 bis 344 mg Zn/kg Frischgewicht vor, an der Ostküste wurden bei den Muscheln *Crassostrea virginica* 180 bis 4120, *Mya arenaria* 9 bis 28 und *Mercenaria mercenaria* 11 bis 40 mg Zn/kg Frischgewicht ermittelt. Handelsfisch aus dem Kaspischen Meer weist 10 bis 22 mg Zn/kg Frischgewicht auf. Außerdem ist eine Reihe von Organismen direkt zur Zinkakkumulation befähigt.

Die im Seewasser gemessenen Zinkkonzentrationen erreichen unter ungünstigen Bedingungen bis 1 mg/l. In den oberen, euphotischen Wasserschichten der Hochsee treten Werte zwischen 10^{-3} und 10^{-1}, in der neritischen Zone in der Regel zwischen 10^{-2} und 10^{-1} mg/l auf. Wie bei anderen Schwermetallen sind die verschiedenen Entwicklungsstadien der Organismen nicht gleich empfindlich. Durch eine Konzentration von 4 bis 16 µg Zn/l sterben 50 % der Jungtiere des Amphipoden *Niphargioides maeoticus*, Adulti erst bei 32 bis 45 µg/l. Bei Anneliden und Crustaceen muß mit Schädigungen gerechnet werden, wenn eine Konzentration von 10^{-2} mg Zn/l Seewasser überschritten wird. Entsprechende Werte liegen, je nach Art, bei einzelligen Algen zwischen $< 10^{-1}$ und 10, bei Protozoen zwischen $< 10^{-1}$ und 10^3 mg Zn/l. Experimentell konnte gezeigt werden, daß eine Zinkkonzentration bis 1,3 mg/l keine Auswirkung auf die Photosynthese von Planktonalgen hat, während eine Konzentration von 10 mg/l die Photosyntheserate auf 50 % erniedrigt.

An mit Zink verunreinigten Stellen wurde die Selektion von resistenten *Nereis diversicolor* beobachtet, die bei einer Erhöhung der Zinkkonzentration im Seewasser keine gesteigerte Zinkaufnahme zeigen.

6.8.3 Erdöl

Es gibt viele, einander widersprechende Schätzungen über die Erdölmenge, die als Folge der Ausbeutung der Lagerstätten, des Transports, der Aufarbeitung und des Verbrauchs in das Meer gelangt. Der Gesamtölverlust belief sich im Jahr 1970 je nach Art der Hochrechnung auf 2 bis 10×10^6 t. Nach einer Berechnung für das Jahr 1969 gelangen knapp 84 % der Erdölkohlenwasserstoffe als Folge von Verbrennungsprozessen in Industrie, Haushalt und Verkehr über die Atmosphäre und nur 16 % direkt durch die Schiffahrt, untermeerische Förderung, Raffinerieabwässer, auf dem Land anfallende und über die Flüsse verfrachtete Abfälle sowie als Folge von Unglücksfällen ins Meer. Durch natürliche Ölquellen am Meeresboden treten Mengen aus, die weniger als 1 % der anthropogenen Belastung ausmachen. Die gegenwärtige Belastung der Nordsee mit Erdölkohlenwasserstoffen, die durch Ölbohraktivitäten eingeleitet werden, beträgt etwa 50 000 t im Jahr.

Trotz spektakulärer Ereignisse wie Tankerunfällen und Ölaustritten aus untermeerischen Förderanlagen (etwa den 1983 durch Kriegsereignisse im Persischen Golf verursachten) ist noch immer die wichtigste Quelle der direkten Ölverschmutzung des Seewassers in der Reinigung der Bunker der Öltanker durch Ausspritzen mit heißem Wasser und dem gesetzeswidrigen, aber kostengünstigen Abpumpen des ölhaltigen Wassers direkt ins Meer zu sehen. Auch von Handelsschiffen wird aus Kostengründen Altöl (oft auf hoher See) direkt ins Meer gepumpt. Analysen des 1983 im Persischen Golf auf der Meeresoberfläche treibenden Öls haben ergeben, daß auch hier von zahlreichen Schiffs-

6.8 Meeresverschmutzung

kapitänen eine günstige Gelegenheit zur kostenfreien Beseitigung von Ölresten genutzt worden ist. Die illegale Einleitung von Bunkeröl in die Nordsee wird auf jährlich 60 000 t geschätzt.

Rohöl enthält mehrere tausend unterschiedliche Kohlenwasserstoffe. Die chemische Zusammensetzung des Rohöls einzelner Herkünfte ist verschieden. Durch chemische Analysen kann daher in günstigen Fällen auch der Verursacher von Verschmutzungen ermittelt werden.

Von dem auf der Meeresoberfläche treibenden Rohöl gelangen die Anteile, die bei niedriger Temperatur sieden, durch Verdampfen rasch in die Atmosphäre. Ein weiterer Teil ist im Seewasser löslich oder wird sehr fein emulgiert. Bei den löslichen Verbindungen ($< 0,01$ % des Rohöls) handelt es sich ebenfalls um Kohlenwasserstoffe mit niedrigem Siedepunkt (C_1-C_5-Verbindungen), die hochgiftig und teilweise krebserregend sind. An der Wasseroberfläche verbleiben weniger toxische Verbindungen, die durch physikalische, chemische und mikrobiologische Prozesse verändert werden. Hier entstehen auch die in der Regel etwa erbsengroßen Teerklumpen, die in allen Meeren zu finden sind und die auch krebserregende Verbindungen enthalten (z.B. Benzpyren). Der mittlere Teergehalt der Weltmeere liegt bei etwa 0,1 mg/m^2, im Nordatlantik treten bis zu 10 mg/m^2 auf. Besonders hohe Werte werden für das Mittelmeer mit 0,3 bis 20 mg/m^2 angegeben. Insgesamt schätzt man die Menge der bis zu 10 cm großen, 10 bis 50 % Asphalt und bis zu 10 % Schwefel enthaltenden Teerklumpen auf 700 000 t.

Verhältnismäßig hohe Gehalte an Kohlenwasserstoffen finden sich im Oberflächenwasser der Meere. Es ist jedoch schwer feststellbar, welche Anteile im Einzelfall auf eine Verschmutzung zurückzuführen sind. Wahrscheinlich sind durchschnittlich 90 % der im Oberflächenwasser enthaltenen Kohlenwasserstoffe vom Ethylentyp biologischen Ursprungs und durch den Stoffwechsel lebender Organismen und deren Zersetzung entstanden. Hierfür spricht, daß an der westgrönländischen und der französischen Mittelmeerküste ähnliche Konzentrationen beobachtet wurden. Zyklische Kohlenwasserstoffe entstehen offenbar ebenfalls durch Stoffwechselvorgänge. So konnten im Wasser der Rifflagune der Clipperton-Insel vor Costa Rica 4 μg/l des krebserregenden 3,4-Benzpyrens nachgewiesen werden. Polyzyklische Kohlenwasserstoffe finden sich auch in jungen marinen Sedimenten und dürften durch bakterielle Tätigkeit unter anaeroben Bedingungen entstanden sein.

In stark durch Öl verschmutzten Gebieten können jedoch erheblich erhöhte Kohlenwasserstoffgehalte des Meerwassers beobachtet werden. Eindeutige Erdöl-Kohlenwasserstoffe sind weltweit nachweisbar. In der von lokalen Verschmutzungen freien Sargasso-See sind in den obersten 30 cm 73 μg/l und in der 100 bis 300 μm dicken Oberflächenschicht 559 μg/l gefunden worden. Bedenklich erscheint die Anreicherung im oberflächennahen Wasser, weil sich hier empfindliche Arten und die Entwicklungsstadien vieler Organismen aufhalten. Weiterhin beeinflussen Petroleum-Kohlenwasserstoffe den Energie-, Wasser- und Gasaustausch zwischen Atmosphäre und Seewasser, so daß mit der Möglichkeit globaler Klimaänderungen bei weltweit starker Verschmutzung durch solche Substanzen gerechnet werden muß.

Infolge seiner in Abhängigkeit von der Herkunft unterschiedlichen Zusammensetzung ist die Giftwirkung des Erdöls eine veränderliche Größe, die besonders von seinem Gehalt an wasserlöslichen aromatischen Verbindungen mit 2 oder 3 Ringen bestimmt wird. Grenzkonzentrationen, bei denen erste Schädigungen auftreten können, liegen für viele Bakterien bei 10 bis 10^2 mg/l, für Planktonalgen bei 10^{-2} bis 10^2 mg/l, für benthische Makroalgen bei 10^2 bis 10^3 mg/l, für Crustaceen bei 10^{-2} bis 10^2 und für Mollusken bei < 1 bis 10^4 mg/l. Es ist allerdings so, daß die Ergebnisse von Versuchen über die Giftigkeit von Petroleum-Kohlenwasserstoffen in erheblichem Maß von den Versuchsbedingungen mitbeeinflußt werden.

Mollusken können aus Erdöl stammende Kohlenwasserstoffe anreichern. Bei der Auster *Crassostrea virginica* kam es nach Hälterung in Wasser mit 106 µg Erdöl/l innerhalb von sieben Wochen zu einer Akkumulation bis 334 µg/kg Frischgewicht, wovon in sauberem Wasser 90 % in zwei Wochen wieder ausgeschieden wurden, während der verbleibende Rest sich nur äußerst langsam verminderte. Bei Fischen sind besonders in der Leber Anreicherungen zu beobachten.

In größeren Mengen an der Meeresoberfläche treibendes Öl stellt eine große Gefahr für Seevögel dar. Durch das Verölen des Gefieders, hauptsächlich verursacht durch Bunkeröl, werden die Tiere flugunfähig. Bei dem Versuch der Vögel, die Federn zu reinigen, gelangt Öl in den Verdauungstrakt und führt zur Vergiftung. Deshalb stellt für lebend geborgene Tiere allein eine Reinigung des Gefieders durch den Menschen keine lebensrettende Maßnahme dar. Meeressäuger werden durch größere Ölmengen ebenfalls bedroht.

Auf der Meeresoberfläche treibende große Ölteppiche, wie sie nach Tankerunfällen entstehen, führen, wenn sie an eine Küste angetrieben werden, zu einer erheblichen Verschmutzung der Strände, die dann u. U. mit großem Aufwand wieder gereinigt werden müssen. Man versucht daher, das Antreiben des Öls durch geeignete Maßnahmen vor der Küste zu verhindern. Mechanische Ölsperren und Absaugvorrichtungen haben sich bei ihrem Einsatz auf See bisher als wenig wirksam erwiesen. Auch die folgenden zwei Möglichkeiten sind unbefriedigend: die Verwendung von Detergentien und die von gemahlener Kreide oder Gipsmehl.

> Durch Detergentien wird das Öl im Wasser emulgiert, nicht beseitigt. Es wirkt auf diese Weise in der gesamten Wassersäule giftig. Hinzu kommt, daß die Detergentien selbst giftig sind. Die Giftwirkungen von Öl und Detergentien steigern sich bei gemeinsamem Auftreten synergistisch, möglicherweise als Folge eines besseren Eindringens des Öls in Organismen und Zellen bei Gegenwart der Detergentien. Die Giftigkeit von Detergentien ist abhängig von ihrem Gehalt an aromatischen Verbindungen. Ihr Anteil ist bei modernen Produkten stark vermindert worden. 1967 verunglückte der Tanker "Torrey Canyon" im Ärmelkanal. Um die britischen Küsten vor 14 000 t Öl zu schützen und zur Strandreinigung wurden 10 000 t Detergentien eingesetzt.
>
> Auf französischer Seite reichten demgegenüber 3000 t gemahlene Kreide aus, um 30 000 t Öl zum Absinken zu bringen. Das gleiche Verfahren wurde auch 1979 nach dem Stranden des Tankers "Amoco Cadiz" angewandt. Nach diesem Unglück wurden an der bretonischen Küste dennoch große Ölmengen angetrieben.

Die Kenntnisse über die Selbstreinigungsvorgänge nach Ölverschmutzung sind noch unzureichend. Ölabbau durch Bakterien der Gattungen *Bacillus, Bacterium, Pseudobacterium, Pseudomonas* und *Vibrio* konnte beobachtet werden. Der Abbau ist neben der Bakterienzahl abhängig von Temperatur, Sauerstoffgehalt des Wassers, der Anwesenheit weiterer organischer Substanzen und von den Öleigenschaften. Über den Temperatureinfluß liegen widersprüchliche Befunde vor. Während von einigen Autoren Werte von über 10 °C als notwendig angesehen werden, soll nach anderen Untersuchungen ein über 30 %iger Abbau innerhalb von 30 Tagen bei nur 2 °C stattfinden können. Die Selbstreinigung durch Mikroorganismen wird nach Oberflächenvergrößerung durch Bestreuen der Ölschicht mit Kreide- oder Gipsmehl effektiver. Unter diesen Bedingungen ist dann auch ein reiches Protozoen- (z. B. *Noctiluca miliaris*) und Pilzwachstum zu beobachten. Günstig für einen Ölabbau wirkt sich die Tätigkeit von Filtrierern (Plantonkrebse, Mollusken) aus, die Öltröpfchen aufnehmen und zusammen mit anderen Substanzen als Pseudofaeces oder in Kotbällchen wieder ausscheiden. Auch eine chemische Umwandlung von Ölkomponenten wurde beobachtet. Als auffällig resistent gegenüber Öl erweisen sich Mollusken, besonders bei Gegenwart von Makroalgen.

Die tatsächliche Bedeutung der Selbstreinigungsvorgänge ist unbekannt. Wahrscheinlich übertrifft die derzeitige Ölzufuhr den Abbau. Eine Anreicherung von besonders stabilen und giftigen Verbindungen in größeren Meerestiefen kann nicht ausgeschlossen werden. Als stabil erweist sich Öl, welches in das Sediment gelangt. Oberflächlich verteiltes Öl kann dagegen relativ schnell verschwinden. Von den Folgen der durch das Öl des Tankers "Amoco Cadiz" ausgelösten Ölkatastrophe war 1983 an der bretonischen Küste entgegen zunächst geäußerter Erwartungen kaum noch etwas zu bemerken.

Alle Ölbeseitigungsmaßnahmen, die zu einer Verklumpung von Erdöl oder einiger seiner Bestandteile führen, verlangsamen den biologischen Ölabbau.

6.8.4 Chlorierte Kohlenwasserstoffe

Von der chemischen Industrie werden in großem Umfang Halogenkohlenwasserstoffe erzeugt, die in vielfältiger Weise verwendet werden und ohne die unser Leben kaum noch vorstellbar ist. Überwiegend handelt es sich hierbei um chlorierte Kohlenwasserstoffe. Bei einer nicht geringen Anzahl dieser Stoffe hat sich herausgestellt, daß sie unsere Umwelt erheblich belasten können, besonders wenn es sich um sehr stabile, langlebige (persistente) Verbindungen handelt.

Verbindungen mit einem oder zwei C-Atomen (Dichlorethan, krebserregendes Vinylchlorid, Trichlorethylen, Trichlorethan, Tetrachlorkohlenstoff usw.; Weltproduktion über 35×10^6 t im Jahr) sind flüchtig und resistent gegenüber bakteriellem Abbau. Ein großer Teil der Verbindungen wird als Lösungsmittel oder als Treibmittel in Sprühdosen verwendet. Diese Stoffe sind in der Atmosphäre weltweit verbreitet. Sie zerfallen durch die Einwirkung ultravioletter Strahlung, wobei die Halbwertszeit einige Monate beträgt. Eine Bedrohung marinen Lebens besteht nicht. Dibromethan kann als Antiklopfmittel bei der Herstellung bleifreien Benzins eingesetzt werden. Weiterhin dient es als Insektizid (z. B. in den USA). Wegen seiner cancerogenen Wirkung ist die Verwendung von Dibromethan zur Schädlingsbekämpfung in der Bundesrepublik nicht erlaubt. Mit Chlor, Brom oder Jod halogenierte Kohlenwasserstoffe mit einem C-Atom entstehen auch durch den Stoffwechsel mariner Pflanzen und konnten in Braun- und Rotalgen nachgewiesen werden.

DDT, PCB und ähnliche Substanzen sind stabile Verbindungen oder können in solche umgewandelt werden. Ihre Abbauweise und -rate unter natürlichen Bedingungen ist noch weitgehend unbekannt, für ihre Halbwertszeit gibt es nur Schätzungen, die zwischen mehreren Jahren und Jahrzehnten (und sogar Jahrhunderten) schwanken. DDT kann unter aeroben Bedingungen durch Bakterien oder Planktonalgen zu DDE umgebildet werden, während bei anaeroben Verhältnissen DDD entsteht. Dieldrin wird durch Kieselalgen (z. B. *Skeletonema costatum*) angereichert und in stabilere, gleichzeitig noch giftigere Substanzen umgewandelt, die in das Seewasser entlassen werden. Das Verschwinden von Substanzen ist also nicht notwendigerweise als das Ergebnis einer Selbstreinigungskraft anzusehen, sondern es kann die Folge einer Umbildung in andere, teilweise nicht weniger schädliche Stoffe sein (Bild 106).

DDT, PCB u. a. reichern sich im Oberflächenhäutchen des Wassers und im Sediment an. Nach Schätzungen kommt es im Phyto- und Zooplankton zu 1000 bis 10 000fach höheren Konzentrationen als im Seewasser. Durch die Sedimentation abgestorbener Organismen werden 5 bis 50 % der genannten Substanzen jährlich aus der euphotischen Wasserschicht der Ozeane entfernt, jedoch nur ein Teil davon endgültig im Sediment festgelegt. Ein weiterer Teil wird erneut im Wasserkörper verteilt. Darüber hinaus muß mit einer Anreicherung in bestimmten Biotopen gerechnet werden.

Unter PCB (polychlorierte Biphenyle) versteht man eine Gruppe von über 200 verschiedenen Substanzen, die industriell aus Chlor und Biphenyl hergestellt werden. Es sind weitgehend inerte und ölige Stoffe, die bis 800 °C stabil sind und zunächst als unschädlich angesehen wurden. Ihre Produktion erfolgt seit 1930, und die seit dieser Zeit insgesamt erzeugte Menge wird auf über eine Million t geschätzt. Verwendung finden PCB als Kühlmittel, in Wärmeaustauschern, in Transformatoren, als Hydrauliköl, früher

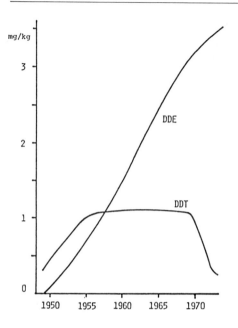

Bild 106
DDT- und DDE-Gehalte im Fleisch von 20 Seemeilen westlich von Los Angeles gefangenen Laternenfischen (in mg/kg Frischgewicht). Der DDT-Gehalt nahm ab 1970 deutlich ab, was als Folge der Einstellung der Einleitung DDT-haltiger Abwässer einer chemischen Fabrik in den Pazifik anzusehen ist. Trotzdem wurde weiterhin eine Zunahme des Gehaltes an dem stabilen DDT-Umwandlungsprodukt DDE beobachtet.
(nach *Macgregor* aus *Gerlach* 1981)

waren sie auch Bestandteile von Farben, Weichmacher in Plastik und Schmiermittel. In farblosem Kopierpapier und in manchen Immersionsölen für die Mikroskopie waren PCB enthalten, es wurde sogar der Zusatz zu Kaugummi erwogen.

Die Gefährlichkeit der PCB wurde erstmals durch ein Massensterben von Seevögeln erkannt, welches im Herbst 1969 im Gebiet der Clyde-Mündung und in der Irischen See auftrat. PCB hatten im Fettgewebe der Tiere hohe Konzentrationen erreicht. Weitere Untersuchungen ergaben eine weltweite Verbreitung dieser Stoffe in marinen Organismen. Auf Grund dieser Erkenntnisse wurden Produktion und Anwendung von PCB, zunächst weitgehend auf freiwilliger Basis, erheblich eingeschränkt. Der dadurch bedingte Produktionsrückgang ist aus den in den USA erzeugten Mengen abzulesen (die Weltproduktion war jeweils etwa doppelt so hoch):

1960	1964	1968	1970	1971	
17,2	23,1	37,2	38,6	18,3	$\times 10^3$ t.

Inzwischen wurde die Produktion von PCB in den USA und in der Bundesrepublik völlig eingestellt; in der Europäischen Gemeinschaft dürfen diese Stoffe nur noch in geschlossenen Systemen verwendet werden. Abfälle werden auf hoher See bei hohen Temperaturen verbrannt, wobei CO_2 und HCl entstehen. Die Salzsäure stellt wegen des hohen Bikarbonatgehaltes des Seewassers kein Problem dar. Wegen der Langlebigkeit der bereits in die Umwelt gelangten PCB muß jedoch noch mit einer über viele Jahre andauernden Gefährdung von Organismen gerechnet werden.

Beim Menschen führen PCB zu Erkrankungen, wenn 4,2 mg/Tag oder mehr aufgenommen werden. Es kommt hierbei u. a. zu Veränderungen der Haut (Chlorakne, Hyperpigmentierung) und zu Schädigungen von Leber, Milz und Nieren. Als unbedenklich wird eine Belastung von 0,005 bis 0,1 mg/Tag angesehen. Die Belastung durch den Verzehr von Fisch aus der Nordsee (durchschnittlicher Gehalt < 0,1 mg PCB/kg Fischfleisch, Frischgewicht) ist mit < 0,003 mg/Tag anzusetzen und damit niedriger als die durch Fleisch anderer Herkunft.

6.8 Meeresverschmutzung

Da es sich gezeigt hatte, daß die unerwünschten Wirkungen der PCB hauptsächlich von stärker chlorierten Biphenylen herrührten, wurde von der chemischen Industrie der Chlorierungsgrad so weit wie möglich verringert. Inzwischen gibt es PCB-freie Alternativprodukte (insbesondere auf Silikon- und Kohlenwasserstoffbasis).

Obwohl DDT (Dichlor-Diphenyl-Trichlorethan) bereits seit dem 19. Jahrhundert bekannt ist, wird es erst seit dem 2. Weltkrieg als Insektizid verwendet. Mit seiner Hilfe erzielte man große Erfolge bei der Bekämpfung der Malaria. In tropischen Gebieten wird DDT auch heute als unverzichtbar angesehen, wobei neben der Malariabekämpfung vor allem der Baumwollanbau vom Einsatz dieses Stoffes abhängig ist. Die in den letzten Jahren zu beobachtende Wiederausbreitung der Malaria kann nur bedingt auf einen verminderten DDT-Einsatz zurückgeführt werden. Ursachen sind auch in mangelnder Konsequenz bei der Bekämpfung der Malariaüberträger (Mücken der Gattung *Anopheles*) nach ersten Erfolgen, dem Auftreten resistenter *Anopheles*-Rassen und der zunehmenden Resistenz der Malariaerreger gegenüber den verwendeten Arzneimitteln zu sehen.

Die DDT-Weltproduktion erreichte 1970 etwa 100 000 t, bis 1974 sind insgesamt um $2,8 \times 10^6$ erzeugt und eingesetzt worden. In den Jahren danach ist der DDT-Einsatz in Ländern der gemäßigten Zone erheblich eingeschränkt oder ganz verboten worden, und die Produktion ging zurück. Ein Rückgang der DDT-Belastung der Meere, in die der Stoff auch über die Atmosphäre (durch Transport in der Luft schwebender, durch Versprühen entstandener feinster Teilchen und durch Verdampfen des DDT) gelangt, ist regional festzustellen. Während die DDT-Gehalte im Hering in den Jahren 1970–1972 durchschnittlich 0,16 mg/kg Frischgewicht betrugen, liegt der entsprechende Wert für 1973–1976 $\leq 0,07$ mg/kg.

Der von der WHO empfohlene Grenzwert der DDT-Aufnahme mit der Nahrung beträgt 0,3 mg je Person und Tag. In der Bundesrepublik dürfen im Fleisch von Seefischen für den menschlichen Verzehr nicht mehr als 2 mg DDT/kg Frischgewicht enthalten sein. Dieser Wert liegt weit über dem, der in Fischfleisch aus der Nordsee im allgemeinen vorkommt. Für nur selten verzehrte Fische oder Fischprodukte sind höhere Konzentrationen zulässig. Sie betragen bei Aal und Lachs 3,5 mg/kg sowie für Fischleber und aus Fischleber gewonnenem Öl 5 mg/kg Frischgewicht. In der Leber von Dorschen aus der Ostsee wird dieser Wert meist überschritten, 1973 traten Maximalwerte zwischen 38 und 77 mg/kg auf.

Gesundheitsschäden durch DDT treten bei Meeressäugern und Seevögeln auf. Trotz jeweils nur geringer, mit der Nahrung aufgenommener Mengen kommt es zu einer großen Anreicherung in den Körpern der Tiere, besonders im Fettgewebe. Bei Vögeln (weißen Pekingenten) konnte experimentell nachgewiesen werden, daß die Dicke der Eischalen nach DDT-Aufnahme vermindert wird. Als Folge einer 10tägigen Fütterung mit DDT-haltigem Futter (insgesamt 0,5 g DDT/Tier) ging die Schalendicke von 0,5 auf 0,4 mm zurück. Leicht zerbrechende, dünnschalige Eier als Folge von DDT-Einwirkung führten beim Braunen Pelikan (*Pelecanus occidentalis*) in der Bucht von Kalifornien zu einem erheblichen Bestandsrückgang; hier waren DDT-Rückstände einer Fabrik von 1953 bis 1970 eingeleitet worden. Danach ist die DDT-Einleitung eingestellt worden, und eine allmähliche Erholung der Pelikanbestände erfolgte. Auf einer Insel in South Carolina enthielten Pelikaneier 1971/72 bis zu 8,5 mg DDT/kg, im Mittel 5 mg PCB/kg und 0,3 mg Dieldrin/kg Frischgewicht. Nur in Nestern, deren Eier < 2,5 mg DDT/kg und < 0,54 mg Dieldrin/kg enthielten, kam es zu einer erfolgreichen Aufzucht von Jungvögeln.

In Südostschweden verringerte sich eine Population der Kegelrobbe (*Halichoerus grypus*) von etwa 20 000 Tieren im Jahre 1940 auf jetzt wenige Tausend, die, wie alle Robben der Ostsee, hohe DDT- und PCB-Gehalte aufweisen. Bei untersuchten Ringelrobben (*Phoca hispida*) aus dem Bottnischen Meerbusen konnte beobachtet werden, daß nur 27 % der fortpflanzungsfähigen Weibchen trächtig waren; sie wiesen 88 mg DDT/kg

Fett und 73 mg PCB/kg Fett gegenüber 130 mg DDT/kg Fett und 110 mg PCB/kg Fett bei nicht trächtigen Tieren auf. Es ist nicht bekannt, ob die DDT- oder die PCB-Gehalte in erster Linie für die verminderte Fruchtbarkeit verantwortlich sind. (Bei dem Marder *Mustela vision* ist nicht das DDT, sondern sind die PCB für den Rückgang der Trächtigkeitsrate die Ursache.)

Auch die Vermehrung von Fischen kann beeinträchtigt werden. DDT und PCB erreichen in den Ovarien und in der Leber der Flunder (*Platichthys flesus*) aus der westlichen Ostsee Konzentrationen von 0,005 bis 0,317 und 0,005 bis 0,73 mg/kg Frischgewicht. Gesunde Larven entwickeln sich nur aus Eiern von Weibchen mit Gehalten unter 0,12 mg/kg. Durch PCB verursachte Fortpflanzungsschäden sind weiterhin vom Hering bekannt.

Extrem hohe Anreicherungen von chlorierten Kohlenwasserstoffen kommen bei Seevögeln vor. So können bei der Eismöwe (*Larus hyperboreus*) 67 mg DDT und 555 mg PCB, bei der Mantelmöwe (*Larus marinus*) sogar 80 mg DDT und 1250 mg PCB je kg Fett erreicht werden. Robben und Pinguine der Antarktis weisen um 0,05 mg DDT/kg auf.

Neben DDT finden weitere chlorierte Kohlenwasserstoffe besonders in der Landwirtschaft als Insektizide, Fungizide und Herbizide Verwendung, auf die hier nicht weiter eingegangen werden soll. Die Weltproduktion an Pestiziden dürfte 1970 200 000 bis 300 000 t betragen haben. Es besteht kein Zweifel daran, daß die gegenwärtige Höhe der landwirtschaftlichen Produktion ohne solche Mittel nicht aufrechterhalten werden kann. Erstrebenswert sind eine möglichst sparsame Anwendung der Pestizide, die Entwicklung kurzlebiger Mittel, die zu ungefährlichen Substanzen abbaubar sind, und die Einführung biologischer Schädlingsbekämpfungsmaßnahmen.

Grundsätzlich gilt, daß vom Menschen synthetisierte Substanzen, die natürlicherweise nicht auftreten, von Mikroorganismen nicht oder nur schlecht abgebaut werden, weil ihnen das entsprechende Enzymbesteck fehlt. Solche Substanzen sind zum Beispiel die halogenierten Aromaten. Neuerdings ist es gelungen, durch Genmanipulation Bakterien zu bekommen, die auch solche problematischen Stoffe abbauen. Ihr Einsatz dürfte künftig besonders bei der Reinigung von Industrieabwässern sinnvoll sein und größere Bedeutung erlangen. Dagegen erscheint es aussichtslos, mit Hilfe von Bakterien Substanzen aus der Biosphäre zu entfernen, die hier nur in sehr geringen Konzentrationen (unter 1 mg/l) auftreten, weil den entsprechenden Organismen dann zu wenig Substrat zur Verfügung stände. Sogar Glukose wird nicht mehr abgebaut, wenn sie in stark verdünnter Form vorliegt. Dementsprechend lassen sich Stoffe wie "Agent orange", polychlorierte Biphenyle und chlorierte Dioxine mikrobiell aus der Umwelt nicht entfernen, da sie oft nur Konzentrationen von weniger als 10^{-3} mg/l erreichen.

6.8.5 Kunststoffe

Hauptsächlich wegen ihrer Langlebigkeit stellen auch Kunststoffe eine Belastung des marinen Lebensraumes dar. Dies trifft sowohl für Rohmaterial als auch für Fertigprodukte zu. Vor den Küsten von Industrieländern (z.B. England) hat man im flachen Wasser bis zu 20 000 Plastikteile je m^2 gezählt. Stellenweise kommt es sogar zur Ausbildung eines regelrechten Plastiksandes, wie in Neuseeland und in Kolumbien, der sich überwiegend aus Granulat zur Herstellung von Kunststoffartikeln zusammensetzt. Dieses Granulat ist besonders in Hafennähe zu finden, wo es bei Verladearbeiten in das Meer gelangt, oder in der Nähe von Flußmündungen, wenn das Rohmaterial infolge fehlender Filter über Fabrikabwässer in die Umwelt gelangt.

6.8 Meeresverschmutzung

Für eine Reihe von Organismen stellen die Kunststoffe eine Erweiterung ihres Lebensraumes, für andere, insbesondere größere, eine tödliche Bedrohung dar. Nach Schätzungen gelangen allein durch die Schiffahrt jährlich 25 000 t Plastikteile durch Überbordwerfen ins Meer, hinzu kommen Netzmaterialien und anderes Fanggerät aus Kunststoffen, deren Menge für das Jahr 1975 mit $0,135 \times 10^6$ t angenommen wird. Die Zunahme der Plastikteile im Meer erfolgt wesentlich rascher als ihr Abbau.

Bei 15 % der etwa 280 Meeresvogelarten hat man Plastikteile im Verdauungstrakt gefunden. Die nordpazifischen Rotschnabelalken fressen Teile, die in Form und Farbe kleinen Krebsen ähnlich sehen, von denen sie sich überwiegend ernähren. Meeresschildkröten verschlingen bevorzugt helle Plastikbeutel, die sie mit Quallen verwechseln. Dies gilt besonders für die Leder-, Karett-, Suppen- und Bastardschildkröten. Eine südafrikanische Lederschildkröte erstickte an einer 3,5 m × 2,7 m großen Plastikfolie. Durch Plastikverpackungen für Bananen, die ins Meer geraten waren, kam es zu einem Massensterben von Suppenschildkröten.

Als Folge ihrer Durchsichtigkeit stellen Netze aus Kunststoff schon bei normalem Einsatz eine erhebliche Bedrohung für Meeressäuger, Seevögel und Schildkröten dar. Allein in den Netzen der Lachsfischer kommen im Nordatlantik jährlich etwa 750 000 Seevögel um, besonders Dickschnabellumen, etwa 2 000 Meeresschildkröten sterben durch die Krabbenfischerei an den Südostküsten der USA, und ungefähr 50 000 Seebären ertrinken im Jahr durch Netze im Nordpazifik.

Die Aufnahme von Plastikmaterial bedeutet nicht in allen Fällen sofortigen Tod. Durch Magenfüllungen mit Plastik geht das Hungergefühl verloren, und es kommt zu einer Schwächung der betreffenden Tiere. Weiterhin kann Plastik zu Darmverschluß sowie zu inneren und äußeren Verletzungen (nicht selten mit anschließender Geschwürbildung) führen.

Die Belastung der Meere durch Kunststoffe könnte durch einen sorgfältigeren Umgang mit diesen (Filterung der Fabrikabwässer, geeignete Abfallbeseitigung) und durch die Verwendung von Stoffen, deren Lebensdauer der Verwendungsdauer der aus ihnen hergestellten Produkte entspricht, vermindert werden. In Alaska werden schon heute nur noch Plastikartikel eingesetzt, die eine selbstvernichtende Komponente enthalten.

6.8.6 Thermische Belastung

Industriebetriebe an den Meeresküsten leiten nicht selten Kühlwasser in das Meer ein, teilweise wird Seewasser direkt als Kühlwasser verwendet. Der Einsatz von Seewasser zu Kühlzwecken führt zu einem Absterben der in ihm enthaltenen Organismen und hierdurch u. U. zu einer gewissen Belastung des Meeres in der Nähe der Austrittsstelle.

Durch das Einleiten von Kühlwasser in das Meer kommt es lokal zu einer Temperaturerhöhung. Die Gefahr einer Schädigung mariner Organismen durch höhere Temperaturen mag aus mitteleuropäischer Sicht gering erscheinen, besonders, wenn dafür gesorgt ist, daß sich das austretende Wasser rasch verteilt. Eine leichte Temperaturerhöhung des Meerwassers kann sich dann lokal in dem Verschwinden einiger kälteliebender und dem Ansiedeln wärmeliebender Arten äußern.

Problematischer können sich Kühlwassereinleitungen in tropischen Gebieten und während der wärmeren Jahreszeit auch in subtropischen auswirken. Dies ist darauf zurückzuführen, daß sehr viele tropische Organismen empfindlich auf Temperaturschwankungen reagieren. Sogar Arten, die bis in die gemäßigte Zone hinein verbreitet sind, können in den Tropen durch stenotherme Rassen vertreten sein. Weiterhin liegt das Temperaturniveau tropischer Meere für viele Organismen bereits nahe der letalen Grenze. Tropische Algen der Gattungen *Batophora, Halimeda, Penicillus, Valonia* (Chlorophyceae) und *Laurencia* (Rhodophyceae) können schon durch Temperaturen ab 29° bis 32 °C geschädigt werden.

Es ist interessant, daß bei solchen Algen das Optimum der Photosynthese und die maximale Biomassebildung sehr nahe der Maximaltemperatur ihres Auftretens liegen kann. Nach Feldbeobachtungen von Thorhaug soll die Grünalge *Rhipocephalus phoenix* (Bild I:5:18) an der Küste von Florida zwischen 31° und 32°C höchste Biomassewerte erreichen und ab 32,1 °C nicht mehr auftreten.

Einleitung von warmem Kraftwerksabwasser in das Mittelmeer bei Marseille hat dort Absterben des Seegrases *Posidonia oceanica* und mehr oder weniger vollständiges Fehlen größerer, aufrechter Benthosalgen zur Folge. Begünstigt werden kleinere, rasenartig wachsende Algen mit raschem Generationswechsel. Der jahreszeitliche Aspekt der Algenvegetation ändert sich durch das Fehlen der größeren, meist ausdauernden Arten stärker als an unbeeinflußten Stellen.

6.8.7 Radioaktivität

Die Belastung des Meeres als Folge von Atomwaffenversuchen hat seit der Einführung unterirdischer Tests erheblich nachgelassen. Der sich ständig weiterentwickelnden Kerntechnik für friedliche Zwecke und dem zunehmenden Einsatz von radioaktiven Substanzen in Wissenschaft, Medizin und Technik entspricht einer steigenden Menge an radioaktiven Abfällen, deren Beseitigung auf Schwierigkeiten stößt. Für diese Abfälle wurde das Meer lange Zeit als geeigneter Endlagerplatz angesehen.

Das Versenken des Atommülls erfolgte vor 1972 völlig unkontrolliert. Es ist weitgehend unbekannt, wo und wieviel Atommüll auf diese Weise beseitigt worden ist. Ab Mitte der siebziger Jahre wurden allein in den Nordatlantischen Graben etwa 100 000 t Atommüll versenkt, der vorher in Beton eingegossen und dann in Stahlfässer verpackt worden war. Die Sicherheit dieser Art der Endlagerung ist überschätzt worden, und man glaubte, daß ein Eindringen radioaktiver Stoffe in die Nahrungskette unwahrscheinlich wäre. Es hat sich inzwischen gezeigt, daß die Haltbarkeit der Atommüllbehälter in größeren Tiefen kürzer ist als zunächst angenommen wurde. Außerdem ist hier mehr Leben vorhanden als früher vermutet worden ist. Aus den Fässern austretende Radioaktivität verteilt sich nicht gleichmäßig im Wasser, sondern sammelt sich zu mehr als 90 % im Sediment an. Eine Sedimentverlagerung durch Meeresströmungen und Bewegungen des Meeresbodens erscheint möglich (S. 19). In der Nähe von Lagerplätzen hat man bereits eine Zunahme der Radioaktivität von Fischen und Mollusken beobachtet.

Die Endlagerung des Atommülls im Meer gilt heute als gefährlicher als die an geeigneten Stellen auf dem Land. Die beste Lösung ist in einer möglichst weitgehenden Wiederaufarbeitung des radioaktiven Abfalls zu sehen. Von den westeuropäischen Staaten versenkten in den letzten Jahren nur noch Belgien, Großbritannien, die Niederlande und die Schweiz radioaktive Abfälle im Atlantischen Ozean. Die Radioaktivität der Nordsee wird zu 80 % durch die englische Wiederaufbereitungsanlage Sellafield verursacht.

Anhang

Die Bestimmungen der Internationalen Seerechtskonvention

Das Meer ist heute weithin kein „freies Meer" mehr. Da viele Staaten von der „klassischen" 3-Meilen-Zone abgegangen sind, drohte allmählich ein Chaos für weite Bereiche der marinen Gewässer. Nach mehreren gescheiterten Versuchen, eine Internationale Seerechtskonvention zu erreichen, ist 1982 in Jamaika nach über 9jährigen Verhandlungen eine Rechtsordnung zur Unterzeichnung aufgelegt worden, die wirksam werden soll, wenn sie von 60 Staaten ratifiziert worden ist. Es ist ein Vertragspaket von 320 Artikeln, 9 Anhängen und 5 Resolutionen. Das Kernstück ist eine Rechtsordnung für den künftigen Tiefseebergbau — der nicht vor 1988 beginnen soll —, aber auch die freie Forschung wird darin reglementiert. Man mag das bedauern, doch der der Tauchtechnik sich bedienende Biologe weiß zu gut, daß z. B. nicht alle unter Wasser Suchenden nur wissenschaftliche Interessen verfolgen.

Nachfolgend einige der wichtigsten Bestimmungen:

Binnenstaaten haben das Recht auf Zugang zum Meer.

Küstenstaaten können die Hoheitszone in ihren Küstengewässern auf 12 Seemeilen ausdehnen. In dieser Zone muß allen ausländischen Schiffen das Recht der „friedlichen Durchfahrt" erlaubt werden. Die Konvention erlaubt allen Ländern mit ihren Schiffen und Flugzeugen den freien „Transit" durch die Gewässer von Meerengen und ihren Luftraum, die aber keine Bedrohung der angrenzenden Staaten darstellen darf.

Die Wirtschaftszone von bis zu 200 Seemeilen Breite, in der den Küstenstaaten sämtliche Nutzungen zustehen, soll für die Schiffahrtsfreiheit zwar garantiert sein, aber der Küstenstaat hat in Umweltfragen und gewissen anderen Kontrollbereichen eine sehr weitreichende Regelungskompetenz. Hier wird sich wahrscheinlich staatliche Hoheitsgewalt gegenüber fremden Flaggen durchsetzen, und Konflikte scheinen vorprogrammiert.

Die Gruppe von 50 geographisch benachteiligten Staaten (zu der z. B. die beiden deutschen Staaten, die Schweiz, Österreich, Afghanistan gehören) sollen gewisse Sonderrechte an den von den Küstenstaaten nicht genutzten Fischreserven erhalten.

Freie Forschung: Wissenschaftliche Forschung innerhalb der 200-Meilen-Zone und im Bereich des Festlandssockels muß zu friedlichen Zwecken zugelassen werden, bedarf aber der Zustimmung des betroffenen Staates. Die Entwicklung und der Transfer von maritimer Technologie soll von allen Staaten gefördert werden.

Festlandssockel: Die Konvention anerkennt die souveränen Rechte von Küstenstaaten über das Kontinentalschelf zur Förderung von Erdöl und Erdgas, und zwar in einem Gebiet, das von der Küste 350 Meilen ins Meer hineinreicht. Der Rechtsstatus der Gewässer oder des Luftraumes über dieser Zone wird von dieser Regelung nicht berührt. Küstenstaaten sind verpflichtet, mit der Internationalen Gemeinschaft einen Teil ihrer Einkünfte zu teilen, die sie durch die Förderung von Öl oder anderen Rohstoffen jenseits ihrer 200-Meilen-Festlandssockel-Zone erzielen.

Meeresboden-Bergbau: Die auf dem Meeresboden liegenden Mangan-Knollen (s. S. 176) sind „das gemeinsame Erbe der Menschheit". Der Abbau dieser Knollen wird durch eine Meeresboden-Behörde geregelt und kontrolliert, die ihren Sitz in Jamaika hat.

Schlichtung: Zur friedlichen Schlichtung von Streitfällen soll ein Internationaler Seegerichtshof eingesetzt werden. Nach einem UNO-Beschluß ist Hamburg als Sitz dieser Instanz vorgesehen, sofern die Bundesrepublik der Konvention beitritt. Die streitenden Parteien können sich auch an den Internationalen Gerichtshof in Den Haag wenden.

Umweltschutz: Alle Staaten sind gehalten, die besten jeweils verfügbaren Mittel zur Verhütung und Kontrolle einer Verunreinigung der Meere einzusetzen. Sie müssen auch Maßnahmen zum Schutz des Lebens im Meer treffen.

Die absolute Dauer der Erdzeitalter

Nach Messungen der radioaktiven Zerfallsvorgänge (aus Thenius 1977, auszugsweise)

vor			
4,5 Milliarden Jahre	Entstehung der Erde		
2,5 Milliarden Jahre	Kryptozoikum	Archaikum	
		Proterozoikum	570 Mill.
570 000 000	Paläozoikum	Kambrium	500
		Ordovizium	440
		Silur	395
		Devon	345
		Karbon	280
225 000 000		Perm	225
	Mesozoikum	Trias	195
		Jura	136
67 000 000		Kreide	67
	Alt-Tertiär	Paläozän	55
		Eozän	37
		Oligozän	26
	Jung-Tertiär	Miozän	11
3 000 000		Pliozän	3
	Pleistozän	Villafranca	1
		Eiszeitalter	
	Holozän		10 300 Jahre vor der Gegenwart

Literatur

Admiraal, W., 1984: The ecology of estuarine sediment-inhabiting diatoms. Progr. Phycol. Res. 3, 269–322.
Baker, J. M., 1976: Marine ecology and oil pollution. Applied Science Publ.: Barking.
Barnes, R. S. K., 1974: Estuarine biology. Arnold: London.
Bascom, W., 1974: The disposal of waste in the ocean. Scient. American 231 (2).
Beebe, W., 1935: 923 Meter unter dem Meeresspiegel. Brockhaus: Leipzig.
Bilinski, H., S. Kozar, Z. Kwokal, M. Branica, 1977: Model adsorption studies of Pb(II), Cu(II), Zn(II), and Cd(II) on MnO_2 added to Adriatic sea water samples. Thalassia Jugosl. 13, 101–108.
Bird, C. J., M. A. Ragan (Hrsg.), 1984: 11th International Seaweed Symposium. Dr. W. Junk Publ.: Dordrecht.
Bohling, H., 1972: Gelöste Aminosäuren im Oberflächenwasser der Nordsee bei Helgoland: Konzentrationen im Sommer 1970. Marine Biol. 16, 281–289.
Boje, R., M. Tomczak (Hrsg.), 1978: Upwelling ecosystems. Springer: Berlin.
Boney, A. D., 1966: A biology of marine algae. Hutchinson Educational: London.
–, 1975: Phytoplankton. Arnold: London.
Branica, M., 1978: Distribution of ionic Cu, Pb, Cd, and Zn in the Adriatic Sea. Thalassia Jugosl. 14, 151–155.
Breck, W. G., 1978: Organisms as monitors in time and space of marine pollutants. Thalassia Jugosl. 14, 157–170.
Brewer, P. (Hrsg.), 1982: Oceanography: the present and the future. Springer: Berlin.
Carr, N. G., B. A. Whitton, 1982: The biology of cyanobacteria. Blackwell Sci. Publ.: Oxford.
Chapman, V. J., 1976: Mangrove vegetation. J. Cramer: Vaduz.
Chapman, V. J., D. J. Chapman, 1980: Seaweeds and their uses. Chapman and Hall: London.
Coker, R. E., 1966: Das Meer – der größte Lebensraum. Parey: Hamburg.
Colijn, F., 1982: Light absorption in the waters of the Ems-Dollard estuary and its consequences for the growth of phytoplankton and microphytobenthos. Neth. J. Sea Res. 15, 196–216.
Cox, E. R. (Hrsg.), 1980: Phytoflagellates. Elsevier/North-Holland: Amsterdam.
Cronin, L. E. (Hrsg.), 1975: Estuarine Research, Vol. 1. Chemistry, biology and the estuarine system. Academic Press: London.
Cushing, D. H., 1971: Upwelling and the production of fish. Adv. mar. Biol. 9, 255–334.
Cushing, D. H., J. J. Walsh, 1976: The ecology of the seas. Blackwell Sci. Publ.: Oxford.
Davies, A. G., 1983: The effects of heavy metals upon natural marine phytoplankton populations. Progr. Phycol. Res. 2, 113–145.
Davis, C. C., 1955: The marine and fresh-water plankton. Michigan State Univ. Press.
Deacon, G. E. R. (Hrsg.), 1970: Die Meere der Welt. Scherz: Bern.
Defant, A., 1973: Ebbe und Flut des Meeres, der Atmosphäre und der Erdfeste. Springer: Heidelberg.
Dietrich, G., K. Kalle, 1957: Allgemeine Meereskunde. Bornträger: Berlin.
Dietrich, G., 1966: Physikalische und chemische Daten nach Beobachtungen des Forschungsschiffes „Meteor" im Indischen Ozean. „Meteor" Forschungsergebnisse Reihe A, (2). Bornträger: Berlin-Nikolassee.
Dietrich, G., J. Ulrich, 1968: Atlas zur Ozeanographie. Meyers Gr. Phys. Weltatlas 7, 1–75, Mannheim.
Dietrich, G., K. Kalle, W. Kraus, G. Siedler, 1975: Allgemeine Meereskunde, Bornträger: Berlin.
Dodge, R. E., R. C. Aller, J. Thomson, 1974: Coral growth related to resuspension of bottom sediments. Nature 247, 574–577.
Duursma, E. K., 1965: in Kinne, 1970. Marine Ecology I, 1.
Dyke, P. P. G., A. O. Moscardini, E. H. Robson, 1985: Offshore and coastal modelling. Springer: Berlin, Heidelberg usw.

Earle, M. D., A. Malahoff, 1979: Ocean wave climate. Earth Sci./Natural Res. Vol. 8.
Edmondson, W. T., G. G. Winberg, 1971: A manual on methods for the assessment of secondary productivity in fresh waters. IBP Handbook No. 17. Blackwell Scientific Publications: Oxford.
Edmont, J. M., K. von Damm, 1983: Heiße Quellen am Grund der Ozeane. Spektrum der Wissenschaft, Heidelberg.
Eibel-Eibesfeldt, I., 1964: Im Reich der tausend Atolle. Piper: München.
Falkowski, P. G. (Hrsg.), 1980: Primary productivity in the sea. Plenum: New York.
FAO, 1972: Atlas of the living recources of the seas. FAO, Dept. Fish.: Rom.
—, 1983: Examen de la situación de los recursos pesqueros mundiales. Circ. de pesca No. 710, Rom.
Faubel, A., 1977: The distribution of Acoela and Macrostomida (Turbellaria) in the littoral of the North Frisian Islands Sylt, Römö, Jordsand and Amrum (North Sea). Senckenb. Marit. 9, 59—75.
Ferguson, W. E. J., R. E. Johannes, 1975: Tropical marine pollution. Elsevier: Amsterdam.
Flügel, E. (Hrsg.), 1977: Fossil algae. Recent results and developments. Springer: Berlin.
Förstner, U., G. T. W. Wittmann, 1983: Metal pollution in the aquatic environment. Springer: Berlin.
Fox, C. J. J., 1907: On the coefficients of absorption of the atmospheric gases in destilled water and sea water. Cons. Int. Publ. Circonst. 41/44.
Friedrich, H., 1965: Meeresbiologie. Bornträger. Berlin.
Fujiya, M., 1970: Oyster farming in Japan. Helgoländer wiss. Meeresunters. 20, 464—479.
Georgescu, I. I., N. Demian, E. Butuceanu, 1977: On the radioactivity of water and sediments collected from the delta of the Danube river and the Rumanian shore of the Black Sea. Thalassia Jugosl. 13, 173—178.
Gerlach, S. A., 1958: Die Mangroverregion tropischer Küsten als Lebensraum. Z. Morph. Ökol. Tiere 46, 636—730.
—, 1976: Meeresverschmutzung. Springer: Berlin.
—, 1981: Marine pollution. Springer: Berlin.
—, 1981: Verschmutzung der Helgoländer Bucht. Naturw. Rdsch. 34, 276—283.
Gessner, F., 1957: Meer und Strand. Deutscher Verlag der Wissenschaften: Berlin.
Geyer, R. A. (Hrsg.), 1983: CRC Handbook of geophysical exploration at sea. CRC Press: Boca Raton, Fla.
Gierloff-Emden, H. G., 1980: Geographie des Meeres. Ozeane und Küsten. 2. Bd. De Gruyter: Berlin.
Goerlich, F., 1980: Alfred Wegener, die Geowissenschaften und Senckenberg. Natur und Museum 110, 325—331.
Goreau, T. F., 1961: Problems of growth and calcium deposition in reef corals. Endeavour 20, 32—39.
Grashoff, K., 1976: Methods of seawater analysis. Verlag Chemie: Weinheim.
Gray, J. S., 1984: Ökologie mariner Sedimente. Eine Einführung. Springer: Berlin.
Hansen, J. E., J. E. Packard, W. T. Doyle, 1981: Mariculture of red seaweeds. California Sea Grant Coll. Progr. Publ. 002: La Jolla.
Haq, B. U., A. Boersma (Hrsg.), 1978: Introduction to marine micropaleontology. Elsevier/North-Holland: Amsterdam.
Hartog, den, C., 1968: The littoral environment of rocky shores as fresh water. Blumea 16, 374—393.
Harvey, H. W., 1960: The chemistry and fertility of sea waters. Cambridge Univ. Press.
Heezen et al., 1975: in: Dietrich et al. 1975.
Hempel, G., A. H. Meyl, 1979: Deutsche Forschungsgemeinschaft. Senatskommission für Ozeanographie. Meeresforschung in den achtziger Jahren. Bold: Boppard.
Holm, E., S. Ballestra, 1978: Preliminary measurement of Pu and Am in western Mediterranean surface waters. Thalassia Jugosl. 14, 189—191.
Hopley, D., 1982: The geomorphology of the Great Barrier Reef. John Wiley & Sons: Chichester.
Hoppe, H. A., 1966: Nahrungsmittel aus Meeresalgen. Botanica Marina 9.
Hoppe, H. A., T. Levring, Y. Tanaka (Hrsg.), 1979: Marine algae in pharmaceutical science. De Gruyter: Berlin.
Ichikawa, T., S. Nishizaea, 1975. Particulate organic carbon and nitrogen in the eastern Pacific Ocean. Marine Biol. 29, 129—138.
Imai, T. (Hrsg.), 1980: Aquaculture in shallow seas: progress in shallow sea culture. Balkema: Rotterdam.

Ingham, M. C., S. K. Cook, K. A. Hausknecht, 1977: Oxycline characteristics and skipjack tuna distribution in the south-eastern tropical Atlanctic. US Natl. Mar. Fish. Serv. Fish. Bull. **75**, 857–866.
Ingolfsson, A., 1977: Distribution and habitat preferences of some intertidal amphipods in Iceland. Acta Nat. Isl. **25**, 1–28.
Jensen, A., J. R. Stein (Hrsg.), 1979: Proceedings of the Ninth International Seaweed Symposium. Science Press: Princeton.
Jerlov, N. G., 1968: Optical oceanography. Oceanogr. mar. Biol. A. Rev. I. 89–114.
Johnston, R. (Hrsg.), 1976: Marine pollution. Academic Press: London.
Jokiel, P. L., S. L. Coles, 1977: Effects of temperature on the mortality and growth of Hawaiian reef corals. Marine Biol. **43**, 3.
Keegan, B. B., P. Oedich, P. J. S. Boaden, 1976: Biology of benthic organisms. Pergamon Press: Oxford.
Kensler, C. B., 1967: Desiccation resistance of intertidal crevic species as a factor in their zonation. J. Animal Ecol. **36**, 391–406.
Kilian, E. F., R. Strauss, 1981: Tierische Makrobenthos-Gesellschaften im Eu- und oberen Sublitoral von Kephallinia. Bibl. Phycol. **51**, 153–177. J. Cramer: Vaduz.
Kinne, O. (Hrsg.), 1970–82: Marine ecology. 5 Bd. Wiley & Sons: London.
Kremer, B. P., 1978: Giftalgen und Algengifte. Biologie i. uns. Zeit **8**, 97–101.
Kremer, J., 1977: A coastal marine ecosystem. Springer: Berlin.
Kullenberg, G. E. B. (Hrsg.), 1982: Pollutant transfer and transport in the sea, I, II. CRC Press: Boca Raton, Fla.
Lam, D. C. L., C. R. Murthy, R. B. Simpson, 1983: Effluent transport and diffusion models for the coastal zone. Springer: Berlin.
Lenz, J., 1981: Produktionsbiologische Bedeutung von Auftriebsvorgängen im Meer. Naturw. Rdsch. **34**, 405–413.
Levring, T. (Hrsg.), 1981: Xth International Seaweed Symposium. Proceedings. De Gruyter: Berlin.
Lewis, J. R., 1964: The ecology of rocky shores. Hodder & Stoughton: London.
Lin, P., 1985: Mangrove vegetation. Springer: Berlin.
Livingston, R. J., 1979: Ecological processes in coastal and marine systems. Earth Sci./Natural Res. Vol. 10.
Lobban, C. S., M. J. Wynne (Hrsg.), 1981: The biology of seaweeds. Blackwell Sci. Publ.: Oxford.
Loose, G., 1966: Die Bedeutung mariner Algen für die Welternährung. Botanica Marina **9**, Suppl.
Longhurst, A. R. (Hrsg.), 1978: Analysis of marine ecosystems. Academic Press: London.
Lübbert, H., E. Ehrenbaum (Hrsg.), 1929–1951: Handbuch der Seefischerei Nordeuropas. Fischer: Stuttgart.
Lüning, K., 1985: Meeresbotanik. Verbreitung, Ökophysiologie und Nutzung der marinen Makroalgen. Georg Thieme: Stuttgart.
Lvovitch, M. J., 1971: World water balance. In: Sympos. on world water balance. UNESCO – IASH. Publ. 93, Paris.
Maack, R., 1966: Kontinentaldrift und Geologie des Südatlantischen Ozeans. De Gruyter: Berlin.
MacDonald, A. G., 1976: Physiological aspects of deep sea biology. Cambridge Univ. Press.
Magaad, L., G. Rheinheimer (Hrsg.), 1974: Meereskunde der Ostsee. Springer: Berlin.
Marshall, N. B., 1957: Tiefseebiologie. Fischer: Jena.
–, 1979: Developments in deep-sea biology. Blandford Press: Dorset.
May, R. M. (Hrsg.), 1984: Exploitation of marine communities. Springer: Berlin.
McLusky, D. S., 1981: The estuarine ecosystem. Glasgow, London.
McVey, J. P. (Hrsg.), 1983: Crustacean aquaculture. CRC Handbook of Mariculture, I. CRC Press: Boca Raton, Fla.
Meinke, J., 1980: Aspekte der Meeresforschung 2. Schichtung und Zirkulation des Meeres. Intern. Rundfunk-Universität NDR-Kiel.
Miller, R. C., 1969: Das Meer. Droemer, Knauer:
Mshigeni, K. E., 1983: Algal resources, exploitation and use in East Africa. Progr. Phycol. Res. **2**, 387–419.
Nairn, A. E. M., M. Churkin, F. C. Stehli, 1980: The ocean basins and margins. The Arctic Ocean. Earth Sci./Natural Res. Vol. 5.

Naylor, E., G. Hartnoll (Hrsg.): Cyclic phenomena in marine plants and animals. Pergamon Press: Oxford.
Nelson-Smith, A., 1972: Oil pollution and marine ecology. Elek Science: London.
Newell, R. C., 1979: Biology of intertidal animals. Marine Ecol. Surveys: Kent.
Nicotry, M. E., 1977: Grazing effects of four marine intertidal herbivores on the microflora. Ecology **58**, 1020−1032.
Moelle, H. (Hrsg.), 1981: Nahrung aus dem Meer. Springer: Berlin.
Norton, T. A., A. C. Mathieson, 1983: The biology of unattached seaweeds. Progr. Phycol. Res. **2**, 333−386.
Odum, E. P., 1980: Grundlagen der Ökologie, 2 Bde. Thieme: Stuttgart.
Ottow, C. G., 1983: Ökologische Folgen der Manganknollengewinnung in der Tiefsee. Naturw. Rundsch. **36**, 48−56.
Palmer, J. D., 1973: Tidal rhythm: the clock control of the rhythmic physiology of marine organisms. Biol. Rev. **48**, 377−418.
Parker, R. H., 1975: The study of benthic communities. Elsevier: Amsterdam.
Parsons, T. R., M. Takahashi, B. Hargrave, 1977: Biological processes. 2nd ed. Pergamon Press: New York.
Pax, F. (Hrsg.), 1962: Meeresprodukte: Ein Handwörterbuch der marinen Rohstoffe. Bornträger: Berlin-Nikolassee.
Pérès, J. M., 1961: Océanographie biologique et biologie marine. I. La vie benthique. Presses Universitaries de France: Paris.
Pérès, J. M., J. Picard, 1964: Nouveau manuel de bionomie benthique de la Mer Méditerranée. Trav. Stat. Mar. Endoume, Bull. **31** (4).
Perkins, E. J., 1974: The biology of estuaries and coastal waters. Academic Press: London.
Phillips, D. J. H., 1977: The common mussel Mytilus edulis as an indicator of trace metals in Scandinavian waters. I. Zinc and cadmium. Marine Biol. **43**, 4.
Phillips, R. C., C. P. McRoy (Hrsg.), 1979: Handbook of seagrass biology. An ecosystem perspective. Garland STPM Press: New York.
Postma, H., 1964: The exchange of oxygen and carbon dioxide between the ocean and the atmosphere. J. Sea Res. **2**, 258−283.
Price, L. C., M. A. Rogers, 1974: Natural marine oil seepage. Science **184**, 857−865.
Reineck, H. E.: Das Watt. Ablagerungs- und Lebensraum. Senckenberg: Frankfurt/M.
Reish, D. J., 1970: Biology of the oceans. Prentice/Hall: Hemel, Hempstead.
Remane, A., C. Schlieper, 1971: Biology of brackisch water. Fischer: Stuttgart.
Revelle, R., 1944: Marine bottom samples collected in the pacific Ocean by the „Carnegie" on its seventh cruise. Carnegie Instn. pub. 556, I: Washington.
Riedl, R., 1963: Probleme und Methoden der Erforschung des litoralen Benthos. Zool. Anz. **26** (Suppl.), 505−567.
−, 1966: Biologie der Meereshöhlen. Parey: Hamburg.
−, 1969: Marinbiologische Aspekte der Wasserbewegung. Marine Biology **4**, 62−78.
Ross, D. D., 1980: Opportunities and uses of the ocean. Springer: Berlin.
Rothschild, B. J. (Hrsg.), 1983: Global Fisheries. Perspectives for the 1980s. Springer: Berlin, New York.
Russel, E. S., 1942: The overfishing problem. Cambridge University Press: Cambridge.
Russel, F. S., 1965: Advances in marine biology. Academic Press: London.
Salomons, W., U. Förstner, 1984: Metals in the hydrocycle. Springer: Berlin.
Schenk, G., 1954: Das Buch der Gifte. Safari-Verlag: Berlin.
Schilling, H., 1949: Ebbe und Flut. Volk und Wissen Verlag: Leipzig.
Schmid, O. J., 1966: Für die menschliche Ernährung wichtige Inhaltsstoffe mariner Algen. Botanica Marina **9**, Suppl.
Schmidt, H. E., 1973: The vertical distribution and migration of some zooplankton in the Bay of Eilat (Red Sea). Helgoländer wiss. Meeresunters. **24**, 333−340.
Scrutton, R. A., M. Talwani (Hrsg.), 1982: The Ocean Floor: Bruce Heezen Memorial Volume.
Severn, R. T., D. Dineley, L. E. Hawker (Hrsg.), 1979: Tidal power and estuary management. Scientechnica: Bristol.

Shepard, F. P., 1968: Coastal classification. In: Encycl. geomorph.: New York.
Slowey, J. F., L. M. Jeffrey, D. W. Hood, 1962: The fattyacid content of ocean water. Geochim. cosmochim. Acta **26**, 607–616.
Sorem, R. K., R. H. Fewkes, 1979: Manganese nodules. Research data and methods of investigation. Plenum: New York.
Steele, J. H., 1973: Marine food chains. Koeltz: Königstein (Reprint).
Steidinger, K. A. (Hrsg.), 1984: Marine plankton life cycle strategies. CRC Press: Boca Raton, Fla.
Stephanson, T. A., A. Stephanson, 1972: Life between tidemarks on rocky shores. Freemann: San Francisco.
Stoddart, D. R., R. E. Johannes, 1978: Coral Reefs: research methods. UNESCO: Paris.
Stowe, K., 1979: Ocean Science. John Wiley & Sons: Chichester.
Streit, B., 1980: Ökologie. Ein kurzes Lehrbuch. Thieme: Stuttgart.
Strickland, J. D. H., T. W. Parsons, 1968: A practical handbook of seawater analysis. Bull. Fish. Res. Bd. Can. **167**: 1–311.
Sündermann, J., W. Lenz (Hrsg.), 1983: North Sea dynamics. Springer: Berlin.
Sverdrup, H. U., M. W. Johnson, R. H. Fleming, 1942: The oceans. Prentice-Hall: Englewood Cliffs, N. J.
Tait, R. V., 1971: Meeresökologie. Thieme: Stuttgart.
Tayler, D. L., H. H. Seliger (Hrsg.), 1978: Toxic dinoflagellate blooms. Elsevier/North-Holland: Amsterdam.
Theede, H., 1967: Probleme der Frostresistenz bei Meerestieren. Naturwiss. Rdsch. **20**, 468–475.
Thenius, E., 1977: Meere und Länder im Wechsel der Zeiten. Springer: Berlin.
Thiel, H., H. Weber, L. Karbe, 1985: Abschätzung der Umweltrisiken durch Abbau von Erzschlämmen aus dem Atlantis-II-Tief im Roten Meer. Natur und Museum, **115**, 98–100.
Thorhaug, A., 1976: Tropical macroalgae as pollution indicator organisms. Micrones. **12**, 46–65.
Thorson, G., 1972: Erforschung des Meeres. Kindler: München.
Tiffany, W. J., 1978: Mass mortality of *Luidia senegalensis* on Captiva Island, Florida, with a note on its occurence in Florida, USA, Gulf coastal waters. Fla. Sci. **41**, 63–64.
Trzosińska, A., 1977: Factors controlling the nutrient balance in the Baltic Sea. Thalassia Jugosl. **13**, 301–312.
Ulrich, J., 1980: Meeresräume als Strukturform der Erdkruste, in Aspekte der Meeresforschung (5/80). Internat. Rundfunkuniversität: NDR-Kiel.
UNESCO, 1973: A guide to the measurement of marine primary production under some special conditions. UNESCO Monogr. Oceanogr. Methodology **3**.
Venkataraman, G. S., 1969: The cultivation of the algae. ICAR: New Delhi.
Vernberg, F. J. et al. (Hrsg.), 1977: Physiological response of marine biota to pollutants. Academic Press: New York.
Vernberg, F. J., W. B. Vernberg, 1964: Pollution and physiology of marine organisms. Academic Press: New York.
Victor, H. (Hrsg.), 1973: Meerestechnologie. Thiemig: München.
Voipio, A., 1981: The Baltic Sea. Elsevier: Amsterdam.
Wegener, A., 1929: Die Entstehung der Kontinente und Ozeane. 4. Aufl. Vieweg und Sohn: Braunschweig.
Wegner, G., 1973: Geostrophische Oberflächenströmungen im nördlichen atlantischen Ozean im Internationalen Geophysikalischen Jahr 1957/58. Ber. Dt. Wiss. Komm. Meeresforsch. **22**, 411–426.
Wilson, D. P., 1968: Long-term effects of low concentrations of an oil-spill remover (detergent): studies with the larvae of *Sabellaria spinulosa*. J. Mar. Biol. Ass. U. K. **48**, 177–186.
Wimpenny, R. S., 1966: The plankton of the sea. Faber and Faber: London.
Winberg, G. G., 1971: Methods for the estimation of production of aquatic animals. Academic Press: New York.
Wüst, G., 1964: The major deep-sea expeditions and research vessels 1873–1960, Progr. Oceanogr. **2**, 3–52.
Yashnov, V. E., 1940: in Kinne, O.: Marine Ecology IV, 1978.
Zeitzschel, B. (Hrsg.), 1973: The biology of the Indian Ocean. Springer: Berlin.

Verzeichnis der wissenschaftlichen Namen

Halbfette Ziffern beziehen sich auf Bildnummern

Abraliopsis **72 : 1**
Abudefduf **67 : 1, 7, 8, 12**
Acanthaster 113
Acanthuridae 114
Acanthurus **67 : 2, 15, 16, 42**
Acartia 100 f.
Acropora Foto 5, **65**, 109
Actinia 76, 100
Actinaria 132 f.
Aegialitis 102
Aegiceras 102
Ahnfeltia 99, 164
Alaria 43, **49, 53**, 82, 160, **162, 164**
Alcmaria 101
Alderia 101
Amblyops 133
Ammodytes 100
Ampharete 95
Amphipoda 101, 132 f.
Amphiprion **67 : 10**
Anabaena 99
Anarrhinchas 196
Ancylus 96
Anguilla 175
Ankistrodesmus 203
Annelida 95, 101, 200
Anopheles 209
Anthias **67 : 38**
Antipatharia 133
Aplacophora 133
Apogon **67 : 51**
Arenicola 95
Argyropelecus **77 : 1**
Arothron **67 : 43**
Artemia 174
Asbestopluma 131, 133
Ascidiacea 133
Ascophyllum 43, **47, 50**, 99, 160, **163** f., 191, 200
Astarte 101
Asterioidea 133
Atherina **67 : 37**
Avicennia 102

Bacillariophyceae 17, 94, 96, 99, 123, 128, 162
Bacillus 206
Bacterium 206
Balaenoptera 157
Balanus **48**, 79 f., **82**, 95
Balistapus **67 : 33**

Bangia 43
Bassogigas 123, 132 f.
Bathycrinus 133
Bathycuma 133
Bathymicrops 132
Bathypathes 133
Bathyporeia **99**, 95, 101
Bathophora 211
Bembidion 95
Benthosaurus **80**, 132
Birgus 90
Bivalvia 101, 124, 132 f., 137, 144, 203
Bledius 95
Blenniidae **67 : 5**, 91
Blidingia 80
Bosmina 100 f.
Bostrychia 105
Bothus **67 : 6**
Botryllus 76
Brachyura 132
Bruguiera 102
Bryopsis 99
Bryozoa 95, 101, 109, 132 f., 197
Bugula 133

Caesio **67 : 45**
Calanus 146
Callorhinus 197
Callyodon **67 : 35**
Caloglossa 105
Campylodiscus 96
Caranx **67 : 47**
Carcharhinus **67 : 54, 55**
Carcinus 95
Cardium 95
Careproctus 132
Caretta 159
Catenella 105
Caulerpa 160, 168
Cenocirnus 79
Centronotus 100
Cephalopholis **67 : 40**
Ceramium 53
Ceratias 131
Ceratium 99
Cerastoderma **101**
Chaetoceros 99
Chaetoderma 133
Chaetodon **67 : 34**
Chaetomorpha 76
Chelone 159

Chanos 174 f.
Chromis **67** : **29**
Chirostomia **72** : **5**
Chiasmodon **72** : **4**
Chlorophyceae 99, 108, 160
Chondrus **47, 50**, 90, 160, 163
Choromytilus 169
Chthamalus **48, 53**, 76, 79 f., 82, 86
Chystosoma **72** : **7**
Cirripedia 133
Cladophora 99, 164, 192, 195
Clitellio 95
Clupea **85**, 100, 141, 144 ff., 152 ff., 175, 196, 201
Coccolithophora 17
Codium 99, 164
Coelenterata 95, 101
Coenobita 90
Colpophyllia Foto 4
Concholepas 79, 144
Congeria 101
Conus 113
Corallina **47, 48, 53**, 90, 99
Corallinaceae 79, 90, 108, 113, 117 f., 165
Coralliophila 113
Cordylophora 95, 101
Corophium **57**, 95
Cottidae 100
Crangon 95
Crassostrea 171 f., 197, 204, 206
Crinoidea **79**, 132
Cumacea 133
Crustacea 95
Cyanophyceae (= Cyanobacteria) 90, 94, 99, 104, 111, 113, 117 f.
Cyathura 95, 101
Cystoseira 90, 160, 191

Dascyllus **67** : **17**
Decapoda 101, 132 f.
Delesseria 99
Derbesia 99
Dermochelys 159
Dictyopteris 90
Diadema 112 ff.
Diadumene 95
Diaphus **73** : **3**
Dinophyceae 99, 105
Ditylum 196
Dunaliella 165
Durvillaea 160

Echinoidea 133
Echiurida 133
Ecklonia **90** : **1**, 162, 164
Ecsenius **67** : **13**
Eisenia 162
Elasipoda 124
Elminius 95
Engraulis 148 f., 151
Enteromorpha 43, 80, 90, 99, 160, 162, 192, 195

Epinephelus **67** : **56**
Eretmochelys 159
Escherichia **100**, 191, 193
Eschrichtius 157
Eteone 95
Eucheuma **90**: **7, 8**, 160, 163, 165 f.
Eustomias 73
Eurydice 95
Eurypharynx **72**: **2**
Eurytemora 100 f.
Exuviella 203

Farrea 132
Forcipiger **67**: **31**
Foraminifera 17, 133
Fucaceae 79, 81
Fucus **43, 46—50, 53**, 90, 99, 160, 162 ff., 166, 191, 203
Fungia 109
Furcellaria **50**, 163

Gadus 100, 196
Galatheanthemum 133
Galaxaura 108
Gammarus 95, 100 f.
Gastropoda 133
Gelidium **90**: **6**, 164, 192
Gibbula **47** f., 79
Gigartina **48**, 160, 163
Globigerina 17 f.
Gobiidae **67**: **4**, 100
Gomphosus **67**: **26**
Gorgonaria 110
Gracilaria **90**: **9—12**, 90, 160, 163 f., 168
Grateloupia 160
Gymnodinium 105
Gyrodinium 203

Halichoerus 209
Halidrys **47**, 164
Halimeda 108, 117, 211
Haliotis 173
Halisiphonia 133
Halobates 90
Halocentridae 114
Halopteris 192
Harmothë 95
Hemiramphus **67**: **24**
Hemitaurichthys **67**: **30**
Heriochus **67**: **41**
Heptabrachia 133
Herpotanais 133
Heterocerus 95
Heteromastus 95
Heteronymphon 133
Hexacorallia 109
Hijikia 162
Himanthalia **47—49, 53**, 82, 163 f.
Himantura **67**: **58**
Hippoglossus 196
Hippospongia 159

Holocentrus **67: 18**
Holothurioida 133
Homarus 174
Hyale 95
Hydrobia 95, 101
Hydrophorus 95
Hydrozoa 133
Hymenaster 133
Hypnea **90: 13**, 163

Ichthyococcus 120
Idotea 95
Insecta 95
Isopoda 101, 132 f.
Istiblennius **67: 3**

Jaera 95

Keratella 99 f.

Labridae 114
Labroides **67: 27**
Laguncularia 102
Laminaria 43, 47–50, **90: 2, 91**, 99, 160, 162, 164, 166, 191
Laminariales 163
Laminariaceae 79
Lanice 95
Larus 210
Laurencia 47, 48, 160, 211
Leptocheirus 101
Leptoseris 105
Leptotintinnus 99
Lichina 46–49, 53
Ligia 91
Limnocalanus 101
Lineus 95
Lithophyllum 52, 86, 90
Lithothamnium 90
Littorina 46–49, 53, 76, 79, 81, 86, 95 f., 100
Loligo 201
Lomentaria 48
Lopha 171
Lophodelus **72: 6**
Lucioperca 100
Lutianus **67: 49**, 114
Lutianidae 114
Lymnaea 96

Macellicephaloides 133
Macoma 95, 101
Macrobrachium 174
Macrocystis 160, 162, 164, 191
Macrostylis 133
Madreporaria 109
Makaira 197
Manayunkia 95, 101
Manta **67: 25**
Marinogammarus 95
Meandrina Foto 6

Melanogrammus 196
Melanostigma 131
Melinna 95
Membranipora 95, 101
Melita 95
Mercenaria 204
Merluccius 149
Mesidothea **60: 1**, 101
Metridium 76
Microcystis 203
Millepora 109
Molusca 95, 205 f.
Monodonta 79
Monoraphis 132
Monostroma 99
Mugil **67: 14**, 175
Mulloidichthys **67: 9**
Muraenidae 114
Mustela 210
Mya 95 f., 169
Myoxocephalus **60: 2**, 101
Myriophyllum 100
Myriotrochus 133
Myripristis **67: 52**
Mysidacea 133
Mysis 100
Mytilidae 135
Mytilus 79, 82, 85, 95, 135, 144, 169 ff., 195, 197, 201, 203

Naso **67: 28, 44**
Nebrius **67: 57**
Nematoda 133
Nemertea 133
Nemertini 95
Neomysis 95
Nephrochloris 203
Nephrops 192
Nereis 95, 201, 204
Nereocystis 160, 164, 192
Niphargiodes 204
Noctiluca 206
Notamastus 95
Nucella 79
Nypa 95

Obelia 95
Octopus 144
Odomus **67: 36**
Orchestia 95
Ophiuroidea 133
Opisthognathus **67: 59**
Oscillatoria 117
Osmerus 100
Ostracion **67: 39**
Ostrea 171 f., 197

Palaemonetes 95, 101
Palmaria **43, 48**, 160
Paracentrotus **53**, 88
Parapagurus 133

Patella **47—48**, 76, 79, 201
Pecten 201
Pectenidae 173
Pelamis 105
Pelecanus 209
Pelmatohydra 101
Peloscolex 95
Pelvetia **43, 46, 47, 50**, 162, 191
Penaeus 173 f.
Penaeidae 173
Peniagone **78**
Penicillus 108, 211
Pennatularia 133
Perca 100
Perigonimus 101
Periophthalmus 104
Phaeophyceae 99, 160 ff., 203
Phascollon 133
Phaseolus 133
Phoca 157, 198, 209
Phormidium 113
Phragmatopoma 119
Phyllodoce 95
Phyllophora 162 f.
Phymatolithon 90, 163
Platichthys 210
Platymaia 132
Pleuronectidae 100, 196
Pleurophycus 160
Plesionika 132
Pocillopora 111 f.
Pogonophora 133, 135
Pollachius 196
Polychaeta 133
Polydora 101
Polyipnus **77: 2**
Polyneura 160
Polysiphonia 99
Pomacanthodes **67: 60**
Pomacentridae 114
Pomacentrus **67: 60**
Pomatoceros **50**
Pontoporeia 101
Porifera 133
Porphyra **43**, 46, 49, 53, **90: 4, 91**, 76, 80, 90, 160, 162, 166
Portlandia 96
Posidonia 212
Postelsia 160
Potamogeton 100
Potamopyrgus 101
Pourtalesia 133
Prasiola **43**, 76
Praunus 95
Priapulida 133
Priapulus 133
Prosobranchia 173
Protohydra 101
Protozoa 204
Pseudobacterium 206
Pseudomonas 206

Pterocladia **90: 5**, 164, 192, 195
Pterois **67: 50**
Pteropoda 17
Pterosiphonia 195
Pusa 101
Pycnodonta 171
Pycnogonida 133
Pygospio **99**, 95
Pygoplites **67: 32**
Pyroteuthis 120
Pyura 79

Radiolaria 17
Ranunculus 100
Retusa 95
Rhabdosargus **67: 53**
Rhipidogorgia 110
Rhinecanthus **67: 19**
Rhipocephalus 108, 212
Rhizophora Foto 2, Foto 3, **61**, 102, 171
Rhodomela 99
Rhodophyceae 54, 90, 99, 160 ff.
Rhodymenia **43, 48, 53**
Riftia **82**, 137
Rithropanopeus 101
Runula **67: 13**

Sabellaria 119
Sabellariidae 119
Saccorhiza 162
Saduria 101
Sagartia 95
Salmo 201
Sarcophycus 160
Sardina 149
Sardinops 149
Sargassum 162, 164, 191
Scaphopoda 133
Scaridae 114
Scomber 149, 196
Scorpaena **67: 48**
Scorpaenidae 114
Scrobicularia 95, 100
Scyphozoa 133
Sebastes 140, 196
Sepia 144
Sergestes **81**
Seriola 175
Serpulidae 119
Serranidae 114
Siphamia **67: 11**
Sipunculida 132 f.
Situla 133, 139
Skeletonema 207
Somniosus 197
Sonneratia 102
Sorosphaera 133
Sphaeroma 95, 101
Sphyraena **67: 22**
Sphyraenidae 114
Spongia 159

Sprottus 100
Stephanoscyphus 133
Sternoptyx **77**: 3
Streblospio 101
Strongylura **67**: 23
Subria 164
Symbiodinium 105
Symplectoteuthis 200 f.
Synchaeta 99
Syngnathidae 100

Tachypleus 104
Tanaidacea 133
Teredo **61**
Tetrastemma 95
Thais **48**, 79
Thalassiosira 99, 117
Thalassoma **67**: 21
Thunnus 197
Tintinnopsis 99
Trachurus 149
Tridacna 113
Trapezia 111
Tubifex 95
Tubularia 95
Tunicata 79
Turbellaria 133

Uca 104
Udotea 108
Ulothrix 94
Ulva 90, 160, 163 f., 192, 195
Umbellula 133
Umbellularia 132
Undaria **90**: 3, 162
Urospora 43

Valonia 211
Vaucheria 94
Veneridae 135
Vermetus 79
Verrucaria 43, 46—50, 53, 82
Vibrio 206
Vidorella 101
Vidalia 90
Vinciguerria **70**, 120
Vitjazema 133

Xanthophyceae 94
Xiphias 107
Xyarifania **67**: 62

Zanclus **67**: 46
Zanichellia 100
Zoarces 100
Zoarcidae 131

Verzeichnis der deutschen Namen

Aal 175, 209
Aalmutter 100
Affe 61
Ährenfisch **67: 37**
Ammenhai **67: 57**
Amphipode 101, 204
Anchoveta, Anchovis **86, 87**, 148 f., 151 f., 154
Annelide 101, 204
Anemonenfisch 114
Anglerfisch 131
Archebakterium 137
Ascidie 124
Assel 91
Auster **61**, 79, 144, 165, 171 f., 206
— Amerikanische 171
— Gemeine 171
— Mangrove- 171
— Pazifische 171
— Portugiesische 171
— Sydney rock 171

Barsch 100
Bakterien 27, 95, 117, 123, 128, 137, 203, 205 f.
Balanide 86
Barrakuda **67: 22**, 114
Bartenwal 158
Bartwurm 135
Bastardmakrele 149
Beilfisch **77**, 131
Blasentang 203
Blaualge 90, 94, 99, 104, 111, 113, 117 f.
Blauwal 157 f.
Bohrschwamm 111
Bonito 148
Braunalge 99, 160 ff., 203
Brydewal 157
Butterfisch 100

Cephalopode 144
Ceratinoide 132
Chilopode 91
Ciliat 99 f.
Cladocere 100 f.
Clownfisch **67: 10**
Coelenterat 101
Colibakterium **100**, 191, 193
Copepode 100 f., 147
Crustacee 100, 173, 204 f.

Decapode 101
Diatomee 17, 94, 96, 99, 123, 128, 162

Dinoflagellat 37, 105
Diplopode 91
Diptere 91
Doktorfisch 114
Dorsch 100, 147, 153
Drückerfisch **67: 33, 36**

Eintagsfliege 100
Einsiedlerkrebs 91
Engelfisch **67: 30**

Fächerkoralle 110
Feldwebelfisch **67: 1, 7 f., 12**
Feuerkoralle 109
Finnwal 157 f.
Flechte **43, 46 f.**, 82
Flohkrebs 99, 101
Flunder 210
Foraminifere 99, 128
Forelle 175
Fugu 175
Füselierfisch **67: 45**

Garnele **81**, 173
Garnelengrundel **67: 61**
Gehirnkoralle 109
Geweihkoralle Foto 5
Glasschwamm 109, 132
Gobiide 61
Goldstreifenschnapper **67: 49**
Grauhai **67: 55**
Grauwal 157
Grönlandhai 197
Grönlandwal 157
Groppe 100
Grundel 100

Haarstern 79, 132
Halbschnabelhecht **67: 24**
Hai **67: 54 f.**, 114, 197, 201
Halterfisch **67: 46**
Heilbutt 196
Hering **85**, 100, 141, 144 ff., 152 ff., 175, 196, 201
Herzmuschel 144
Heteropode 146
Hirudinee 91
Hornhecht **67: 23**
Hummer 144, 174
Husarenfisch **67: 18, 52**
Hydroidpolyp 99
Hydrozoe 76

Isopode 101

Judenfisch 67: 56

Kabeljau 147, 196
Käfer 100
Käferschnecke 79
Kaiserfisch 67: 27
Kalkalge 79, 90, 108, 113, 117 f., 165
Kalkschwamm 109
Kalmar 144, 154
Kammuschel 144, 173
Kardinalfisch 67: 11, 51
Karettschildkröte 159
Karpfen 100
Katfisch 196
Kieferfisch 67: 59
Kieselalge 17, 94, 96, 99, 123, 128, 162
Kieselschwamm 17
Kleinsardine 149
Knochenfisch 99
Köcherfliege 100
Köhler 147, 196
Kofferfisch 67: 39
Koralle 105
Korallenbarsch 67: 1, 8, 12
Korallenfisch 66 f., 113 f.
Kormoran 148
Krabbe 61, 147, 203
Krill 144, 147
Krokodil 105
Krustenalge 43
Kugelfisch 67: 43

Lachs 154, 175, 201, 209
Languste 144, 174
Lederschildkröte 159
Ledertang 43
Libelle 100
Lippfisch 67: 21, 114

Makrele 141, 154, 196
− japanische 149
Manta 67: 25
Marlin 197
Meeräsche 67: 14, 175
Meerbrasse 67: 53
Miesmuschel 79, 82, 85, 95, 135, 144, 169 ff., 195, 197, 201, 203
Milchfisch 175
Möwe 210
Molukkenkrebs 104
Moostierchen 109
Muräne 114
Muschel 101, 124, 132 f., 137, 144, 203

Nasenfisch 67: 28
Nashornfisch 67: 44
Nematode 91, 135
Nordkaper 157

Oligochaet 91

Papageifisch 61, 67: 35, 114
Palmendieb 91
Pelikan 148, 209
Pfauenaugenbarsch 67: 32
Pfeilschwanzkrebs 104
Pfeffermuschel 100
Pferdeaktinie 100
Picassofisch 67: 19
Phyllopode 91
Pinzettfisch 67: 31
Plattfisch 153, 196
Polychaet 119, 124, 132
Pottwal 34, 158
Preußenfisch 67: 17
Putzerlippfisch 67: 27

Radiolarie 123, 128
Riesenassel 60: 1, 101
Riesenmuschel 113
Riffbarsch 67: 29, 114
Riffisch 113 f.
Robbe 101, 157 f., 209
Röhrenaal 67: 62
Rötling 67: 38
Rotalge 54, 90, 99, 160 ff.
Rotator 91, 99
Rotbarsch 140, 147, 196
Rotfeuerfisch 67: 50
Rotschnabelalk 211
Ruderfußkrebs 101

Sandaal 100
Sandklaffmuschel 96, 169
Sardelle 141
Sardine 149, 154
Schellfisch 147, 153, 196
Schlammspringer 104
Schleimfisch 67: 4, 5, 15, 91
Schlickkrebs 57, 95
Schmetterlingsfisch 67: 34
Schnapper 114
Scholle 67: 6, 100, 153
Schwamm 124, 195
Schwarzflossenhai 67: 54
Schwefelbakterium 129, 137
Schwertfisch 197
Seebader 67: 42
Seebarbe 67: 9
Seefeder 132
Seegras 93, 104, 117
Seehecht 148 f.
Seehund 198
Seeigel 88, 111, 114
Seeigel-Kardinalfisch 67: 11
Seelachs 147
Seenadel 100
Seepocke 82 ff., 171
Seeschildkröte 158 f.
Seeschlange 105
Seeskorpion 60: 2, 101

Verzeichnis der deutschen Namen

Seewalze 132
Seiwal 157 f.
Silicoflagellat 123
Skorpionfisch **67: 48**, 114
Soldatenfisch 114
Spinne 91
Sprott 100
Stachelmakrele **67: 47**
Stachelrochen **67: 58**
Strandschleimfisch **67: 3**
Steckmuschelfisch **67: 60**
Steinkoralle 109, 111
Stelzvogel 61
Stint 100
Stöcker 149
Sträflingsseebader **67: 2**
Strandschnecke 100
Stromatoporen 118
Suppenschildkröte 159

Teufelsrochen **67: 15**
Thunfisch 154, 197
Tiefseekrabbe 132
Tintenfisch,
— schnecke 120, 144

Venusmuschel 135, 144
Vogelfisch **67: 26**
Vorderkiemerschnecke 173

Wal 34, 157 f.
Wassermilbe 100
Weißbrustseebader **67: 16**
Wimpelfisch **67: 41**
Winkerkrabbe 61, 104

Zackenbarsch 114
Zahnwal 158
Zander 100
Zweifarbenschleimfisch **67: 13**
Zwergwal 157 f.

Sachwortverzeichnis

Abwasser, häusliches 190 ff.
Abyssal **41**
Abyssopelagial **41**, 126
Alkalinität 26
Ästuar 91 ff.
Agar-Agar 164
Agaroid 164
Agarophyt 164
Airlift-Anlage **92**, 179
Albedo 70
Algenernte 168
Algenkultur **91**, 165 ff.
Algenmehl 162
Alginat 164
Alginsäure 164
Altersbestimmung 63
Alte Schilde 2
Amphibischer Fisch **61**
Amphidromie **33**, 60
Ancylussee 96
Aphytal 75
Aquakultur 165 ff.
Arsen 23, 197, 201, 203
Asphalt 205
Asthenosphäre 4, 5
Atemwurzel 102
Atoll **63 f.**, 105
Atommüll 212
Attenuation **18**, 36 f.
Auftriebsgebiet 451 f., 147 f.
Ausflockung 93
Außenriff **67**
Austernkultur Foto 12, 171 f.

Bakterienwachstum **98**
Baltischer Eissee 96
Barriereriff **63**, 105, 111
Bathyal **41**, 129
Bathypelagial **41**, 126
Benioff-Zone 4, 7
Benthal **41**, 126
Benzpyren 205
Bestandsgröße 152 f.
Biomasse **69**, 99, 111, 117, 126, 128, 135, 140, 142, 212
Blattverschiebung 4
Blei 23, 27, **104**, 197, 201 ff.
Bleitetraethyl 202
Bodenprofil **7**
Bodenwasser 65, 187
Bohrplattform Foto 14
Brackwasser 92, 99
– Arten 100 f.
– Fische 100

Brandung **25**, 50 f., 75
BSB-Wert 191
Bunkeröl 205

Cadmium 23, 27, **104 f.**, 197, 200 ff.
Cañon **8**, 12
Carrageenan 163, 166
Caulerpicin 160, 165
Chlorakne 208
Chlorierte Kohlenwasserstoffe 207 ff.
Chlorinität 25
Continental rise 2
Corioliskraft 38, 45, 47, 54, 59 f., 72, 92

DDD 207
DDE **106**, 207
DDT **106**, 207 ff.
Dekan-Trappes 5
Detergentien 206
Dichte 98
Dieldrin 207, 209
Druck 33 f.
– feld 38
– osmostischer 29
Dünger 163
Dünnsäure 188
Dünung 50 f.

Echeneismeer 96
Eis 33
– Inland- 33
– schelf 33
Eiszeit 96
Eiszeitrelikt 100
Ekman's Triftstrom 45
El Niño-Strom **87**, 113, 151
Emigrant 91
Endosymbiont 105
Energiefluß **57**
Energiehaushalt 63 ff.
Energiequelle 175 ff.
Energieumsatz **38**
Epipelagial **41**, 135
Erdgas 184 ff.
Erdöl 184 ff., 204 ff.
Erdzeitalter 214
Erzknolle 178
Erzschlamm 179 ff.
Ethylen 205
Eucheuman 163
Eulitoral, Differenzierung **42**
Euphotische Zone 36, 148, 202, 204, 207
Eustatische Wasserspiegeländerung 12, 22, 65, 96, 105
Evaporation **40**, 72, 92

Sachwortverzeichnis

Fettsäure 28
Fangertrag **84**, 144
Felsküste 74 ff.
Felstümpel 88
Felswatt 75
Filtrierer 108, 137
Fischanladung 153
Fischerei, Marketing 142
Fischereiertrag 140 ff.
Fischereifahrzeug **89**, 155 f.
Fischereiflotte 146 f.
Fischereimethode **83**, 140 f., 144 ff., 154
Fischereiregulierung 152
Fischereiwirtschaft 146 ff.
Fischereizone **84**, 144
Fischfang 138 ff.
Fischkultur 174 f.
Fischleber 206, 209 f.
Fischmehl 151
Fischreserve 142
Flankenregion 2
Furcellaran 163
Fußregion 2

Gas, gelöstes 28 f.
Gaslöslichkeit **16**
Gassättigung 29
Gefrierpunkt **15**, 29
Gelenkfloß 182
Geoid-Verformung 105
Gezeiten 27 f., **30** ff., 54 ff., 74 ff., 81 f., 104, 181
Gezeitengesellschaft, Strukturwandel **45**
Gezeitenkraftwerk 184
Gezeitenstrom 55, 60, 118, 181
Gezeitentümpel **54**, 88
Gezeitenwelle 47, 54 ff.
Gifteinsatz 173
Gipsmehl 206
Golfstrom 44
Gravitationskraft 38
Großes Barriereriff 111, 117
Guano 151
Guanovogel **86**
Guyot **4**, 15

Hadal **41**, 129
Haff 92
Halokline **56, 58**, 92
Halophyt 102
Hautpilz 195
Himmelsstrahlung **38**, 68
Humboldtstrom 20, 46, 148 ff.
Hypnean 163
Hypsometrische Kurve 2

Immigrant 91
Infrapelagial 41
Isotherme **34**, 63 ff.
Isotop 22

Jod 23, 162

Kalklöslichkeit 15
Kammregion 2
Kapillarwelle 35
Karotin 165
Klärschlamm 190 ff.
Klima 22, 25, 46, 70, 205
Kohlendioxid 31
Kohlenstoff, gelöster organischer **75**, 128
Kohlenstofffluß 44
Kohlenstoffkreislauf **12**, 25, 28
Kompressibilität 32 f.
Kondensation 72
Konsument 148
Kontinentalabfall 12, 14
Kontinentalabhang 2, 12, 14, **41**, 126
Kontinentalrand 2, 12
Kontinentalverschiebung **5**, 5
Kopenhagener Normalwasser 25
Korallenriff **62**, 91
Korallensterben 113
Korallenwachstum 108
Krebskultur 173
Kunststoff 210
Kupfer 23, 27, 178, 197, 199 ff.

Leitfähigkeit
— elektrische 31
— thermische 32
Leuchtorgan **73**, 126
Licht, Eindringtiefe 69
Lichtfalle 109
Lithosphäre **4**, 5
Litoral
— Faktoreneinwirkung 77
— Gliederung **41**, 75
— Zonierung **43, 46—51, 53**, 82 ff.
Littorinameer 96
Luftdruckverteilung 72
Lymnaeameer 96

Maerl 163
Magmakammer 7
Magmareservoir 135, 137
Manganknolle Foto 13, 17, **92, 95, 96**, 178 ff., 186 ff., 190
Mangrove Foto 2, Foto 3, **61**, 93 ff., 102 ff.
Marianengraben 1, 14
Massenfeld 38
Meer, Gliederung 2, 4
Meeresfläche 1 f.
Meeresspiegel 1, 12 f.
Meeresströmung 38 ff., 46, 97
Meerestechnologie, ökologische Probleme 185 ff.
Meerestiefe 1 f., 7
Meeresverschmutzung 188 ff.
Meerwasser 22 ff.
— Dichte 33

– Druck 33
– in Bewegung 38
– optische Eigenschaft 35 ff.
– Schall **17**, 35
– spez. Gewicht 32
– Viskosität 33 f.
Mesopelagial **41**
Mesozoikum 7
Metall 23, 195 ff.
Mineralisation 148
Mineralvorkommen 177
Mittelozeanischer Rücken 2, **4**, 5, 15
Mohorovičić-Diskontinuität 3, 5
Muschelkultur Foto 9–Foto 12, 169 ff.
Myameer 96

Nannoplankton **17**, 111
Neritische Provinz **41**
Netztyp **83**, 154
Neuston 34
Nickel 23, 178
Niederschlag **40**, 72
Nori 162, 166

Oberflächenspannung 34 f.
Oberflächenströmung **20 f.**, 40 ff., 46, 71
Oberflächentemperatur **34 f.**, 63 ff.
Oberflächenwasser 187, 205
Oberflächenwellen 35, 47 ff.
Oceanfarming 187
Offshore-Technik 184 ff.
Ölabbau, bakterieller 206
Olivin 5
Ölpest 189
Orbitalbahn **22**
Osmostisches Potential 29
Ostsee 96 ff.
OTEC-Anlage 183
Ozeanische Provinz **41**
Ozon 69

Paläogeographie 10
Paläoklima **35**, 63
Pangaea 4, **5**, 10
Parasit 175
PCB 207, 209 f.
Pelagial **41**, 126, 129
Pente continental 2
Peridotit 5
Perlfischerei 159
Photosynthese **68**, 114
Phototrophe Schicht 29
Phykokolloid 163
Phyllophoran 163
Phytal 75
Phytoplankton 29, 114, 128
Pisci del diavulo 120
Plankton 25, 27, 34, 205, 207
– alge 36, 197, 200, 205
Pneumatophor 102
Pottasche 162

Primärproduktion 114, 117, 126, 129, 148, 192
Produktivität 190
Pyroxen 5

Quecksilber 23, **102 ff.**, 196 ff., 201
Quelle, heiße 7

Radioaktivität 162, 212
Raubfisch 197
Red tide 37
Richardsonsche Zahl 65
Riffbewohner 108 ff.
Riffbildner 105 ff., 118 f.
Riffkoralle 22, 105 ff.
Rifflagune 105
Riffplatte 104
Rifftypen **63**
Rippströmung **25**
Robbenfang 157
Rock pool **54**, 88 ff.
Rückhaltesystem 114

Saatmuschel 172
Salinität 25, 32, **37**, **55 f.**, 92, 94, 97, 100
Salzmarsch 93 ff.
Sandkorallenriff 119
Saprophyt 128
Sauerstoff **14**, 29 ff., **58 f.**, 65, 97, 102, 123
Saumriff **63**, 105
Schelf 2, 12, **41**
Schelfeis 33
Schelfkante 12, 120
Schlammwolke 187
Schwammfischerei **62**, 159
Schwefelwasserstoff 31, **59**, 97, 135, 137, 151
Schwermetall 92, 196 ff.
Schwermineralsand 176
Schwimmblase 123
„Schwimmende Ende" 182
Sea floor spreading **4**: A, B
Sediment **8**, **9**, 15, 17 f., 92 ff., **103 f.**, 108, 123 f., 128, 207
Sedimentfresser 124
Seebär 54
Seebeben 52 ff.
Seegang 48 ff.
Seegraswiese 93, 113
Seerecht 140, 142, 213 f.
Seevogel 206, 209, 211
Seifenerz 177
Sektkühlung 65
Selbstreinigung 206
Selen 23, 197
Serpulidenriff 119
Sial 5
Sichttiefe 37
Sima 5
Soda 162
SOFAR-Verfahren 35

Sachwortverzeichnis 231

Solarkonstante 68
Sonnenenergie 181
Sonnenstrahlung **38**, 68
Sprungschicht 65
Spurenelement 168, 195
Staudruck 76
Stickstoff 29, 31
Stickstoffluß **44**
Stromatolith Foto 7, Foto 8, 118
Stromgeschwindigkeit 38
Strontium 23, 162
Stufenregion 2
Sturmflut 54, 181
Suspensionsstrom **10 f.**, 18
Symbiont 114

Teerklumpen 205
Temperaturtoleranz 79, 211
Temperaturverteilung **36**, 63 ff., 148
Tethys 5
Thermische Belastung 211 f.
Thermische Schichtung **36**, 63 ff., 148
Thermokline **58**
Tide s. Gezeiten
Tiefenwasser 25, **58 f.**, 97
Tiefenzirkulation 18, **19**, 40, 45 f.
Tiefsee 120 ff.
Tiefseebecken 2, 12
Tiefseeberg 122
Tiefsee-Ebene 2, 14 f., 126
Tiefseefisch 12, **72**, 123
Tiefseegraben 2, **4**, 12, 14, **41**, 120, 122 f.,
  128, 131
Tiefseehügel 2, 14, 122
Tiefseekuppe 122
Tiefseequelle **82**, 135
Tiefseeschlamm 65
Tiefseeschwelle 2, 14 f.
Tiefseesediment 123 f., 128
Tiefseesturm 124
Tiefseetauchboot **71**, 120
Tiefseeumwelt 123 ff.
Tiefseewasser 123
Totalreflexion 35
Triftstrom 45
Trottoir **52**, 89
Trübstoff 192
Tsunami 51 ff.
Typhus **101**, 193

Ultrafiltration 102
Urmeer 4

Verdunstung **40**, 72, 92
Viehfutter 162
Vitiaztiefe 1
Viviparie 102

Wärmeausdehnung 32
Wärmehaushalt 68
Walfang 157
Warmwassergebiet 135
Warmwassersphäre 65
Wasser
 – Adhäsionskraft 34
 – Eigenschaften 21
 – Oberflächenspannung 34 f.
Wasserbewegung, biologische Aspekte 60 ff.
Wasserhaushalt 63 ff., 71 ff., 97
Wasserschichtung 38, 97 f.
Wasserspiegelschwankung 12, 22, 65, 96,
  105
Wasserstand **41, 55**
Wellen 47 ff.
 – Dom-Atoll **94**, 182
 – front 181
 – Kapillar- 35, 48
 – Schwere- 48
 – topographische 48
 – typ 49 f.
Welttankerflotte 185
Windsystem 72
Wirbelsturm **26**

Yoldiameer 96

Zahnbewehrung 126
Zentralspalte 2, 15
Zink **104**, 197, 201, 204
Zirkulation **19**, 38, 40
 – thermokline 65
Zooplankton 203
Zooxanthelle **68**
Zuchtperle 159
Zwischenwasser 65

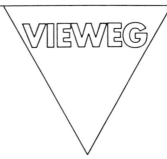

Klaus-Jürgen Götting, Ernst F. Kilian und Reinhard Schnetter
Einführung in die Meeresbiologie
Band 1: Marine Organismen – Marine Biogeographie.
1982. VI, 179 Seiten mit 75 Abbildungen. 12,5 x 19 cm. (Vieweg studium, Bd. 44, Grundkurs Biologie.) Paperback.

In einer auf zwei Taschenbücher angelegten Einführung in die Meeresbiologie stellen die Autoren die Organismen der Ozeane und das Ökosystem Meer dar. Neueste Forschungsergebnisse aus Ozeanographie, Meereskunde und mariner Ökologie sind berücksichtigt: gesichertes Wissen und strittige Probleme werden voneinander abgegrenzt. Im ersten Teil werden aus der Fülle der marinen Organismen die Formen beispielhaft dargestellt, die nach Organisation und Häufigkeit von besonderem Interesse sind. Dabei liegt der Schwerpunkt auf den Arten, die in den deutschen Küstengewässern leben. Im biogeographischen Kapitel wird das Muster der weltweiten Verteilung mariner Organismen deutlich. 75 Abbildungen, meist ganzseitige Tafeln und Karten, veranschaulichen den Text und helfen beim Einordnen der angeführten Arten, deren Kenntnis erst die Grundlagen für die Abschätzung von Grenzen und Leistungen des Ökosystems Meer bildet. Verzeichnisse der Meeresstationen, der wissenschaftlichen und der deutschen Namen sowie der weiterführenden Literatur geben Einstiegshilfen nicht nur für Biologen, sondern für alle, die sich beruflich mit dem Meer, seiner Nutzung und Erhaltung beschäftigen.

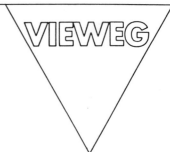

Hans-Ulrich Koecke
Allgemeine Zoologie
Band 1:
Bau und Funktionen tierischer Organismen.

1982. VIII, 436 Seiten mit 135 Abbildungen. 16,2 x 22,9 cm. (Vieweg studium, Bd. 40, Grundkurs Biologie.) Paperback.

Inhalt: Wann sind zellulär organisierte Lebewesen entstanden? – Die solitäre Zelle, Funktionen und Probleme: Protozoa – Der Zellverband: Histozoa = Metazoa, Strukturen und Funktionen – Urformen der Histozoa? Die Mesozoa – Die Entstehung des Mesoderms und des bilateralen Körperbaus: Die Parenchymia (Platyhelminthes) – Die Aushöhlung des Körpers: Die Entstehung der Coelomaten und der Nematoden – Die Cuticula als Exoskelett und die Reduktion des Coeloms: Die Arthropoda – Reduktion der Metamerie durch Bildung einer Mineralschale: Die Mollusca.

An exemplarisch ausgewählten Beispielen werden die Leistungen der solitären Zelle (Protozoen) im Zusammenhang mit den Bedingungen ihrer Umwelt einschließlich denen bei Endoparasitismus dargestellt. Die Evolution vielzelliger Tiere (Wirbellose) mit der Arbeitsteilung von Zellen in Gewebeverbänden ist mit der Entstehung neuer Funktionen (z. B. Koordination durch Zellkontakte, durch Nervenzellen, durch Wirkstoffe wie Hormone) unauflöslich verknüpft; eine Auswahl der Beziehungen zwischen Bauplan und Funktion wird an Beispielen auf zellbiologischer Grundlage dargestellt und geklärt.